SAME

The Same Planet
同一颗星球

PLANET

在 山 海 之 间

在 星 球 之 上

"同一颗星球"丛书

刘东
——主编

A NEW
ENVIRONMENTAL
ETHICS

THE NEXT
MILLENNIUM
FOR LIFE ON EARTH

HOLMES
ROLSTON III

[美]霍尔姆斯·罗尔斯顿——著

张发勇——译

新环境伦理学

江苏人民出版社

图书在版编目（CIP）数据

新环境伦理学/（美）霍尔姆斯·罗尔斯顿著；张
发勇译.—南京：江苏人民出版社，2025.5
（"同一颗星球"丛书/刘东主编）
书名原文：A New Environmental Ethics：The Next
Millennium for Life on Earth
ISBN 978－7－214－29088－5

Ⅰ.①新… Ⅱ.①霍… ②张… Ⅲ.①环境科学—伦
理学—研究 Ⅳ.①B82－058

中国国家版本馆 CIP 数据核字（2024）第 103173 号

书　　　名　新环境伦理学
著　　　者　[美]霍尔姆斯·罗尔斯顿
译　　　者　张发勇
责 任 编 辑　陆诗濛
装 帧 设 计　潇　枫
责 任 监 制　王　娟
出 版 发 行　江苏人民出版社
地　　　址　南京市湖南路 1 号 A 楼，邮编：210009
照　　　排　江苏凤凰制版有限公司
印　　　刷　苏州工业园区美柯乐制版印务有限责任公司
开　　　本　652 毫米×960 毫米　1/16
印　　　张　21.5　插页 4
字　　　数　267 千字
版　　　次　2025 年 5 月第 1 版
印　　　次　2025 年 5 月第 1 次印刷
标 准 书 号　ISBN 978－7－214－29088－5
定　　　价　88.00 元

（江苏人民出版社图书凡印装错误可向承印厂调换）

总　序

　　这套书的选题，我已经默默准备很多年了，就连眼下的这篇总序，也是早在六年前就已起草了。

　　无论从什么角度讲，当代中国遭遇的环境危机，都绝对是最让自己长期忧心的问题，甚至可以说，这种人与自然的尖锐矛盾，由于更涉及长时段的阴影，就比任何单纯人世的腐恶，更让自己愁肠百结、夜不成寐，因为它注定会带来更为深重的，甚至根本无法再挽回的影响。换句话说，如果政治哲学所能关心的，还只是在一代人中间的公平问题，那么生态哲学所要关切的，则属于更加长远的代际公平问题。从这个角度看，如果偏是在我们这一代手中，只因为日益膨胀的消费物欲，就把原应递相授受、永续共享的家园，糟蹋成了永远无法修复的、连物种也已大都灭绝的环境，那么，我们还有何脸面去见列祖列宗？我们又让子孙后代去哪里安身？

　　正因为这样，早在尚且不管不顾的 20 世纪末，我就大声疾呼这方面的"观念转变"了："……作为一个鲜明而典型的案例，剥夺了起码生趣的大气污染，挥之不去地刺痛着我们：其实现代性的种种负面效应，并不是离我们还远，而是构成了身边的基本事实——不管我们是否承认，它都早已被大多数国民所体认，被陡然上升的死亡率所证实。准此，它就不可能再被轻轻放过，而必须被投以全力的警觉,就像当年全力捍卫'改革'时一样。"①

的确,面对这铺天盖地的有毒雾霾,乃至危如累卵的整个生态,作为长期惯于书斋生活的学者,除了去束手或搓手之外,要是觉得还能做点什么的话,也无非是去推动新一轮的阅读,以增强全体国民,首先是知识群体的环境意识,唤醒他们对于自身行为的责任伦理,激活他们对于文明规则的从头反思。无论如何,正是中外心智的下述反差,增强了这种阅读的紧迫性:几乎全世界的环境主义者,都属于人文类型的学者,而唯独中国本身的环保专家,却基本都属于科学主义者。正由于这样,这些人总是误以为,只要能用上更先进的科技手段,就准能改变当前的被动局面,殊不知这种局面本身就是由科技"进步"造成的。而问题的真正解决,却要从生活方式的改变入手,可那方面又谈不上什么"进步",只有思想观念的幡然改变。

幸而,在熙熙攘攘、利来利往的红尘中,还总有几位谈得来的出版家,能跟自己结成良好的工作关系,而且我们借助于这样的合作,也已经打造过不少的丛书品牌,包括那套同样由江苏人民出版社出版的、卷帙浩繁的"海外中国研究丛书";事实上,也正是在那套丛书中,我们已经推出了聚焦中国环境的子系列,包括那本触目惊心的《一江黑水》,也包括那本广受好评的《大象的退却》……不过,我和出版社的同事都觉得,光是这样还远远不够,必须另做一套更加专门的丛书,来译介国际上研究环境历史与生态危机的主流著作。也就是说,正是迫在眉睫的环境与生态问题,促使我们更要去超越民族国家的疆域,以便从"全球史"的宏大视野,来看待当代中国由发展所带来的问题。

这种高瞻远瞩的"全球史"立场,足以提升我们自己的眼光,去把地表上的每个典型的环境案例都看成整个地球家园的有机脉

---

① 刘东:《别以为那离我们还远》,载《理论与心智》,杭州:浙江大学出版社,2015 年,第 89 页。

动。那不单意味着,我们可以从其他国家的环境案例中找到一些珍贵的教训与手段,更意味着,我们与生活在那些国家的人们,根本就是在共享着"同一个"家园,从而也就必须共担起沉重的责任。从这个角度讲,当代中国的尖锐环境危机,就远不止是严重的中国问题,还属于更加深远的世界性难题。一方面,正如我曾经指出过的:"那些非西方社会其实只是在受到西方冲击并且纷纷效法西方以后,其生存环境才变得如此恶劣。因此,在迄今为止的文明进程中,最不公正的历史事实之一是,原本产自某一文明内部的恶果,竟要由所有其他文明来痛苦地承受……"①而另一方面,也同样无可讳言的是,当代中国所造成的严重生态失衡,转而又加剧了世界性的环境危机。甚至,从任何有限国度来认定的高速发展,只要再换从全球史的视野来观察,就有可能意味着整个世界的生态灾难。

正因为这样,只去强调"全球意识"都还嫌不够,因为那样的地球表象跟我们太过贴近,使人们往往会鼠目寸光地看到,那个球体不过就是更加新颖的商机,或者更加开阔的商战市场。所以,必须更上一层地去提倡"星球意识",让全人类都能从更高的视点上看到,我们都是居住在"同一颗星球"上的。由此一来,我们就热切地期盼着,被选择到这套译丛里的著作,不光能增进有关自然史的丰富知识,更能唤起对于大自然的责任感,以及拯救这个唯一家园的危机感。的确,思想意识的改变是再重要不过了,否则即使耳边充满了危急的报道,人们也仍然有可能对之充耳不闻。甚至,还有人专门喜欢到电影院里,去欣赏刻意编造这些祸殃的灾难片,而且其中的毁灭场面越是惨不忍睹,他们就越是愿意乐呵呵地为之掏钱。这到底是麻木还是疯狂呢? 抑或是两者兼而有之?

不管怎么说,从更加开阔的"星球意识"出发,我们还是要借这套书去尖锐地提醒,整个人类正搭乘着这颗星球,或曰正驾驶着这

---

① 刘东:《别以为那离我们还远》,载《理论与心智》,第 85 页。

颗星球,来到了那个至关重要的,或已是最后的"十字路口"! 我们当然也有可能由于心念一转而做出生活方式的转变,那或许就将是最后的转机与生机了。不过,我们同样也有可能——依我看恐怕是更有可能——不管不顾地懵懵懂懂下去,沿着心理的惯性而"一条道走到黑",一直走到人类自身的万劫不复。而无论选择了什么,我们都必须在事先就意识到,在我们将要做出的历史性选择中,总是凝聚着对于后世的重大责任,也就是说,只要我们继续像"击鼓传花"一般地,把手中的危机像烫手山芋一样传递下去,那么,我们的子孙后代就有可能再无容身之地了。而在这样的意义上,在我们将要做出的历史性选择中,也同样凝聚着对于整个人类的重大责任,也就是说,只要我们继续执迷与沉湎其中,现代智人(homo sapiens)这个曾因智能而骄傲的物种,到了归零之后的、重新开始的地质年代中,就完全有可能因为自身的缺乏远见,而沦为一种遥远和虚缈的传说,就像如今流传的恐龙灭绝的故事一样……

2004 年,正是怀着这种挥之不去的忧患,我在受命为《世界文化报告》之"中国部分"所写的提纲中,强烈发出了"重估发展蓝图"的呼吁——"现在,面对由于短视的和缺乏社会蓝图的发展所带来的、同样是积重难返的问题,中国肯定已经走到了这样一个关口:必须以当年讨论'真理标准'的热情和规模,在全体公民中间展开一场有关'发展模式'的民主讨论。这场讨论理应关照到存在于人口与资源、眼前与未来、保护与发展等一系列尖锐矛盾。从而,这场讨论也理应为今后的国策制订和资源配置,提供更多的合理性与合法性支持"[①]。2014 年,还是沿着这样的问题意识,我又在清华园里特别开设的课堂上,继续提出了"寻找发展模式"的呼吁:"如果我们不能寻找到适合自己独特国情的'发展模式',而只是在

[①] 刘东:《中国文化与全球化》,载《中国学术》,第 19—20 期合辑。

盲目追随当今这种传自西方的、对于大自然的掠夺式开发,那么,人们也许会在很近的将来就发现,这种有史以来最大规模的超高速发展,终将演变成一次波及全世界的灾难性盲动。"①

所以我们无论如何,都要在对于这颗"星球"的自觉意识中,首先把胸次和襟抱高高地提升起来。正像面对一幅需要凝神观赏的画作那样,我们在当下这个很可能会迷失的瞬间,也必须从忙忙碌碌、浑浑噩噩的日常营生中,大大地后退一步,并默默地驻足一刻,以便用更富距离感和更加陌生化的眼光来重新回顾人类与自然的共生历史,也从头来检讨已把我们带到了"此时此地"的文明规则。而这样的一种眼光,也就迥然不同于以往匍匐于地面的观看,它很有可能会把我们的眼界带往太空,像那些有幸腾空而起的宇航员一样,惊喜地回望这颗被蔚蓝大海所覆盖的美丽星球,从而对我们的家园产生新颖的宇宙意识,并且从这种宽阔的宇宙意识中,油然地升腾起对于环境的珍惜与挚爱。是啊,正因为这种由后退一步所看到的壮阔景观,对于全体人类来说,甚至对于世上的所有物种来说,都必须更加学会分享与共享、珍惜与挚爱、高远与开阔,而且,不管未来文明的规则将是怎样的,它都首先必须是这样的。

我们就只有这样一个家园,让我们救救这颗"唯一的星球"吧!

刘东
2018 年 3 月 15 日改定

---

① 刘东:《再造传统:带着警觉加入全球》,上海:上海人民出版社,2014 年,第 237 页。

致　谢

感谢菲利普·卡法罗和彼得·文茨在我把观点呈现给大家之前，对本书观点提出的批判性评价，同时也感谢科罗拉多州立大学过去几十年参与过学习和研讨环境伦理学的本科生和研究生，他们帮助我完善了本书的思想。

前 言

我希望通过你手中所拿的这本书，帮你找到你在这个世界的最佳位置。你将会发现你是谁？你在何处？你应该怎么做？你将尽你所能去学会所有关于自然最需要知道的：如何珍视它。这是一个有分量的承诺，因此，你应该知道，这本书是一部入门读物，而非其他。我确信——阅读了它，你一定会很好地了解环境伦理学。

同时，我也希望你在阅读时能感受到困惑，因为本书中有许多问题讨论得比较简洁且没有最终的定论。阅读本书的读者要明白并接受这一点。在你们之前，我已经经历过这种困惑了。不论你是兴趣使然或是要撰写论文，本书所使用的引文不仅可以为你提供文献资料，而且还提供了进一步阅读的建议。这些引用证明，在别处可能是、也经常是一本书所涵盖的内容，在这儿仅仅是一个部分（或段落）。

在这类文章中，这样的引用比通常的引用要多，并且它们被收集在每一章的末尾（而不是书的末尾），在那里它们可以被视为进一步阅读的参考书目——缓解一些你的沮丧。不要跳过这些页面，而是要看看标题，看看有什么能引起你的兴趣。对解决环境问题，到底采取了多少行动，你应该有所印象。另外，我非常期待您在阅读这本由我独自完成的书的同时，也能参考其他人的作品，因为在本研究领域中，你既会面对众多作者的共识，同时也会看到观点的分歧。

在每一章的最后，没有列出任何的"学习问题"；但是，在你阅读的时候，你会经常发现以"？"结尾的句子。把这些句子看成是学习问题，看成是小组活动的任务，然后交一个报告给老师。如果你读完这本书之后，已经考虑好了如何回答其中一半的问题，那么你一定受益匪浅——至少是有所收获。

也请大家注意"国际环境伦理学会"网站列出的参考书目。环境伦理学是关于外面的自然世界的,是关于离线的生命网络的,即使是与人有关但也是独立于人类之外的。但今日的学生生活在网上,在网络世界畅游以形成他们的世界观。学生既要有计算机能力,也要有环境能力,脚踏实地的和缥缈在空中的都需要。有一样事情可以让你保持脚踏实地,那就是案例研究,有些在书中有提及,有些在参考书和网络资源中有更详细的说明。如果你觉得本书提供的参考就已经足够多了,那么从前两者能够获得的一万多个参考资源会让你大为惊叹的。

你会感受到的另外一种困惑可能在于,环境伦理学的思想如何渗透到世界的每一件事上了。你可能会想到环境伦理学讨论的是关于熊和鸟类,关于荒野土地,情况的确如此。但很快你也会发现,它还涉及工业、农业、国会法案、驾驶你自己的汽车、循环利用、吃有机食物、全球资本主义、贫富问题。有时候,每一个问题看起来都与其他所有问题息息相关、层次相扣,似乎如果无法解决所有问题,那任何一个问题也化解不了。阅读本书会有一些风险,那就是某种程度的绝望。当然,我们现在依然身处环境危机之中。一定要记住,环境伦理学是要拯救世界,这绝非易事、也不可能一蹴而就。

我会尽我所能,把有争议事件的正反两面,甚至常常是多个方面介绍给你。其中包含着很大的复杂性,正如刚才所提到的那样。文本中的很多句子都包含有"可能"或者"也许"这样的字眼。这是一种提示,告诉大家我在考虑另一种不同的观点,这可能需要进一步的参考。如果你还在阅读其他的著作文本,那你一定会得到更多的观点。

我并不是一位持中立态度的作者(教科书的作者很少这样)。第一,作者一定认为,他们研究的领域很重要,否则他们不会写那本书。他们必须选择他们认为重要的,选择领域中最新的前沿内容。第二,他们希望学生和他们一起来探索这个重要的领域,在探索这个重要性的同时获得开心的感觉。第三,作者的确希望能够引导并教育他们的学生,在未来成为他们那一代人的领导者。

人类天生具备传播观点和思想的能力。我们会(在第二章)得出一个结论,人类的这种天赋把人和自然界的其他动物区分开。你目前正在接受教育,这就是把思想从一代人传播给下一代人,在传播的过程中还要进行批判性的评价。就是不懈追求不断增长的知识和智慧。如果做不到这一点的话,几千年来的文化成就就会在几十年里走向灭亡。在当今的教育环境中,相比之前的任何一代人,你都有更好的机会去接触更多的思想。你站在巨人的肩膀上(牛顿)。翻开下一页,探索你的世界——找寻你在这个世界的最佳位置。

霍尔姆斯·罗尔斯顿

目 录

第一章

环境转向

地球上的生命从出现到今天,已经过去 3 500 万个世纪(35 亿年)了,如今,我们进入新世纪已经有 12 年了,而在这个尤为特别的世纪里,某一个物种可能会危及这个星球的未来。过去几十年里,人们的某种担心在与日俱增,那就是:环境危机。环境已经成为一个标志性的议题,关注它既有当下的也有永久的意义,既有眼前的也有永恒的价值。上千年来,在古希腊、古印度或者古代中国,哲学家和宗教学者一直都在思考自然。虽然他们有很多的世界观都隐含着一种伦理思想,但这些思想从未发展成为一种环境伦理。

在西方,在启蒙运动和科学革命之后,自然被认为是一个没有价值的领域,是由机械论的因果力量支配着。价值只会随着人类的兴趣和偏好而产生,对人类来说,自然就是自然资源。四个世纪以来,西方哲学和神学主要都是以人为中心的,一切围绕人运行。在伦理价值观中,人是最为重要的。在二十世纪下半叶,随着工业水平和技术的提高,人们对自然进程了解越来越多,有更大的能力去管理他们、重建周围的环境,正当人类似乎越来越远离自然的时候,自然世界却成了伦理关注的焦点,这多少有点讽刺的意味。

二十世纪中叶的时候,很多人尝试着去预测哲学的未来,但没有人预测到哲学的环境转向。随着世界范围内的环境危机的发生,哲学家觉醒了,而且觉醒得非常迅速。在美国参议员盖洛德·

纳尔逊（Gaylord Nelson）1970 年建立"世界地球日"之后，他们就不得不觉醒了。在第一个世界地球日那天，2 000 万人参加了地球日活动；在今年的地球日，全球有 170 多个国家，超过 5 亿人参加了各种活动。保罗·霍肯（Paul Hawken）认为，如果把全球环境组织的数量和力量考虑进来，那人们对环境的关注就是"世界上规模最大的运动"（霍肯，2007）。

本章的内容安排，先看看我们面对的是什么，然后回头看看我们的过去。开车出发时，人要向前看，看前面和周围的东西，但在开车出发前，还需要观察后视镜。我们将强调这一哲学的环境转向，回顾当代世界的十几个运动。这些运动主张并发起了一种环境伦理：对自然世界的适当关注、对自然世界的价值和我们应负责任的理论和实践。

1. 英国石油公司原油泄漏的灾难

"深水地平线"号是一个靠近密西西比三角洲的海上石油钻井平台，离岸大约 40 英里（编者注：1 英里约等于 1.609 3 公里），归属于英国石油公司（BP）。2010 年 4 月 15 日，他们油井中的甲烷气体泄漏，蹿升到钻井平台，引起一场爆炸，整个钻井平台都燃烧起来了。好几艘船试图去扑灭大火，但都没有成功。平台烧了一天半，大多数工人乘坐救生艇逃生，但依然有 11 人一直下落不明，据推测已经死亡。钻井平台水面之上的安全设备，因没有得到适当的维护而失灵了，水面之下的一个防井喷装置也没有能够发挥作用。很快，水面浮油就暴露出巨大的麻烦。由于井口的仪表失灵了，没有人知道有多少石油涌入墨西哥湾。不同的组织做出了不同的估计，花了几周的时间才找到答案，估计值也不断增长，急剧恶化——从每天 1 000 桶到每天 10 万桶。最终数据在每天 5 万到 6 万桶之间（泽勒，2010）。

到 4 月 30 日,泄漏的原油覆盖了 3 850 平方英里的海面,已经威胁到了"三角洲国家野生动物保护区"和"布雷顿国家野生动物保护区"。泄漏的原油冲到了海湾岛国家海滨公园的海滩和路易斯安那州 125 英里长的海滩上,在亚拉巴马州和佛罗里达州也发现了泄漏的原油。居住在海岸边的社区居民,为此而深陷恐慌。没有人知道伤害将是怎么样的,唯一知道的是,伤害将非常巨大。从内容相互冲突的报道来看,也没有人知道海面之下的原油将会造成什么样的破坏。

至于如何停止石油泄漏,没人清楚。操作深处于海面之下 1 英里的机械装置非常复杂,挑战前所未有。人们一次又一次试图阻止原油泄漏,但都失败了。有一部分喷出来的原油被船给截获了,但依然有很多泄漏出来,到底多少呢? 报道的数据自相矛盾。由于海上的风暴,阻止原油泄漏的尝试不得不多次停滞,钻探减压井的努力也是如此。直到 2010 年 7 月 15 日,喷油的井口才被封堵压制住。在过去的 3 个月里,新闻媒体每天都在专题报道这次事故带来的社会混乱和环境紊乱。这次事故造成泄漏到墨西哥湾的原油估计达到 440 万桶,这是石油产业有史以来最重大的泄漏事故,是埃克森公司"瓦尔迪兹"油轮泄漏的 10 倍,同时也是美国历史上最为严重的环境灾难(克龙和托尔斯泰,2010)。

这次石油泄漏给墨西哥湾的渔业和旅游业造成了巨大的经济损失,也严重破坏了海洋和野生动植物的栖息地。人们使用了撇油船、海上栅栏、填充了沙子的海岸阻隔物和除油剂来尽力保护成百上千英里的海滩、湿地和河口免受扩散的原油的破坏。水面下,体积庞大的羽状油水混合物也造成了难以估量的损失。有大大小小 170 艘船只、超过 7 000 人参与了受污染洋面的清污工作,在陆地上参加了清污活动的人成千上万,有些得到报酬,但大部分是志愿者。海上石油钻探工作也停止了 6 个月,导致很多人失去了工作。

关于事故的责任问题、事故的原因、如何封堵住不断喷发的油井、海面上和海水中的清污工作、海岸边和湿地里的清污工作、费用问题、各级机构的责任——联邦的（美国海岸警备队、美国环保局、美国地质调查局、美国陆军工程兵团），还有州级的、县级的和地方的责任问题，一直都是一笔糊涂账（乌尔维纳，2010）。美国政府认为英国石油公司应当负责，英国石油公司承诺负担所有的清污费用和赔偿其他的灾害损失。"深水地平线"钻井平台实际上属于另外一家公司，以英国石油公司的名义在运营，这让责任确定问题变得复杂化了。英国石油公司承认那家公司犯了错，导致了漏油事故的发生。

地球上最有权力的人，美国总统，既没有动用国内的专业技术和技能，也没有能够利用手上的权力去完成 1 英里深海水中的堵漏工作。即使是英国石油公司的技术工程师都在摸索解决之道。在公众看来，需要有人为此次事故负责。决策者必须要指责别人来保护自己的形象，从而获得连任。奥巴马总统要求，而且也从英国石油公司的高管那得到承诺，建立一个 200 亿美元的应对基金，来支付自然资源受损的费用、州和地方应对灾害的费用，以及受灾个人的损失，并且进一步约定，如果灾害变严重，赔偿基金还会增加（魏斯曼、查赞，2010）。

这次事故中，野生动植物受到了威胁，人类也同样受到了威胁。有人判断，有超过 400 种生活在海湾岛屿和沼泽地区的物种危在旦夕，包括濒临灭绝的坎皮海龟、绿海龟、蠵龟、玳瑁海龟、棱皮龟。受到影响的鸟类包括鸥、鹈鹕、玫瑰琵鹭、白鹭、燕鸥还有蓝鹭。石油泄漏的范围内有 8 000 多个物种生活，包括 1 200 多种鱼类、200 多种鸟类、1 400 多种贝类、1 500 多种甲壳类动物、4 种海龟、29 种海洋哺乳动物。人们找到将近 7 000 个死亡的动物尸体。在将近87 000平方英里，即墨西哥湾约 36% 的联邦水域，捕鱼业一度几乎接近停滞（别洛，2010）。

每天,英国石油公司的漏油灾难都会通过媒体出现在公众面前,迫使人们深刻反省了一整个夏天。美国人对深水石油技术有了深刻认识,惊讶于它的力量,并且钦佩先钻井再封盖的技术成就。同时,他们对技术使用中透露出的傲慢、冒险的态度和一无所知的技术官僚感到极其失望。他们赞赏英国石油公司一再表示愿意支付损害赔偿金的态度,但担心成本削减和企业逐利行为导致了这场悲剧。他们谴责石油公司,然后提醒自己,美国人离不开石油,他们需要而且允许石油钻探。

人们对造成的破坏感到愤怒,对未来为满足美国人对石油的渴求而进行的深水钻探感到焦虑,有人指责导致这一事件发生的原因还有人们对金钱和石油的贪婪,同时对权衡石油需求和环境完整性感到疑惑。有人担心,墨西哥湾漏油事件可能是即将到来的类似灾难的先兆。经历了所有这些灾难、困惑和觉醒,美国人似乎正达成共识,即环境保护必须放在国家议程的优先位置。这一重大漏油事件让人们更加确信了这一点。

至少到2010年夏天的时候,人们依然是有这样的共识的。但是一年之后,环保人士就开始怀疑,美国人是否真正从他们依然要面对的环境问题中得到教训。他们对石油的需求一如既往,依然在钻探石油,也还没有把更加严格的钻探标准付诸实践,而这一切都出现在历史上最严重的石油泄漏刚发生不久之后。美国人似乎准备好了,更愿意去指责别人(英国石油公司的高管们、政府管理者),但是,他们并没有真正的准备好,不愿意去审视自己的生活方式。

2. 全球变暖

还有另一个更大的环境威胁摆在我们面前,比英国石油公司漏油事件严重性要高几个数量级:全球气候变化。2007年,由联合国发起的政府间气候变化专门委员会（IPCC）在巴黎召开会议，发布了一份对地球未来的评估，评估结果非常令人震撼，但评估显示，地球前景黯淡。报告确定了地球正在变暖，变暖的原因是人类的温室气体排放和砍伐森林，这种变暖威胁着现在和未来数十亿人的福祉（政府间气候变化专门委员会，2007）。

2009 年，在哥本哈根召开了全球的气候峰会，来自 193 个国家的代表出席了会议，其中 123 个国家介绍了本国应对气候变化的国内政策。气候峰会是有史以来规模最大的环境事业集会（编者注：截至原书出版时），超过了 1992 年的环境发展大会。共有 4 万名代表出席，其中包括一大批记者。与官方谈判同时举行的，还有一个"人民气候峰会（克利马论坛）"召开，有数十万名与会者参加。

虽然主要因美国不愿做出有意义的承诺，人们普遍对峰会未能产生有效的结果感到失望，但媒体对气候峰会上的谈判和讨论持续报道了数周之久。在大会的最后几天，每一秒都有一篇新的媒体文章发表或报道出来。发展中国家争辩说，他们需要发达国家的帮助，因为是发达国家造成，并将继续造成这一问题的延续。发达国家间也存在分歧，但时任美国总统巴拉克·奥巴马（Barack Obama）设法实现了一个适度的突破，主要国家发表了联合声明，表示将采取措施防止全球变暖超过 2 摄氏度。到 2011 年坎昆后续会议召开时，大家很明显地注意到，哥本哈根会议之后，几乎没有什么实质性的进展。

从整个世界来看，气候变化的重要性前所未有。如果任何人对此有疑问，那关于它史无前例的争论反而让人明确了这一点（休姆，2009）。这场激烈的争论来源于，有人想要推翻科学家们业已达成的强烈共识，即近几十年来全球表面温度已经上升了，这一趋势主要是由人类排放的温室气体造成的。没有任何一个国家的或国际的科学机构不同意这一观点（奥雷斯基，2007）。在公开辩论中有更多的争议；媒体上的辩论包括对辩论双方应给予多少关注，特别是在美国。(我们将在第七章继续讨论这一点,考虑全球范围内的气候变化。)

尽管如此,2009 年的一项调查发现,欧洲人将气候变化列为当今世界面临的第二大问题,第一个问题要么是贫困,要么是当前的经济低迷(欧盟委员会,欧洲晴雨表,2009)。差一点当上美国总统的阿尔伯特·戈尔(Albert Gore),因在媒体上发表了《难以忽视的真相》(*An Inconvenient Truth*)的纪录片,与"政府间气候变化专门委员会"(IPCC)一起获得了 2007 年诺贝尔和平奖。

但公众仍然存在分歧,现在可能会有新的论点,即那些在石油领域拥有既得利益的人正在为这场争端提供资金支持。"忧思科学家联盟"发表了一份报告,题为"烟雾、镜子和热风",以此来抨击埃克森美孚石油公司:

> 埃克森美孚为了在全球变暖的现实上欺骗公众,它赞助支持了最为精心设计、最为成功的弄虚作假运动。这与之前烟草行业在吸烟与肺癌和心脏病相关的科学证据上误导公众相比,有过之而无不及……1998 年至 2005年间,埃克森美孚向一个意识形态和论点鼓吹组织网络输送了约 1 600 万美元,这些组织在这个全球变暖问题上制造了不确定性。
>
> (忧思科学家联盟,2007,第 1 页)

后来,埃克森美孚公司声称不再为这些组织提供资金。格雷格·伊斯特布鲁克(Gregg Easterbrook)一直以来,都对全球变暖直言不讳进行批评,他总结道:"长期以来我反对危言耸听,但基于目前的数据,我正在改变对全球变暖的看法,从怀疑论者转变为确信不疑者。"(伊斯特布鲁克,2006)

约翰·T. 霍顿(John T. Houghton)长期担任牛津大学的大气

物理学教授,是"政府间气候变化专门委员会"(IPCC)的主要负责人之一。他曾任英国气象局(通常称为 MET)局长。霍顿声称,全球变暖对英国国家安全的威胁已经超过了全球恐怖分子,而且政客们忽视了这一"最为重要的职责……保护人民的安全",这让政治领导人感到震惊(霍顿,2003)。气候变化带来的"热度"首先是气候方面的,其次是经济和政治方面的,最后是道德方面的。

3. 可持续性

1992 年召开的联合国环境与发展会议(UNCED)汇聚了有史以来人数最多的世界领导人,他们聚集在一起只为解决一个问题(只有 2010 年出席哥本哈根气候峰会的领导人比这次多)。环发会议吸引了 118 位国家元首和政府首脑、来自 178 个国家的代表团、几乎世界上的每个国家、7 000 名外交官员、3 万名环保倡导者和 7 000 名记者参加。那次会议将其关注的 2 个焦点问题汇聚到"可持续发展"问题中。

"可持续发展是在不损害子孙后代满足自身需要能力的前提下,满足当前需要的发展。"(联合国世界环境与发展委员会,1987,第 43 页)"可持续"加上"发展"期望带来持续的增长,但同时也不会降低未来的机会。按照这样的定义,可持续性可以适用于社会组织机构(大学、银行、人口、文化)和环境。但联合国环发会议打算将其运用到于农业、林业、用水、污染水平、工业、资源开采、城市化、国家环境政策和战略方面。

里约热内卢环境发展大会以来,在过去 20 年里,可持续发展一直是最受欢迎的模式。已有 150 多个国家支持可持续发展。世界可持续发展商业理事会包括 130 家世界上最大的公司。他们面临承担的职责似乎是一致的、明确的、紧迫的。只有这样做,美好的生活才能继续下去。没有人想要不可持续的发展。"持续"就像

"生存"，没有人会反对。

没有人会反对，但如果你支持它，你支持的是什么呢？罗伯特·斯蒂弗斯（Robert Stivers）在十多年前曾说过，你支持的是一种经济模式，它"与基本的生态支持系统保持平衡"（斯蒂弗斯，1976，第187页）。生态学家长期以来一直在谈论"承载能力"，一些人警告说"增长是有限度的"（梅多斯，1972）。一些有先见之明的经济学家提倡"稳态经济学"（戴利，1973）。但是，无论是在第一世界还是第三世界，发展者都不希望听到极限或稳定状态，所以他们立即热情地接受了"可持续发展"。

在一些正在进行的磋商中，这个想法已经成为口头禅，而且世界各地都能听到人们说这个短语。联合国《2005年世界峰会成果文件》提到，"可持续发展的三个组成部分——经济发展、社会发展和环境保护——是相互依存、相辅相成的支柱"（联合国世界峰会，2005，第12页）。联合国环发会议的另一份文件《21世纪议程》坚持认为，要实现可持续发展，公众广泛参与决策是必要的。人们经常担心的是，发达国家可以欢迎可持续发展的长期规划，但发展中国家，无论是否能够看到下一次收获之后的情况，必须面对更紧迫的现实需求。事实上，第三世界国家可能会争辩说，富裕国家已经甩开贫穷国家很远了，它们需要缩小规模，这样贫穷国家才能增长。与此同时，总体的愿景导向似乎是广泛共享和长期的持续繁荣。

围绕可持续发展进行的辩论带来的一个贡献是，迫使社会思考他们需要如何管理三种类型的资源（经济学家可以称它们为不同形式的"资本"）：经济的、社会的和自然的。规划者必须问一问，他们的哪些资源有替代品，哪些没有。我们可能会发现，我们可以用风能和太阳能取代燃煤发电厂，但我们不太可能找到基本的生态系统服务的替代品，比如河流和地下水中的水，或者森林提供的氧气。许多自然资源产生多重效益。森林提供纸张，也许我们可以实现无纸化;但森林维持着生物多样性,向下游提供水,并吸收二氧化碳。没有森林我们能行吗? 也许银行里再多的钱(经济资本)也比不上空气、水、土壤(自然资本)。

这样的讨论还提醒许多人注意经济学家所说的"市场失灵",即商品—— 通常是相当重要的商品——市场无法有效定价:例如,我们呼吸的空气,或者支撑我们的气候。市场也可能无法有效或公平地配给正在枯竭的资源——如石油或铜。市场可能不会处理溢出效应带来的危害,也就是说,不会把卖家或买家的账面上没有定价的东西进行降级处理——就像烟囱和下水道排放的污染物一样。在后面,我们将把这类警报与有毒物质及其监管者放在一起进行考虑。

世界可持续发展商业理事会(WBCSD)认为,企业必须从生态效能的角度进行思考。"生态效能是通过提供有竞争力价格的商品和服务来实现的,这些商品和服务满足人类需求并带来生活质量,同时在整个生命周期中逐步减少对环境的影响和资源强度,达到至少与地球承载能力一致的水平。"(德西蒙、波波夫,1997,第47页)所有这些都会敲响可持续性发展的警钟,对"一切照旧"的心态提出挑战。那些经商的、办大学的或竞选政治职位的人——至少在公共关系方面——会以这样或那样的方式支持可持续性。

4. 环境正义

环境正义运动要求将责任和利益公平地分配给少数族裔、穷人和发展中国家的人。

这场运动兴起于20世纪80年代初的美国,特别是南方。20世纪70年代的环保主义一直倡导保护自然、野生动物和未开发的荒野(正如约翰·缪尔和奥尔多·利奥波德在后面的介绍中所述的那样)。或者它一直在倡导可持续发展。但在环境正义方面,重点是本地不需要的土地利用(LULUS)和事不关己(NIMBYS)这两个方面。就像蕾切尔·卡森(Rachel Carson)对杀虫剂的警告(下面即将看到)一样,这场运动始于草根阶层,发展得非常快,不久就强烈要求立法机关纠正环境负担的不公平分配。

倡导者希望改变态度,但意识到这可能需要改变法律(施洛斯博格,2007;罗兹,2003;施雷德-弗雷谢特,2002;卡特,1995;布拉德,1994)。虽然美国国会从未通过环境正义法案,但美国环境保护局在1992年成立了环境正义办公室。1994年,时任美国总统比尔·克林顿签署了一项行政命令,要求联邦政府采取行动,解决少数族裔和低收入人口的环境正义问题,使之上升成了法律。

美国环境保护局说:

> 在制定、实施和执行环境法律、法规和政策方面,环境正义要求所有人都应该公平对待,并积极参与其中,不分种族、肤色、国籍或收入。环境保护局对全国所有的社区和个人都设定这个同样的目标。当每个人都能享有同等程度的保护,防止来自环境和健康的危害,平等参与决策过程,拥有健康的生活、学习和工作环境时,这一目标才能实现。
>
> (美国环保局,1992、2010)

发展的重担往往不公平地落在穷人或非白人种族的身上。少数族裔人口较多的社区更有可能包含危险废弃物场地。一个臭名昭著的例子是"癌症带",这是密西西比河在巴吞鲁日和新奥尔良两地之间85英里长的河段,这里有125家公司,美国制造的四分之一的石化产品在此生产出来。在一份措辞严厉的报告中,美国民权委员会认为,由于路易斯安那州目前的州和地方危险设施许可制度,以及非裔美国人较低的社会经济地位和有限的政治影响力,非裔美国人社区受到的癌症带的伤害高于正常的比例（美国民权委员会，1993；施雷德-弗雷谢特，2002）。

另一个警钟是 1982 年在北卡罗来纳州的沃伦县敲响的。该州选择寿科镇（Shocco）作为危险废物填埋场，里面埋有 3 万立方码的受到多氯联苯（PCB）污染的土壤。那里超过三分之二的人口是非白人，该镇的人均收入在全州排名倒数第三。抗议爆发后，来自附近的布拉格堡的警察和士兵镇压了抗议，逮捕了一名地方议会议员和一些教会领袖，但这一事件引起了全国媒体的关注（拉巴尔姆，1998）。有两项研究记录了这种环境种族主义，一项是由美国政府问责局（USGAO）（1983）完成的，另一项是由联合基督教会种族正义委员会（1987）完成的。

在加利福尼亚州的辛克利（Hinckly），太平洋天然气和电力公司的一家工厂故意让六价铬（译者注：一种毒性极大的金属）泄漏到地下水中，长达 30 年，造成了健康问题。环境正义倡导者提起了诉讼。这家大型公用事业公司支付了美国历史上最大的有毒侵权损害赔偿：向 600 多名辛克利角居民支付了 3.33 亿美元的损害赔偿金（加州环境保护局，2010）。1986 年，国会通过了《应急计划和社区知情权法案》，要求企业向公众披露他们在该地区储存、使用和释放的化学品。

倾倒废弃物可能发生在海外、发展中国家，或者在公开水域的海洋中（帕克，1998）。费城产生了焚烧有毒废物的灰烬，他们不想把这些灰放在当地的垃圾场，便与一家私人公司签订了将其带到海外的合同。负责运输有毒灰烬的"齐安海"号船舶发现，没有一个国家会接受它。船主最终在半夜的时候，把垃圾倾倒在海地的一个海滩上，并贴上了肥料的标签。愤怒的（虽然也是软弱的）海地政府要求他们把废物清除掉，但该公司不愿这样做。关于谁应该为此负责的争论持续了很多年。费城人感觉到了一些责任，最终，废物被带回费城郊外的一个地方，并在那里得到了处置（普洛，

2007,第 107—123 页)。

一个相关的运动是生态正义运动。生态正义在社会秩序中融合了正义,在自然秩序中融入了诚信。生态正义声称,它比环境正义更具包容性和全面性,因为环境正义主要是关于人的(吉布森,2004)。关爱人类需要关爱地球;这二者是互补的,而不是像人们经常争论的那样,说两者互相矛盾。人们不需要牺牲自然来造福人类,而人们又能从保护和养护的自然中受益。所有的生物都应该是可持续的,人和自然都是如此,这两者是相辅相成的。罗纳德·恩格尔(Ronald Engel)向我们强调:"可持续发展可以定义为一种人类活动,它为整个地球生命共同体的历史成就提供滋养,并使之长久以存。"(1990,第 10—11 页)这将人类和生物共同体全面地联系在一起。每一方面都很重要,植物、动物和人。我们寻求可持续的共同体,让人们的需求在此得到满足;除此之外,整个生命共同体都是可持续的。虽然这种关怀人的正义保持了合理的模糊性,弥补了创造的不完整性,听起来似乎有些合理,但仔细分析起来,人们不禁怀疑,从历史发展来看,人类共同体能否与整个生物共同体同时实现。

当艾奥瓦州的土地开始翻耕种植玉米时,很难说艾奥瓦州的草原达到了它们的历史成就。野牛没有了,食米鸟(带有独特标记的一种草原鸟类)将变得更少,它们都成了牺牲品,这是欧洲人在美洲大陆建立他们的文化的结果。我们最多只能说,只有当艾奥瓦州土地上的水文、土壤化学、养分循环等在正常运转的时候,艾奥瓦州人才能够并且也应该去维持他们的农业。但是食米鸟和野牛的正义在哪儿呢?人类居住在艾奥瓦州,它的每一处自然历史都无法保持完美无缺。没有自然的牺牲,人类合理的需求就不可能得到满足。我们将在下一章和第五章讨论这样的价值权衡,我们想知道环境伦理是否总是"双赢"的。

5. 有毒物质、污染物、入侵物种

当有人尖叫"有毒"时，周围的环境很快就会让人们激动起来。这一尖叫导致了 1 200 多个超级基金网站的建立，有人认为，实际讨论"有毒"问题的网站数量可能是这个数字的两倍。纽约州尼亚加拉瀑布（Niagara Falls）的洛夫运河（Love Canal）社区发现一家化学公司把 2.1 万吨有毒废物掩埋在社区的地下后，迅速引起了全国的争议，它在环境问题上出名了。那家公司勉强将该地点出售给尼亚加拉瀑布学校董事会，明确详细说明了地点内包含的危险，并包括一项限制责任条款。在随后的建设中，暴雨冲刷释放了化学废物，导致了公共卫生突发事件和城市规划丑闻（莱文，1982）。

1969 年 6 月 26 日，在俄亥俄州东北部，凯霍加（Cuyahoga）河起火了，表面的一层油膜和杂物燃烧了起来。俄亥俄州人开始意识到，他们的河流是美国污染最严重的几条河流之一，里面根本看不到生命的迹象。此前曾发生过 13 次较小的火灾。全国各地的报纸都对此进行了专题报道，这促使人们提出请求，并最终促成制定了《清洁水法》，同时，这些报道给环境保护局施加了更大的压力，让他们更好地执行水污染法律。

从 1951 年到 1970 年，在科罗拉多州的大章克申（Grand Junction），顶峰铀矿公司（现在的 AMAX 公司）一直在该镇的南面开采铀矿。有些含有 85% 原始放射性的尾矿，人们一直认为是无害的，被广泛用作千家万户、学校和人行道的建筑材料。直到 1970 年，医生们才注意到白血病、唇腭裂和唐氏综合征的显著增加。虽然不确定到底要采取什么行动才能有所补救，但联邦和州政府采取了紧急行动。他们需要国家科学研究委员会的咨询委员会提供关于电离辐射生物效应的最新报告。但由于委员会成员无法达成共识，这一报告一直没有发表。

在华盛顿州的联邦汉福德（Hanford）核武器基地，从 20 世纪 40 年代开始，特别是在 1944—1947 年期间，非常大量的放射性碘被偷偷地释放出来，持续到 1957 年。美国政府为保密辩护，认为这是战争行为的一部分。放射性碘在核裂变过程中产生高丰度，如果在高温和其他故障期间释放，很容易进入空气中。暴露在这样的空气里，会导致甲状腺功能减退，这是一种身体器官甲状腺激素的缺乏，会导致儿童的大脑损伤。居住在附近的人并没有得到警告。"居住在汉福德工厂下风口的人"，包括核管理委员会在内，开始意识到发生了什么事情，并进行了坚苦卓绝的努力，以查明事实并追究责任。

葛根是一种植物，被引入美国东南部，用于控制水土流失，特别是在 20 世纪 30 年代的大萧条之后，这种植物还被用作牛饲料。平民保育团的数百名年轻人得到了种植葛根的工作，农民们种植它的报酬高达每英亩 8 美元。今天，葛根覆盖了南方腹地超过 800 万英亩的土地。这些藤蔓一天可以长 1 英尺（编者注：1 英尺等于 30.48 厘米），覆盖着树木、田野、电线杆、房屋和沿途的任何其他东西。自然资源保护者称它为"吞噬南方的藤蔓"。雀麦草（日本雀麦草）是一种侵袭性杂草，横跨北美西部，从加拿大不列颠哥伦比亚省到美国加利福尼亚州的大部分地区。雀麦属的其他种类也可能成为有害杂草。

八哥（普通的或欧洲的八哥）是人们从欧洲引进到美国纽约的中央公园的，目的是让莎士比亚笔下提到的所有鸟类都出现在美国。最初的 60 只鸟大量繁殖，今天有 2 亿多只鸟栖息在城市和乡村，取代了当地的鸟类，如北美洲紫燕。一个栖息地可能有 150 万只鸟，它们的粪便可以杀死树木。2008 年，美国政府设法杀死了 180 万只八哥，比其他任何滋扰物种都多。在其他国家，尤其是澳大利亚，八哥也成了一个主要问题。同样地，英国麻雀是一种令人讨厌的动物，也是蓝鸟、莺、凤头鸟、山雀、树雀、坦纳鸟和知更鸟的宿敌。越来越多的证据表明，入侵物种危及本土物种。

6. 生活本土化：绿色和草根

"思维全球化，行动本土化。"这句话已经成为当代谚语，敦促人们放眼全球，同时激发对家乡和本土的关注，这种关注是对一个地方的归属感（海斯，2008）。人们可能会开始投票选择更开放的空间，并购买有机食品，最好是当地种植的有机食品。它可能会催促大家更多地进行回收利用，或者在当地的学校、教堂和企业中实行"绿色行动"。"请回收"或"可回收"这样的字眼更多地出现在我们的邮件上。人们希望在中小学进行环境教育。人们想知道是什么污染物在杀死河里的鱼，或者从发电厂烟囱里冒出来的是什么。人们可能会自愿沿着高速公路走几英里，把垃圾捡起来。人们可能会通过一项州级的公投，要求电力公司在未来十年内使用25%的风能或太阳能。

这项活动有助于在一个高质量的环境中推动生活质量的提高。它有着更深刻的哲学和情感信仰。我们将地方归属感聚焦在本土范围内。在我们自己的领土上居住的逻辑是什么？当人们歌唱"美国，美丽的地方"（由凯瑟琳·李·贝茨创作的歌词）时，有时会起鸡皮疙瘩。这是人们面对国家遗产时的生理反应，也是在面对雄伟的紫色群山和硕果累累的平原从一边大海延伸到另外一边波光粼粼的大海时的反应。

这在特定的地方变得更具生物地域性。前蒙大拿州众议院议长、密苏拉市市长丹尼尔·凯米斯（Daniel Kemmis）解释了公共生活能力是如何与地方归属感交织在一起的，这在蒙大拿州社区，甚至在州的名字中得到了证明（凯米斯，1990）。在那里，大自然和立法机构都是统治者。下面我们将回顾奥尔多·利奥波德（Aldo Leopold）的土地伦理是如何在威斯康星州的沙漠地区的人们心中扎根下去的，以及约翰·缪尔（John Muir）是如何为失去赫奇赫奇山谷（Hetch Hetchy）而心碎的。

我们需要扎根当地。我们珍惜家乡的小山、家乡的河流、家乡的海湾、家乡的乡村道路。我们中的大多数人都从情感上认同某个乡村，以至于当我们必须离开它或离开后回来时，我们都会哽咽起来。我们必须生活在心理学家所说的"建成的环境"中，无论它位于城市还是农村，但是环境回归进一步凸显了这样的文化是如何为土地上的生命支持系统所包容的，这些系统成了我们的福祉的一部分。人们需要时间，在阳光和雨水中，在播种和收获时，在山峰和草原上，在盛开的果园里，在新割下的干草的气味中，享受生命的美好。

但这受到了雾霾和酸雨的威胁。还记得着火的凯霍加河、洛夫运河和汉福德核工厂的下风口受害者吗？国家政治中的一支新生力量——美国环境保护局，就是因为响应各地敲响的环保警钟而建立起来的。蕾切尔·卡森（Rachel Carson）的《寂静的春天》在女子花园俱乐部找到了第一批观众；妇女们不再沉默，而是直言不讳，最终，国会发现它不得不倾听妇女的呼声。

当我们回到一些我们以前喜欢的自然区域——在那里可以发现春天里迁徙的莺——发现它已经被快速地开发时，我们往往会感到失望。我们在思索，是不是不需要考虑正在破坏的和正在建设的。这可能会促使一个人继续保持"奥杜邦协会"（译者注：一个非营利的环保组织）的全国和地方的会员资格。我们曾经以为我们想要成为周游世界的人，现在我们意识到，有时我们只想要成为一个乡下人。草根环保主义是在国内外取得成功的关键（凯布尔、凯布尔，1995；盖、维维安，1992）。

7. 生物多样性

环境保护生物学家们在呐喊：地球正面临着灾难性灭绝的风险。《时代》杂志刊登了一期"地球日"特刊，主题是拯救地球。哈佛生物学家爱德华·O.威尔逊（Edward O. Wilson）提出了这样的共识："生物多样性研究人员一致认为，我们正处于第七次大灭绝的过程中"（威尔逊，2000，第 30 页；另见卡彭特和毕晓普，2009）。人类如此扼杀丰富的生命多样性，是错误的，是大错特错的。人们对拯救濒危物种，或者更全面地说，有关生物多样性的担忧和警觉与日俱增。这些生物学家可能相当有影响力。在过去的半个世纪里，生物学令人惊讶的发展之一（几乎没有生物学家能预测得到）就是保护生物学学会的发展，它拥有一万多名会员，是生物学中最大的专业协会之一，也是"一门有最后期限的学科"。

爱德华·O.威尔逊惊呼道："覆盖地球，还有你和我……等的生物层，就是我们所拥有的奇迹。"如果我们不改变目前的发展轨迹，"到 2030 年，至少有 20% 的植物物种将消失或提前灭绝，而到 21 世纪末，这个数字将是 50%"（威尔逊，2002，第 21、102 页）。国际自然保护联盟（International Union for Protection of Nature）在 2010 年计算出，所有被评估的物种中有 33%—39% 处于濒危状态（国际自然保护联盟，2010）。

美国国会痛惜对物种缺乏"足够的关注和保护"，通过了《濒危物种法案》（美国国会，1973）。虽然是第一次通过这类法案，但这项法案比许多通过它的人意识到的更加严厉。在一个著名的案件中，有一条小鱼（名为蜗牛飞镖），它阻止了田纳西流域管理局建设泰利库大坝，美国最高法院在解释这项法律时说，物种必须"毫无例外"地得到保护，"不惜一切代价"，甚至比联邦机构的"主要任务"都重要（田纳西流域管理局诉希尔案，载于《美国最高法院判例汇编》第 437 卷,第 153、173、184、185 页)。

此外,在该法案中,"经济价值"(市场价值)不在列出的价值标准之列。但是,由于有时必须考虑经济成本,国会在 1978 年的修正案中授权一个高级别的跨部门委员会来评估疑难案件。如果该委员会认为合适,它可以允许阻碍发展的物种灭绝,以保证人类的发展。从立法角度看,该委员会被称为"濒危物种委员会",这个名字相当不起眼,但它几乎就被戏称为"上帝委员会"。这个名字既有开玩笑的成分,又暗含着一种终极关怀。任何以发展的名义破坏物种的人都可怕地夺走了上帝的特权。

就在同一年,1973 年,国际社会签署了一个相当有效的国际公约,既《濒危野生动植物种国际贸易公约》(1973)。1992 年在里约热内卢召开的"联合国环境与发展会议"(地球峰会)通过了《生物多样性公约》。这项公约发起于里约热内卢的地球峰会,当足够多的国家批准后,它次年就生效了。保护生物多样性被称为"人类共同关心的问题"(联合国,1992,《序言》)。该公约现在已得到地球上大多数国家的批准,对这些国家具有法律约束力,但是,它从未得到美国国会的批准。目前国际上正在召开一系列的会议,以扩大和加强生物多样性的执法。我们将在第五章详细讨论生物多样性问题。

8. 生态女权主义:女性的特质

生态女权主义者认为,在对妇女的压迫和自然的退化之间发现了强烈的联系。他们不喜欢他们所说的为权力辩护的二元对立:较高级别的类型优先于较低级别的类型——统治者凌驾于下属之上,男性凌驾于女性("弱势性别")之上,文化凌驾于自然之上,白人凌驾于黑人之上,发达国家凌驾于非发达国家之上,文明凌驾于原始之上,人类凌驾于动物之上,掠食者凌驾于猎物之上,动物凌驾于植物之上。几个世纪以来,社会一直是父权制的——不仅是西方的社会,而且亚洲人和土著人的社会也是典型如此的。妇女不能投票,拥有土地、接受遗产或在公共生活中工作的能力都非常有限。几十年来,经济学一直是资本主义性质的,主要特点就是富人剥削穷人。生态女权主义者抗议各种产生"受害者"的不平等现象。

一位印度妇女,旺达拉·希瓦(Vandana Shiva)(1988),想要重新考虑社会是如何看待妇女和自然的活动。森林中的河流如果只为村民提供饮用水,为动物提供栖息地,为当地人提供鱼类,就没有充分发挥出生产力。掌握权力的人说,需要在河流上修筑水坝以获取电力。开发商宣称,自然需要驯服、开发、征服。"在过去的三个世纪里,西方人的思想中一直固有一种看法,那就是人有支配地位,他可以通过这种支配地位来统治,……北方统治南方,男人统治妇女,人类统治自然。"(第30页)自然被认为是女性的(自然母亲),需由精通农业和技术的男性统治者控制。这种观点渗透到科学、政治、经济和宗教领域。但这种观点忽略了女性可能比男性与自然节奏有更深刻的联系。

> 在自给自足的经济体中,妇女与自然结成伙伴关系,生产和再生产财富,她们本身就是了解自然过程的整体和生态知识的专家。但是,这些以社会效益和生计需求为导向的另类认识模式,并没有为资本主义还原论范式所认可,因为它没有认识到自然的相互关联性,或者女性的生活、工作和知识与财富创造的联系。
>
> (希瓦,1988,第24页)

女性(有时还有男性)哲学家和神学家对此相当直言不讳,加入了那些关注生态正义的人的行列。哲学家凯伦·沃伦(Karen

Warren）写了一篇早期且经典的文章，质疑"主宰逻辑"和等级"向上—向下思维"（大于/小于），因为它们采用了"价值二元论"的观点，将理性置于情感之上，将思想置于身体之上，将男性置于女性之上，将人类置于自然之上。"那么，所有生态女权主义者都一致同意的是，在历史上，主宰的逻辑是在父权制中运转的，以维持对女性和自然的双重主宰，并使之合法化。"（沃伦，1990，第 131 页；另见沃伦，2000；吕特尔，1992）。主宰者都有这样的信条：登上顶峰。

生态女权主义者：成为地球的朋友。

生态女权主义者可能认为，将自然视为自然资源充斥着这种主宰逻辑。人类有利用自然的权利，这似乎是不可避免的；但这很快就变成了开发自然的权利。自然资源政策中占主导地位的方法是成本效益分析，但这方法假设人类可以管理动物、植物和生态系统，保护那些给人类带来比成本更大的好处的东西。不出所料，做出这种决定的人通常是富有的男性，通常是欧洲血统的白人男性。即使人们从经济效益/成本分析转向最近流行的对"生态系统服务"的关注（见第六章，第 2 节），或"可持续发展"（见上文，另见第二章，第 2 节），主宰的逻辑依然存在。

在澳大利亚，在关注澳大利亚原住民的时候，瓦尔·普卢伍德（Val Plumwood）（1939—2008）提出了类似的观点。她批判了她所描述的"掌握的立场"，这是一套关于自我及其与他人的关系的观点，与性别歧视、种族主义、资本主义、殖民主义和对自然的主宰有关。这种层次化的观点涉及将他者视为完全分离的和低级的，将自我的背景视为前景，认为他者的存在，相对于自我或中心来说，是次要的、派生的或外围的，其代理者被否定或最小化。

人/自然二元论是一系列有问题的、有性别歧视的二元论的一部分，这些二元论包括人/动物、思想/身体、男性/女性、理性/情感和文明/原始。例如，据说女性比男性更不理性，而不是男性被认为比女性更不情绪化。由于实体之间的"超级分离",这种二元论被夸大了。在这种分离中,它们可能共有的特质被忽视或最小化了,而它们之间不同的特质被夸大和过分强调了。这才是生态危机的根源(普卢伍德,1993)。

普卢伍德以濒死体验而闻名,她在《成为猎物》(2000)一书中叙述了这种体验。她独自一人在澳大利亚的一条河流上划着独木舟,没有看出来漂浮的圆木实际上是一条鳄鱼。在她试图上岸时,她的腿被鳄鱼咬住了。这条鳄鱼试图用"死亡翻滚"淹死她,但她逃脱了,并设法爬了两英里到达救援点。

救她的人回去杀死鳄鱼,声称一旦它尝到了人血,就会比以往任何时候都更危险。普卢伍德在澳大利亚国家电视台上恳求人们不要杀死鳄鱼,这与男性优先于野兽的心态相反。但她被迫将这一事件纳入自己的世界观,认为大多数生物都是猎物。

> 当我自己的叙述和叙述背后更大的故事被撕裂时,我瞥见了一个超出我自己的领域之外的、令人震惊的冷漠的必需品世界,在这个世界里,我并没有比任何其他可食用的生物更重要……虽然在此次遭遇之前我已经吃素大约十年了,而且今天我仍然是素食者,但意识到这一点让我保持警惕……合乎伦理的饮食可能并不总是排除夺取生命的可能性,捕食的形式,也许从伦理的角度可以得到理解……我是素食主义者,主要是因为伦理的和生态形式的捕食方式只在当代西方社会存在,农业工厂化了,人与食物的关系商品化了。
>
> (普卢伍德,2000,第 142—144 页)

如果普卢姆伍德为鳄鱼恳求看起来有些奇怪的话,许多人对殖民主义的行径感到后悔,现在很多人认为英国人对澳大利亚土著的态度相当傲慢。西方定居者声称澳大利亚是无人之地,是一个无人居住或野蛮的国家,是任他们掠夺的土地,但他们根本不考虑,(估计)有 75 万人已经在沿海和内陆土地上生活了好几个世纪。生态女权主义者一直是强有力的倡导者,他们呼吁,那些从帝国中获利的人,应该为殖民历史忏悔,忏悔他们曾对土著人民和他们的土地所做过的一切。澳大利亚高等法院在 1992 年推翻了之前"无主之地"的说法,把部分土地归还给原住民。在对待美洲原住民,还有对待吉福德·平肖(Gifford Pinchot)领导美国林业局(U. S. Forest Service)参加"抨击大自然到底给了我们什么"来寻求文明化繁荣这两件事情上,美国人发现,他们的经历与澳大利亚人相似,结果却令人不快(下文详述)。

9. 动物福利:彼得·辛格(Peter Singer)、 汤姆·里根(Tom Reagan)

近几十年来,人类对待动物的方式非常让人担忧。倡导者从不同的角度来处理这个问题,但他们都坚信,动物,特别是哺乳动物,应该被视为道德共同体的成员,人类对待他们应该有同情心。人们通常认为,动物应该仅限于(如果不禁止)用作食物(美国每周200 万头猪;世界每年 700 亿只鸡)、用于研究(美国每年约 1 200万—2 000 万只)、用于娱乐(动物园、马戏团、海豚表演)。在这场运动中,表现突出的有两位哲学家,彼得·辛格和汤姆·里根,以及其他几十位哲学家,如理查德·莱德、安德鲁·林齐、伯纳德·罗林和玛丽·米德格利(Richard Ryder, Andrew Linzey, Bernard Rollin, Mary Midgley)。另外,有些国际名人,如简·古德尔(Jane Goodall),他们的言行让人们加重了这种担忧。

数百万在超市购物的人询问"工厂化养殖",想知道他们吃的动物是在什么条件下饲养的。许多人已经成为素食者;大多数大学餐饮服务提供素食,而这在 30 年前是不会发生的。对灵长类动物的侵入性研究基本上已经停止;大学可能会拒绝提供这样的研究设施。每所大学都有一个"动物使用和关爱委员会";实验必须是合理的。许多妇女拒绝穿毛皮大衣。

事实证明,彼得·辛格的《动物解放》(1975)是这场运动的关键,它源于"纽约书评"上发表的一篇文章《动物解放》,这引起了全国上下的关注。自那以后,它已经被翻译成 17 种语言。辛格是一位澳大利亚哲学家,曾在普林斯顿大学从教多年。他是一个功利主义者,他提倡这样一种观点,动物也会感受痛苦,因此人类对待动物时,应该给予它们应有的道德关注。也许它们没有理性,不会说话,或者它们自己不能有道德行为,但它们仍然应该得到道德关注,因为它们关心它们自己的福利。动物可以根据它们不同的感知能力(如黑猩猩和老鼠)进行分级,但容忍动物受到虐待是一种偏见,就像性别歧视和种族主义一样,没有理性的基础。如果不考虑动物的痛苦,就会犯下"物种歧视主义",即不合理地偏爱自己的同类(贾米森,1999)。

长期以来,汤姆·里根一直在北卡罗来纳州立大学工作,是位哲学家。他的关键著作是《动物权利案例》(1983/2004),这本书使他成为一名公共知识分子。动物有固有的价值,或者说重要性,因为它们有感觉、欲望、信仰、偏好、记忆、期望和有目的的行为。发生在他们身上的事对他们来说很重要。这给了他们权利。光是"仁慈""不残忍"是不够的,对工厂化养殖而言,它们需要的答案不是"更大的笼子",而是"空笼子"。动物应该有法律上可强制执行的权利,保证它们得到尊重和应有的待遇(里根,2005)。

在哲学界,这两位哲学家让人们对动物福利的关注呈爆炸式增长,引发了连锁反应。美国国会颁布了一系列涉及关爱动物的法律,如 1966 年的《动物福利法》和 1972 年的《海洋哺乳动物保护法》。现在,美国超过一半的法学院教授"动物法"(米勒,2011)。

我们将在第三章中更详细地讨论这些问题。

10. 环境伦理：哲学家的觉醒

直到 20 世纪 70 年代中期,环境伦理学在西方哲学中都是鲜为人知的。这一情况在后来迅速改变了。在接下来的 30 年里,出版了 30 多本选集和另外 30 多部系统著作(见 ISEE 书目网站"选集和系统作品"下的列表)。还有 4 本学术期刊。国际环境伦理学会网站上的参考书目列出了 15 000 多篇相关文章和书籍,这些文章和书籍不仅出自哲学家之手,而且出自政策制定者、律师、环境专业人士、林学家、经济学家、开发商、商人和普通公民之手,涉及环境及其人类使用环境的伦理问题(参见 ISEE 网站参考文献)。有百科全书和大量的文集(卡利考特和弗罗德曼,2009;卡利考特和帕尔默,2005)。有案例研究书籍和网站(牛顿和迪林厄姆,2002;德尔和麦克纳马拉,2003;古多夫和赫钦森,2003;凯勒,2011)。

在最早关注环境伦理学的哲学家中,有两位澳大利亚人。第一位是理查德·劳特利(Richard Routley,即后来的理查德·西尔万),他在 1973 年保加利亚瓦尔纳世界哲学大会上所做的一次演讲中,对新的环境伦理学的必要性感到疑惑,并在会议论文集中相当含糊地发表了他的观点(劳特利,1973)。第二个澳大利亚人是约翰·帕斯莫尔(John Passmore),他实际上回答说,不需要,但我们确实需要将传统伦理重新应用于人类在环境中面临的风险(帕斯莫尔,1974)。澳大利亚人一直积极参与这一领域(埃利奥特和加雷,1983;西尔万和本内特,1994;马修斯,2003)。挪威哲学家阿尔内·内斯(Arne Naess)当时声称,这太浅薄了,我们需要一个"深层生态学"(内斯,1973)。福尔摩斯·罗尔斯顿三世的《有没有生态伦理?》发表在领先的哲学期刊《伦理学》上,受到了广泛关注(罗尔斯顿,1975;帕尔默,2003)。

1971年,J.贝尔德·卡利考特在威斯康星大学史蒂文斯分校教授第一堂环境伦理学学术课。1973年,福尔摩斯·罗尔斯顿在科罗拉多州立大学教授类似的课程(普雷斯顿,2009)。在此后的40年里,超过1 000所学校相继开设了环境伦理课程,或者作为更具包容性的伦理课程的子单元来开设。尤金·哈格罗夫(Eugene Hargrove)于1979年创办了《环境伦理学》(*Environmental Ethics*)杂志。第一次环境伦理哲学会议于1971年在佐治亚大学举行(布莱克斯通,1974)。总部设在马里兰大学的哲学与公共政策研究所一直对环境问题保持着持续的兴趣。

"皇家哲学研究所"于1993年召开了主题为"哲学与自然环境"的年会(阿特菲尔德和贝尔西,1994),英国哲学家一直对这个主题保持关注(阿特菲尔德,2003;柯里,2006;福克斯,2006)。欧洲哲学家一直对该主题直言不讳,特别是荷兰和德国哲学家(阿赫特贝格,1994;德伦森,1996;茨魏尔斯,2000;比恩巴赫尔,1980;迈尔-阿比希,1993;奥特,1993)。

在政治舞台上,出于哲学和伦理方面的考虑,德国绿党于1980年成立,从1995年至2005年,绿党都在德国联邦政府获得了席位,目前仍活跃在德国政坛。联合国教育、科学及文化组织(联合国教科文组织)委托编写了一份关于环境伦理的研究报告,将其翻译成几种语言,并广泛分发给其工作人员(滕海夫,2006)。联合国教科文组织还在俄罗斯赞助了几年的研讨会,在西方专家的指导下,大约30多名教授环境伦理学的俄罗斯学者在该领域交流了进一步的想法。米哈伊尔·戈尔巴乔夫(Mikhail Gorbachev)在1992年联合国环境与发展会议(UNCED)之后,利用他的权力和经验创建了"国际绿十字组织"。中国大陆有一个相当活跃的环境伦理学会,台湾地区、韩国也有活跃的类似团体。

两千年来,伦理学一直关注如何教化人类,帮助每一个人以爱、公平、公正、平等、合理、关怀和宽恕的方式与人交往。伦理学竭力使我们变得人性化。在这方面已经取得了很大进展，例如，建立民主制度，废除奴隶制，确保人权，或倡导妇女平等。我们还有很多事情要做。但这种环境转向在伦理史上是史无前例的。过去任何时候，都没有出现过叫环境伦理的东西。今天，人类对自然表现出来的新的浓厚兴趣和对自然的责任代表了近几个世纪以来哲学观点的一个更加有趣的变化。接下来的章节将持续详细地研究这些环境哲学家的主要关注点。

11. 奥尔多·利奥波德（Aldo Leopold）、蕾切尔·卡森（Rachel Carson）、约翰·缪尔（John Muir）

发起这一环境转向的三位先知人物是奥尔多·利奥波德（Aldo Leopold）、蕾切尔·卡森（Rachel Carson）和约翰·缪尔（John Muir）。还有其他一些人值得提及：大卫·布劳尔（David Brower）、亨利·大卫·梭罗（Henry David Thoreau）、华莱士·斯特格纳（Wallace Stegner）、温德尔·贝里（Wendell Berry）。但前面这三人影响力非常大，足以让我们回想起环境转向的初期和开创性的源起。我们不能指望这三位预言家能够解决甚至预见即将到来的环境危机的程度：例如，环境危机的全球维度或气候变化。然而，我们应该感激他们，他们的担忧在唤醒我们对环境危机的警觉方面起到了非常关键的作用。这帮助我们完成对过去发展的审视，让我们可以在新的千年里起飞，探寻环境伦理。

奥尔多·利奥波德（1887—1948）早年在美国林务局工作，长期供职于威斯康星大学麦迪逊分校，是一名林学家和生态学家。在接近20世纪中叶，在他晚年的时候，利奥波德感叹道："至今还没有一种道德规范，解释人与土地、人和生长在土地上的动植物之间的关系问题……保护还没有触及这些行为的基础，证明就是哲学和宗教还没有听说过它。"（1949/1968，第203、210页）我们应该热爱"土地",他坚持说,"土地和土地上的生物通过自然过程实现了它们特有的进化形式,并通过这些自然过程维持着它们的生存(生态)。""土地是一个共同体,这是生态学的基本概念,但要热爱和尊重土地是伦理学的延伸。"(第 173、224—225、VIII—IX 页)

在利奥波德看来,人仍然很重要,但从伦理上看,人类和所有其他有机体所处的生态系统也很重要。人类与 500 万或 1 000 万种的其他物种共同居住在地球上,我们和它们依赖这些周围的生物群落。在这个新千年的十年里,西方世界没有一个哲学家或神学家没听说过环境伦理学。在威斯康星州的沙县,利奥波德的《沙县年鉴》(1949/1968),受到人们的巨大欢迎,被证明是 20 世纪的标志性书籍之一(售出了 100 多万册)。利奥波德是"荒野协会"的主要创始人之一,"荒野协会"是说服美国国会通过《荒野法案》(1964)的主要力量,该法案已经促成了数百个荒野地区得到了认定,它们合起来的面积比加利福尼亚州还大。利奥波德预期了可持续发展和生物多样性保护,他践行着生活本地化和草根环保主义。正如我们将看到的,土地伦理甚至已经走向全球。所有这些都会让利奥波德既惊讶又高兴——在他里程碑式的著作出版前不久,由于邻居宅基地上发生了林地大火,他在灭火过程中因心脏病发作而去世(奈特和赖德尔,2002;迈因,1988;卡利考特,1987;奥尔多·利奥波德基金会,2011)。

蕾切尔·卡森(1907—1964)在美国渔业局(美国鱼类和野生动物管理局的前身)开始了她的海洋渔业生物学家生涯,她是第二位受聘于此工作的女性,因其在《我们周围的海洋》一书中表现出的洞察力而逐渐获得大家的认可(卡森,1951)。在她《寂静的春天》(1962)一书中,她开始研究并发现滴滴涕(DDT)和其他化学物质对自然环境造成的破坏,追踪了这种杀虫剂在蛋壳中的累积。滴滴涕(DDT)使蛋壳变薄,毒害了许多本地鸟类,从而"让鸟儿安静下来"。林莺逐渐消失,导致食物链不断向上延伸,包括美国的国家象征——秃鹰也在逐渐消失。《寂静的春天》最初作为连续报道发表在《纽约客》上，然后被选为月度最佳图书，获得了广泛的宣传和全国的关注，哥伦比亚广播公司（CBS）电视台也进行了特别报道，有1 000万到1 500万人观看，并得到了最高法院大法官威廉·O.道格拉斯（William O. Douglas）的赞扬。沙利度胺药物造成的出生缺陷大约在这个时候被发现。过度使用杀虫剂（"杀生剂"，卡森称之为生命杀手）成为一个重大的公共问题（利尔，1997；西代里斯和穆尔，2008）。卡森的出版商曾受到生产杀虫剂的化学公司的威胁，声称如果他们出版这本书，化学公司就会提起诉讼，但出版商依然冒着风险出版了，因为他们认为卡森写作的内容非常重要。她的科学公信力和个人品格都受到了攻击。美国氰胺化学家罗伯特·怀特-史蒂文斯（Robert White-Stevens）称卡森为"自然平衡崇拜的狂热捍卫者"（转引自利尔，1997，第434页）。前农业部长埃兹拉·塔夫特·本森（Ezra Taft Benson）曾写信给德怀特·D.艾森豪威尔（Dwight D. Eisenhower）总统，说对卡森不利之辞（利尔，1997，第429—430页）。大声疾呼的批评家认为，因为阻止在国外和国内使用滴滴涕（DDT）来治疗疟疾，她正在杀死数百万人，特别是儿童。尽管如此，她的书还是得到了知名科学家的支持，并促使国家农药政策发生了逆转——包括在全国范围内禁止使用滴滴涕（DDT）和类似的杀虫剂。

蕾切尔·卡森经常在女子园艺俱乐部和其他团体中激发人们对环境的关注，这最终促成了"美国环境保护局"的成立。她预见到了有毒物质、污染物、入侵物种可能会造成的危机，同时还预见到可持续性和生物多样性可能会发生的危机。卡森自己患上了癌症，接受治疗后出现贫血症状，在她早逝之前，她努力在国家纠纷中为自己的案件辩护。她死后被吉米·卡特（Jimmy Carter）总统授予总统自由勋章，这是美国平民能获得的最高荣誉。另外，她的人像也非常荣幸地得以印在"伟大的美国人"系列邮票上。

约翰·缪尔(1838—1914),出生在苏格兰的美国自然主义者,热情地描述了他在大自然中的冒险经历,特别是在加州内华达山脉的冒险经历,有数百万人阅读了他写作的作品。在拯救"约塞米蒂"国家公园、红杉国家公园和许多其他地区方面,他的敦促起到了至关重要的作用。他创立了塞拉俱乐部(Sierra Club)以促进对大自然的保护(沃斯特,2008;米勒,1993)。他也预见到了生物多样性危机,拯救了荒地、生态系统,过着简单的、本地化的和可持续的生活。他的塞拉俱乐部目前依然是最有力的几个保护组织之一。

当约翰·缪尔完成(或者至少是放弃)他的正规教育,转而住在内华达山脉里时,他写道,"我只是离开一所大学去了另一所大学,从威斯康星大学去了荒野大学"(缪尔,1912/1965,第228页)。他首先从印第安纳州步行1 000英里到佛罗里达州,选择走"我能找到的最荒野的、落叶最多的、人迹最少的路,尽可能找到最大范围的原始森林"(缪尔,1916,第2页)。他认为能够在加利福尼亚州找得到这样的地方,于是预定了那儿的行程。

抵达加利福尼亚州后,他立即前往约塞米蒂地区。他一生中的大部分时间都生活和工作在塞拉山脉地区。他过着简朴的生活,满怀热情地欣赏山脉中发生的一切(我们知道的就包括多次的暴风雨和一次地震),经常招待不辞辛苦去拜访他的科学家、艺术家和名人。他在地质学方面进行了科学研究,倡导提出塞拉地貌的冰川形成理论。缪尔起初是吉福德·平肖的朋友。平肖成为美国林业局第一任局长,也是可持续利用自然资源造福人类这一主张的主要代言人。他们两人在森林维护、不滥伐和避免对自然资源的盲目开采方面有着一致的意见。但缪尔和平肖很快就发生了冲突,这场冲突突显了两种对国家自然资源利用的不同看法。平肖是一位功利主义者,他将保护视为管理国家自然资源以实现长期可持续商业利用的一种手段。

平肖对美国人驯服这块大陆的"天命"感到自豪,他可以直截了当地说:"人类的首要职责是控制其赖以生存的地球……通过暴力获取大自然所能赋予我们的东西,我们赢得了一种繁荣、一种文明,并成就了一种全新的人类。"(平肖,1973,第 86、90 页)缪尔认为这是傲慢和麻木不仁。有人把美国的森林看成不过是可以收获的木材,仅仅就是"种树"而已,而不是因为大自然更深层次的精神和哲学品质而珍视它。缪尔把美国的森林称为"上帝的巨大喜悦"和"他所种植的最好的东西"(缪尔,1901,第 331 页)。缪尔惊叹道:"进入宇宙最清晰的途径是穿过森林荒野。"(沃尔夫,1938,第313 页)

他们的友谊在 1897 年夏天结束,当时平肖在西雅图一家报纸发表了一份声明,支持绵羊在森林保护区放牧。缪尔认为绵羊和"有蹄子的蝗虫"没什么两样,于是与平肖展开了对峙。平肖坚持让羊群在国家森林里吃草,缪尔告诉他:"我不想再和你有任何瓜葛。"这就把环保人士分成了两个阵营:以缪尔为首的环保派和号称"环保派"的平肖阵营。这种紧张关系仍在继续,将在本书后面的内容中经常出现。

随着旧金山人口的持续增长,修建图奥勒米河(Tuolumne River)大坝和在赫奇赫奇(Hetch Hetchy)山谷建造水库的紧迫性就显得越来越大。缪尔强烈反对修建大坝。"筑坝赫奇赫奇山谷吧!给水体筑坝吧!这些是人民的大教堂,人类从未崇拜过比它们更神圣的殿堂了!"(缪尔,1912/1965,第 202 页)缪尔和他的塞拉俱乐部强烈反对淹没山谷。缪尔写信给泰迪·罗斯福(Teddy Roosevelt)总统(他曾和总统一起去约塞米蒂偏远的地方露过营),恳求他阻止这个项目。罗斯福的继任者威廉·霍华德·塔夫特(William Howard Taft)暂停了内政部对赫奇·赫奇大坝建设通行权的批准。经过多年的全国性辩论,塔夫特的继任者伍德罗·威尔逊(Woodrow Wilson)于 1913 年 12 月签署了法案,把大坝建设变成了合法行为。面对山谷的毁灭,缪尔感到了巨大的损失,这是他最后一次重大战斗。不久之后,他就去世了,就算不是为此而操碎了心,至少离开人世时也是心怀悲痛。

加州人最近把缪尔正式列入了加州名人堂。缪尔已经上了两张邮票,2005 年加州人选择把他放在加利福尼亚州发行的 25 美分硬币上(每个州都有一枚特别发行的 25 美分硬币)。每年的 4 月 21 日,加利福尼亚州都要庆祝"约翰·缪尔日",他是第一个获此荣誉,名字被用作纪念日的人。

———

因此,环境转向正迫使我们挑战我们一直在思考的许多生活方式。按照古典哲学的说法,伦理就是人与人在正义和爱中打交道。人们因其环境状况而受益或受损。因此,当环境受到危害时,古典伦理学就会关注它。那些关心环境伦理的人会同意,我们必须考虑帮助抑或伤害人类,但他们会更进一步地要求人们尊重地球上的生命,尊重动物、植物、物种、生态系统,甚至尊重地球本身。伦理学最近的一个趋势是变得更具包容性,更具全面性。

对善的哲学追问引出了这样的问题:美好生活的构成要素是什么?什么样的活动和事情本身就是好的?正确的行动关系到支配我们选择和追求的是非原则。总而言之,这些原则构成了一种道德准则,定义了共同生活的人的责任。应用伦理学将这些关于原则的争论扩展到特定的关注领域。当应用于医学时,这种形式的应用伦理学被称为"医学伦理学"(有时扩展到包括生物技术,并被称为"生物伦理学")。当应用于商业时,就是"商业伦理学";当应用于报业时,就是"新闻伦理学";当应用于工程时,就是"工程伦理学";当应用于农业时,就是"农业伦理学",以此类推。当应用于环境政策和法规问题时,我们形成了"环境伦理学"。然而,有一件事与以前是不同的。与其他应用领域不同,环境伦理学领域的人设想他们涉及的范围超出了人类的领域。所有形式的应用伦理学都会提出一些原则性问题（例如，医学伦理学中的"死亡"是否与脑死亡一起发生）；但环境伦理学提出了一些深刻的问题，即谁和什么在道德上是重要的，为什么。我们应该把动物、植物、濒临灭绝的物种、古老的森林、荒野地区、地球考虑在内吗？这就需要重新审视人与自然的关系。许多关于自然具有什么样的价值的争论（比如它是否直接或间接地具有道德重要性）都是哲学家通常所说的元伦理学中的争论。从这个意义上说，环境伦理学可以是理论性质的，也可以是应用性质的。

道德心理学是研究与道德问题相关的欲望、情感和人格的学科。我们关心的是，争论道德意义上正确与否，能否激励人们改变他们的行为。也许（例如，对鲸鱼的）爱比争论（关于它们在海洋生态系统中的角色）更能有效地打动人们，以获得他们对禁止商业捕鲸的支持。或者，也许（对"杀人鲸"的）爱被放错了地方，但这份爱是否合适是毋庸置疑的。也许"自然"塑造了我们的道德，而我们愿意承认这一点；我们的行为很自私，因为我们"生来就是这样"。也许我们必须用道德教育来抵消我们的遗传倾向，这样我们才能比没有道德教育时做得更好。话又说回来，也许我们"自然"做的事情，我们（也许是本能地）受到感动去做的事情可能是一件好事——比如当一位母亲关心她的孩子，或者我们对一只遭受痛苦的动物抱有同情心。

不过，要注意的是，所有这些都会让大脑紧张。哲学家们认为他们擅长辩论。他们不是教逻辑的教员吗？是的，你听说了前提和结论。但是，在考虑到这些不同的运动累积成一个环境转向时，我们已经看到逻辑是如何在混乱的世界中被破坏的。通常，在现实世界中，争论与其说是链条的环节，不如说是桌子的腿，其中的支持来自多方面的考虑。这种更全面的逻辑感在很大程度上涉及一种解释性的观察，意识到观察充满了大量的理论，理解使用了被称为范式的背景假设和模型（库恩，1970）。

范式是管理模式，在相当广泛的经验范围内，它设定了解释和可理解性的背景。它们逐渐渗透到我们的世界观中，成为一种假设，使我们的活动和展望成为可能。这样的模型组织了现实。他们告诉我们要寻找什么，要忽视什么，以及如何理解我们发现的东西。我们抱着一种心态来捕捉这些模式。只有当细节设置在更大的格式塔中时，人们才能看到正在发生的事情。答案来自伦理学家评估道德的方式，就像法官评估正义、科学家评估具有挑战性的理论、神学家测试宗教信仰一样——通过混合论证、权衡事实和具有各种可行性的概念，甚至通过能产生知情判断的直觉。

关于价值、关于正义、关于对错的判断的全息特征，需要更多的交叉和混合验证，一个逻辑网络有时被认为更具右脑的特征，而不是左脑的特征，总体上来说，体现出更多的是人脑的特征，而不是计算机的特征。在检测更复杂的图案时，构成整体的纹理特征之间存在着微妙的相互作用，就像当我们遇到一位几十年未见的朋友，虽然他年事已高，但通过他的面孔，我们依然能够认出他来。当地质学家识别岩层时，或者当树木学家注意到云杉树皮和冷杉树皮之间的差异时，这种逻辑在科学中同样存在。但当人们接近并了解到小说（如《乱世佳人》）或历史生涯（如亚伯拉罕·林肯）中的情节时，它就显得更加突出。在评估自然和世界历史，以及我们在其中的角色时，我们必须以更定性而不是定量、更夸张的而不是线性的方式将更早的和更晚的意义结合在一起。我们需要有一种大局观。

意义判断总是自我蕴含的。从定义上讲，价值观就是那些能带来改变的东西。这可能被认为是对一个人的逻辑能力的偏见。人们无法清楚地想清楚自己，只因"身在此山中"。但另一方面，人们根本不会去想自己不关心的事情，也不会理所当然地去想自己理所当然不关心的事情。一个人需要转移关爱的焦点，让自我偏离中心多一些,然后才能进行正确的理智思考。自我必须改变,才能消除事事都想合理化的倾向。

从这种思维方式中得出的一个见解是,我们有时会达到关键的范式转变。你在本书中即将面对的问题是,地球上的生命是否需要一种新的范式,是否存在一种新的范式,如果有的话,它是什么样的。在接下来内容中,你将遇到一个挑战,那就是:环境转向是否需要格式塔转换。

当你回家告诉家人,说你正在学习环境伦理学的课时,爸爸妈妈可能会对此表示怀疑。"这不是花栗鼠和雏菊的伦理规范吗?你不应该学一些更严肃的东西吗?上大学要花很多钱的!"但是,如果你努力学习,你会得到一个答案:"我一直在寻找一种土地伦理。"(奥尔多·利奥波德)告诉爸爸妈妈,如今,接受教育需要具备环保素养,就像精通电脑一样。

环境伦理至关重要,因为地球上生命的生存依赖于环境伦理。新千年世界议程上的主要关注点是战争与和平、人口增长、消费增长、环境恶化。它们都是相互关联的。在这个星球的历史上,第一次有一个物种危及地球上生命共同体的福利。

受教育就是让自己变得更加文明。哲学家们经常声称,在开明的教育中,他们的作用至关重要。苏格拉底有句名言:"未经检验的生活不值得活下去。"(《自辩》,第 38 页)他要求我们:"了解你自己。"哲学中的经典探索一直是弄清楚它对人类意味着什么。现在,你即将变得比苏格拉底更聪明:"生活在一个未经检验的世界里也不值得活着。"人类是唯一能够享受文化希望的物种,也是唯一能够享受使这个星球充满活力的壮丽生活全景的物种。你应该学习环境伦理,才能成为一个三维的人(正如我们在下一章进一步讨论的那样)。完全都市化(温文尔雅!)的生活是单向度的。除了人造产品,什么都没有的生活太虚伪了。人们需要体验城市、乡村和荒野。否则你作为人的特权就大大减少了。

做一个好公民，那还不够。你要成为你所在地区的居民。是的，你必须变得文明起来。但同样重要的是：你不想过一种缺乏自然的生活。人类既不能也不应该破坏他们的星球的自然。没有了环境伦理，我们可能不会有未来——肯定不会有我们所期望的或者是在下一个千年应该拥有的未来。今天学习环境伦理学的学生，在你们的有生之年，地球的命运将会得到确定。在前方等待着你的，是你在地球上的未来。

参考文献

Achterberg, Wouter. 1994. *Samenleving, Natuur en Duurzaamheid: Een Inleiding in de Milieufilosofie* (《社会、自然和可持续性：环境哲学导论》) [Society, Nature and Sustainability: An Introduction to Environmental Philosophy]. Assen, Netherlands: Van Gorcum.

Aldo Leopold Foundation. 2011. *Green Fire: Aldo Leopold and a Land Ethic for our Time* (《绿火：奥尔多·利奥波德和我们时代的土地伦理》). Documentary video (www.GreenFireMovie.com). Baraboo, WI: Aldo Leopold Foundation.

Attfield, Robin. 2003. *Environmental Ethics: An Overview for the Twenty-First Century* (《环境伦理：21世纪的概述》). Cambridge, UK: Policy Press.

Attfield, Robin, and Andrew Belsey, eds. 1994. *Philosophy and the Natural Environment* (《哲学和自然环境》). Cambridge, UK: Cambridge University Press.

Biello, David. 2010. "Lasting Menace: Gulf OilSpill Disaster Likely to Exert Environmental Harm for Decades," (《持久的威胁：墨西哥湾漏油灾难可能对环境造成数十年的损害》) *Scientific American* 303 (《科学美国人》第303期) (no.1, July), pages 16, 18. Online at: http://www.scientificamerican.com/article.cfm?id=lastingmenace

Birch, C., W. Eakin, J. McDaniel, eds. 1990. *Liberating Life: Contemporary Approaches to Ecological Theology* (《解放生命：生态神学的当代方法》). Maryknoll, NY: Orbis Books.

Birnbacher, Dieter. 1980. *Ökologie und Ethik.* (《生态学与伦理学》) [Ecology and Ethics]. Stuttgart, Germany: Reclam. Blackstone, William. 1974. *Philosophy and Environmental Crisis* (《哲学与环境危机》). Athens: University of Georgia Press.

Brown, William P. 2010. *The Seven Pillars of Creation: The Bible, Science, and the Ecology of Wonder*（《创造的七大支柱：圣经、科学和奇迹的生态》）. New York：Oxford University Press.

Bullard, Robert D. 1994. "Environmental Justice for All：It's the Right Thing to Do," *Journal of Environmental Law and Litigation* 9（《人人享有环境正义：这是正确的事情》,《环境法律与诉讼期刊》第 9 期）：281 - 308.

Cable, Sherry, and Charles Cable. 1995. *Environmental Problems：Grassroots Solutions：The Politics of Grassroots Environmental Conflict*（《环境问题：草根解决方案：草根环境冲突的政治》）. New York：St. Martins.

California Environmental Protection Agency. 2010. "PG&E Hinkley Chromium Cleanup"（《宝洁公司在辛克利的铬清理》）. Online at：http://www. swrcb. ca. gov/rwqcb6/water_issues/projects/pge/index. shtml.

Callicott, J. Baird. 1987. *Companion to A Sand County Almanac：Interpretive and Critical Essays*（《沙县年鉴指南：批判阐释性文集》）. Madison：University of Wisconsin Press.

Callicott, J. Baird, and Robert Frodeman, eds. 2009. *Encyclopedia of Environmental Ethics and Philosophy*（《环境伦理和哲学百科全书》）. 2 volumes. Detroit, MI：Macmillan Reference, Gale, Cengage Learning.

Callicott, J. Baird, and Clare Palmer, eds. 2005. *Environmental Philosophy：Critical Concepts in the Environment*（《环境哲学：环境中的关键概念》）. 5 volumes. London：Routledge.

Carpenter, Philip A., and Peter C. Bishop. 2009. "The Seventh Mass Extinction：Human-caused Events Contribute to a Fatal Consequence," *Futures* 41（《第七次大灭绝：人类活动导致了致命的后果》,《未来》第 41 期）：715 - 722.

Carson, Rachel. 1951. *The Sea around Us*（《我们周围的海洋》）. New York：Oxford University Press.

——. 1962. *Silent Spring*（《寂静的春天》）. Boston：Houghton Mifflin.

CITES, Convention on International Trade in Endangered Species of Wild Fauna and Flora（《濒危野生动植物种国际贸易公约》）. 1973. Prepared and adopted by the Plenipotentiary Conference to Conclude an International Convention on Trade in Certain Species of Wildlife, Washington, D. C., February 12 - March 2, 1973, 27 U. S. T, 1088, T. I. A. S 8249.

Cobb, Jr., John B. 1972. *Is It Too Late：A Theology of Ecology*（《是否为时已晚：生态学的神学》）. Beverly Hills, CA：Bruce.

Crone, Timothy J., and Maya Tolstoy. 2010. "Magnitude of the 2010 of Mexico Gulf Oil Leak," *Science* 330（《2010 年墨西哥湾漏油事件的严重程度》,《科学》第 330 期）：634.

Curry, Patrick. 2006. *Ecological Ethics：An Introduction*（《生态伦理导论》）. Cambridge, UK：Polity Press.

Cutter, Susan L. 1995. "Race, Class and Environmental Justice," (《种族、阶级和环境正义》) *Progress in Human Geography* 19：111 – 122.

Daly, Herman E., ed. 1973. *Toward a Steady State Economy* (《发展稳定的州经济》). San Francisco：W. H. Freeman.

Derr, Patrick G., and Edward M. McNamara. 2003. *Case Studies in Environmental Ethics* (《环境伦理中的个案研究》). Lanham, MD：Rowman and Littlefield.

DeSimone, Livio D., and Frank Popoff. 1997. *Ecoefficiency：The Business Link to Sustainable Development* (《生态效能：可持续发展的商业纽带》). Cambridge. MA：The MIT Press.

Drenthen, Martin. 1996. "Het zwijgen van de natuur" (《自然的寂静》) [The silence of nature], *Filosofie & Praktijk* 17/4：187 – 199.

Easterbrook, Gregg. 2006. "Finally Feeling the Heat," *New York Times* (《终于感受到了热度》,《纽约时报》), May 24, Sec. A, p. 27. Online at：http://www. nytimes. com/2006/05/24/opinion/24easterbrook. html

Elliot, Robert, and Aaran Gare. 1983. *Environmental Philosophy* (《环境哲学》) *St. Lucia*, Australia：University of Queensland Press.

Engel, J. Ronald. 1990. "Introduction：The Ethics of Sustainable Development." Pages 1 – 23 in J. Ronald Engel and Joan Gibb Engel, eds., *Ethics of Environment and Development* (《可持续发展的伦理导读》,转自《环境与发展的伦理》). London：Belhaven Press.

European Commission, Brussels, Eurobarometer. 2009. "Europeans' Attitudes Towards Global Climate Change." (《欧洲对全球气候变化的态度》) Online at：http://ec. europa. eu/public_opinion/archives/ebs/ ebs_322_en. pdf

Fern, Richard L. 2002. *Nature, God and Humanity* (《自然、上帝和人类》). Cambridge, UK：Cambridge University Press.

Fox, Warwick. 2006. *A Theory of General Ethics：Human Relationships, Nature, and the Built Environment* (《普通伦理理论：人类关系、自然和建筑环境》). Cambridge, MA：The MIT Press.

Ghai, Dharam P., and Jessica M. Vivian. 1992. *Grassroots Environmental Action：People's Participation in Sustainable Development* (《草根环境行动：人民参与可持续性发展》). London：Routledge.

Gibson, William, ed. 2004. *Ecojustice：The Unfinished Journey* (《生态正义：未完的旅程》). Albany：State University of New York Press.

Gudorf, Christine E., and James E. Huchingson, 2003. *Boundaries：A Casebook in Environmental Ethics* (《边界：环境伦理学案例集》). Washington, D. C.：Georgetown University Press.

Hawken, Paul. 2007. *Blessed Unrest：How the Largest Movement in the World*

Came into Being and Why No One Saw It Coming (《得到祝福的动荡:世界上最大的运动是如何形成的,为什么没有人看到它的到来》). New York: Viking.

Heise, Ursula K. 2008. *Sense of Place and Sense of Planet* (《感知地区、感知星球》). New York: Oxford University Press.

Houghton, John. 2003. "Global Warming is Now a Weapon of Mass Destruction," *The Guardian* (《全球变暖现在成为大规模杀伤性武器》,《卫报》),28 July, p. 14.

Hulme, Mike. 2009. *Why We Disagree about Climate Change: Understanding Controversy, Inaction and Opportunity* (《为什么我们在气候变化问题上存在分歧:理解争议、不作为和机遇》). Cambridge, UK: Cambridge University Press.

Intergovernmental Panel on Climate Change. 2007. *Climate Change 2007: The Physical Science Basis* (《气候变化 2007:物理科学基础》). Online at http://www. ipcc. ch

International Society for Environmental Ethics (ISEE). Bibliography websites: http://iseethics. org/, http://www. cep. unt. edu/bib/; http://obet. webexone. com/

International Union for the Conservation of Nature (IUCN). 2010. *Summary Statistics, Red List of Endangered Species* (《摘要统计,濒危物种红色名录》). Online at: http://www. iucnredlist. org/about/ summarystatistics#How_many_threatened

Jamieson, Dale, ed., 1999. *Singer and His Critics* (《辛格和他的批评者》). Oxford, UK: Blackwell.

Keller, David, Center for the Study of Ethics at Utah Valley State University. 2011. *Environmental Ethics Case Studies* (《环境伦理个案研究》). Online at: http://environmentalethics. info

Kemmis, Daniel. 1990. *Community and the Politics of Place* (《社区和地区政治》). Norman: University of Oklahoma Press.

Knight, Richard L., and Suzanne Riedel, eds. 2002. *Aldo Leopold and the Ecological Conscience* (《奥尔多·利奥波德和生态良知》). Oxford, UK: Oxford University Press.

Kuhn, Thomas S. 1970. *The Structure of Scientific Revolutions* (《科学革命的结构》), 2nd ed. Chicago: University of Chicago Press.

LaBalme, Jenny. 1988. "Dumping on Warren County." Pages 23–30 in Bob Hall, ed., *Environmental Politics: Lessons from the Grassroots* (《环境政治:来自基层的教训》). Durham, NC: Institute for Southern Studies.

Lear, Linda J. 1997. *Rachel Carson: Witness for Nature* (《雷切尔·卡森:为大自然作证》). New York: Henry Holt.

Leopold, A. 1949/1968. *A Sand County Almanac* (《沙乡年鉴》). New York: Oxford University Press.

Levine, Aldine Gordon. 1982. *Love Canal: Science, Politics, and People* (《洛夫运河：科学、政治和人民》). Lexington, MS: Lexington Books, D. C. Heath and Company.

Mathews, Freya. 2003. *For Love of Matter: A Contemporary Panpsychism* (《对物质的爱：当代的泛心主义》). Albany: State University of New York Press.

Meadows, Donella H. 1972. *The Limits to Growth: A Report for the Club of Rome's Project on the Predicament of Mankind* (《增长的极限：罗马俱乐部关于人类困境的项目报告》). New York: Universe Books.

Meine, Curt. 1988. *Aldo Leopold: His Life and Work* (《奥尔多·利奥波德的生平》). Madison: University of Wisconsin Press.

MeyerAbich, Klaus Michael. 1993. *Revolution for Nature: From the Environment to the Connatural World* (《自然的革命：从环境到自然的世界》). Cambridge, UK: The White Horse Press. Originally in German, 1990.

Miller, Greg, 2011. "The Rise of Animal Law," (《动物法的兴起》) Science 332 (1 April): 28 - 31.

Miller, Sally M., ed. 1993. *John Muir: Life and Work* (《约翰·缪尔的生平》). Albuquerque: University of New Mexico Press.

Muir, John, 1901. *Our National Parks* (《我们的国家公园》). Boston: Houghton Mifflin.

——. 1912/1965. *The Yosemite* (《约塞米蒂》). Garden City, NY: Doubleday.

——. 1916. *A Thousand-Mile Walk to the Gulf* (《行走一千英里到海湾》). New York: Houghton Mifflin

——. 1965. *The Story of My Boyhood and Youth* (《我的童年和青年时代》). Madison: University of Wisconsin Press.

Naess, Arne. 1973. "The Shallow and the Deep, Long-Range Ecology Movements: A Summary," (《浅层、深层、长期生态活动综述》) Inquiry 16: 95 - 100.

Nash, James A. 1991. *Loving Nature: Ecological Integrity and Christian Responsibility* (《热爱自然：生态完整与基督徒的责任》). Nashville, TN: Abingdon Cokesbury.

Newton, Lisa, and Catherine K. Dillingham. 2002. *Watersheds 3: Ten Cases in Environmental Ethics* (《分水岭3：环境伦理学中的十个案例》). Belmont, CA: Wadsworth/Thomson Learning.

Northcott, Michael S. 1996. *The Environment and Christian Ethics* (《环境和基督教伦理》). Cambridge, UK: Cambridge University Press.

Oreskes, Naomi. 2007. "The Scientific Consensus on Climate Change: How

Do We Know We're Not Wrong?" Pages 65 – 99 in Joseph F. C. DiMento and Pamela Doughman, eds., 2007, Climate Change: What It Means for Us, Our Children, and Our Grandchildren (《气候变化的科学共识:我们如何知道自己没有错?》,转自《气候变化:它对我们及我们的子孙后代意味着什么》). Cambridge, MA: The MIT Press.

Ott, Konrad. 1993. *Ökologie und Ethik: Ein Versuch praktischer Philosophie* (《生态学与伦理学:实践哲学的尝试》)[Ecology and Ethics: An Attempt at Practical Philosophy]. Tübingen, Germany: Attempto Verlag.

Palmer, Clare. 2003. "An Overview of Environmental Ethics." (《环境伦理学概述》) Pages 15 – 37 in Andrew Light and Holmes Rolston III, eds., Environmental Ethics: An Anthology. Malden, MA: Blackwell.

Park, Rozelia S. 1998. "An Examination of International Environmental Racism through the Lens of Transboundary Movement of Hazardous Waste," (《通过危险废物越境转移审视国际环境种族主义》) Indiana Journal of Global Legal Studies 5:659 – 709.

Passmore, John. 1974. *Man's Responsibility for Nature* (《人类对自然的责任》). New York: Scribner.

Pellow, David Naguib. 2007. *Resisting Global Toxics: Transnational Movements for Environmental Justice* (《抵制全球有毒物质:环境正义的跨国运动》). Cambridge, MA: The MIT Press.

Pinchot, Gifford. 1973. (《争夺保护》) "The Fight for Conservation." Pages 84 – 95 in Donald Worster, ed., *American Environmentalism: The Formative Period* (《美国环保主义:形成期》), 1860 – 1915. New York: Wiley.

Plumwood, Val. 1993. *Feminism and the Mastery of Nature* (《女权主义和掌控自然》). London: Routledge.

——. 2000. "Being Prey." (《成为猎物》) Pages 128 – 146 in James O'Reilly, Sean O'Reilly, and Richard Sterling, eds., *The Ultimate Journey: Inspiring Stories of Living and Dying* (《终极之旅:鼓舞人心的生与死的故事》). San Francisco: Travelers' Tales.

Preston, Christopher J. 2009. *Saving Creation: Nature and Faith in the Life of Holmes Rolston, III* (《拯救世界:霍姆斯·罗尔斯顿三世生活中的自然与信仰》). San Antonio, TX: Trinity University Press.

Regan, Tom. 1983/2004. *The Case for Animal Rights* (《动物权利的案例》). Berkeley: University of California Press.

——. 2005. *Empty Cages: Facing the Challenge of Animal Rights* (《清空笼子:面对动物权利的挑战》). Lanham, MD: Rowman and Littlefield.

Rhodes, Edwardo Lao. 2003. *Environmental Justice in America* (《美国的环境正义》). Bloomington, IN: Indiana University Press.

Rolston, Holmes, III. 1975. "Is There an Ecological Ethic?" (《是否有生态伦理》), *Ethics: An International Journal of Social and Political Philosophy* 85: 93 – 109.

——. 2010. "Saving Creation: Faith Shaping Environmental Policy," (《拯救世界:信念塑造环境政策》) *Harvard Law and Policy Review* 4:121 – 148.

Routley, Richard. . 1973. *Is There a Need for a New, An Environmental Ethic?* (《是否需要一种新的环境伦理》) Pages 205 – 210 in Proceedings of the XVth World Congress of Philosophy, 1. Varna, Bulgaria: Sofia.

Ruether, Rosemary R. 1992. *Gaia and God: An Ecofeminist Theology of Earth Healing* (《盖亚与上帝:地球疗愈的生态女性主义神学》). San Francisco: Harper San Francisco.

Schlosberg, David, 2007. *Defining Environmental Justice: Theories, Movements, and Nature* (《定义环境正义:理论、运动和自然》). Oxford, UK: Oxford University Press.

Shiva, Vandana. 1988. *Staying Alive: Women, Ecology, and Development* (《生存:妇女、生态与发展》). London: Zed Books.

Shrader-Frechette, Kristin. 2002. *Environmental Justice Creating Equality, Reclaiming Democracy* (《环境正义创造平等、恢复民主》). New York: Oxford University Press.

Sideris, Lisa H., and Kathleen Dean Moore. 2008. *Rachel Carson: Legacy and Challenge* (《蕾切尔·卡森:遗产和挑战》). Albany: State University of New York Press.

Singer, Peter. 1975. *Animal Liberation* (《动物解放》). New York: Avon Books. 2nd ed., 1990. New York: New York Review Book.

Stivers, Robert L. 1976. *The Sustainable Society: Ethics and Economic Growth* (《可持续社会:伦理与经济发展》). Philadelphia: Westminster.

Sylvan, Richard, and David Bennett. 1994. *The Greening of Ethics: From Human Chauvinism to Deep Green Theory* (《伦理的绿色化:从人类沙文主义到深绿理论》). Tucson: University of Arizona Press.

tenHave, Henk A. M. J., ed. 2006. *Environmental Ethics and International Policy* (《环境伦理和国际政策》). Paris: United Nations Educational, Scientific and Cultural Organization (UNESCO).

Union of Concerned Scientists. 2007. *Smoke, Mirrors and Hot Air — How ExxonMobil Uses Big Tobacco's Tactics to Manufacture Uncertainty on Climate Science* (《烟雾、镜子和热空气——埃克森美孚公司如何利用大烟草公司的策略制造气候科学的不确定性》). Online at: http://www. ucsusa. org/assets/documents/global_warming/exxon_report. pdf

United Church of Christ, 1987. *Toxic Waste and Race in the United States*

（《美国的有毒废弃物和种族》）. New York：United Church of Christ.

United Nations Conference on Environment and Development. 1992. *Convention on Biological Diversity*（《生物多样性公约》）. Online at：http://www. cbd. int/convention/convention. shtml

United Nations World Summit. 2005. World Summit Outcome Document（《世界峰会成果文件》）. Online at：http:// www. who. int/hiv/universalaccess2010/worldsummit. pdf

Urbina, Ian. 2010. "At Issue in Gulf：Who Was in Charge?" New York Times（《海湾争论：谁负责？》,《纽约时报》）, June 6, sec. A, p. 1.

U. S. Commission on Civil Rights, Louisiana Advisory Committee, 1993. *The Battle for Environmental Justice in Louisiana：Government, Industry, and the People*（《路易斯安那州环境正义之战：政府、工业和人民》）. Washington：U. S. Commission on Civil Rights.

U. S. Congress. 1972. Clean Water Act. Public Law（《清洁水法》《公法》）92－500. 86 Stat. 816.

——. 1972. Marine Mammal Protection Act. Public Law（《海洋哺乳动物保护法》《公法》）92－522. 86 Stat. 1027.

——. 1973. Endangered Species Act of 1973. Public Law（《1973 濒危物种法》《公法》）93205. 87 Stat. 884.

——. 1964. Wilderness Act. Public Law（《荒野法》《公法》）88－577. 78 Stat. 891.

——. 1986. Emergency Planning and Community Right-to-Know Act. Public Law（《应急计划和社区知情权法》《公法》）99－499. 100 Stat. 1733.

U. S. Environmental Protection Agency. 1992. *Environmental Equity：Reducing Risk for All Communities*（《环境公平：降低所有社区的风险》）. 2 vols. Washington, D. C. ：Environmental Protection Agency.

——. 2010. "Environmental Justice."（《环境正义》）Online at：http://www. epa. gov/environmentaljustice/

U. S. General Accounting Office（USGASO）. 1983. *Siting of Hazardous Waste Landfills and Their Correlation with Racial and Economic Status of Surrounding Communities*（《危险废弃物填埋场的选址及其与周围社区的种族和经济状况的关系》）. Washington, D. C. ：General Accounting Office.

Warren, Karen J. 1990. "The Power and Promise of Ecological Feminism,"（《生态女性主义的权力与承诺》）Environmental Ethics 12：125－146.

——. 2000. *Ecofeminist Philosophy：A Western Perspective on What It Is and Why It Matters*（《生态女性主义哲学是什么，为什么是重要的：西方的视角》）. Lanham. MD：Rowman and Littlefield.

Weisman, Jonathan, and GuyChazan. 2010. "BP Agrees to ＄20 Billion

Fund," *Wall Street Journal*(《英国石油公司同意建立 200 亿美元的基金》,《华尔街日报》), June 17, p. A10.

White, Jr., Lynn. 1967. "The Historical Roots of Our Ecological Crisis," *Science*(《生态危机的历史根源》,《科学》第 155 期), 155:1203 – 1207.

Wilson, Edward O. 2000. "Vanishing Before Our Eyes," *Time*(《在我们眼前消失》), vol. 255, April 26, pages 28 – 31,34.

——. 2002. *The Future of Life*(《生命的未来》). New York: Alfred A. Knopf

Wolfe,Linnie Marsh, ed. 1938. *John of the Mountains*: *The Unpublished Journals of John Muir*(《属于大山的约翰:未出版的约翰·缪尔日记》). Boston: Houghton-Mifflin.

Worster, Donald. 2008. *A Passion for Nature*: *The Life of John Muir*(《热爱自然:约翰·缪尔的一生》). New York: Oxford University Press.

Zeller, Jr., Tom, 2010. "Federal Officials Say They Vastly Underestimated Rate of Oil Flow into Gulf." *New York Times*(《联邦官员表示,他们大大低估了流入墨西哥湾的石油量》,《纽约时报》), May 28, sec. A, p. 15.

Zweers, Wim, 2000. *Participating with Nature*: *Outline for an Ecologization of our World View*(《参与大自然:我们世界观生态化的大纲》). Utrecht, The Netherlands: International Books. English edition of a work first published in Dutch in 1995.

第二章

人类:居住在土地景观上的人

环境伦理始于人类对体面的、安全的、支持性环境的关注,有人认为这份关注自始至终都影响着环境伦理的发展。环境质量是人类生活质量的重要组成部分。人类大规模地重建了他们的环境;尽管人们生活中到处都是人工制品,他们仍然生活在一个自然生态系统中,在这里,资源——土壤、空气、水、光合作用、气候——是生死攸关的事情。文化和自然的命运密不可分,就像精神和身体是分不开的一样。因此,伦理需要应用于环境。

正如哲学家们经常模拟的那样,人们建立了一个社会,在这里,他们和其他生活在一起的人不会(或不应该)撒谎、偷窃或杀人。这是对的,其中一个原因是人们必须合作才能生存;合作得越紧密,人类就越繁荣。有一种想象这种生活的方式就是所谓的"最初的位置",在那里,一个人想象建立起他生活的政治、经济和社会秩序。一个人必须弄清楚,一般看来,对每个人来说什么才是最好的,而不去考虑他所处的时间和地点情况。一个人应该支持这样一个社会,这可以称为"社会契约"。这就是伦理道德的普遍性,或至少是全文化主义,有合理的理性基础的地方。

环境伦理学的很多工作都可以从一个对社会最有利的角度去完成。一个可持续的、健康的、高质量的环境是所有人都渴望的,因为它能给居住在景观环境中的人类文化带来好处。大多数环境政策都是这样的。不同的环境状况有时候给人带来帮助,有时候给人带来伤害,应该有某种关于环境的伦理,而这一点,只有那些不相信任何伦理的人才会怀疑它的存在。伦理将关注人类所面临的利害关系——利益、成本及其他们的公平分配、风险、污染程度、权利和侵权、环境可持续性和质量、子孙后代的利益。

1. 环境健康:身体内外环境同等重要

与"不要弄脏你的窝"这句简单的格言相比,环境伦理的内涵要全面得多,这将在后面得到证明。但可能最容易引发人们关注环境问题的,是环境健康。人类渴望健康,我们有促进健康的道德义务。此外,健康是我们可以进行科学研究的东西——饮用水每百万份中有多少是危险的。因此,如果我们怀疑产业界——工业、农业、商业、医药等领域——正在向环境中释放有毒物质,我们就会发出警告,这会引起每个人的注意——消费者、立法者、公司高管。回想一下第一章中我们曾提到的"洛夫运河事件,汉福德事件和癌症带"。健康是生物学问题,不仅仅源自人体内部,同样也受人体外部环境影响,因为外部的东西会进入身体内部。环境健康与身体健康同等重要。人在肮脏的环境中很难健康地生活。

在这里,有些人会注意到生态学与医学惊人地相似。两者都是有治疗性质的科学。生态学家负责环境的健康,这实际上是另一种形式的公共卫生。2006 年,每天在美国生产或进口的化学产品超过 3 400 万吨。这些产品最终进入地球环境中,数百种化学物质经常在世界各地的人体和生态系统中被检测到(施瓦茨曼和威尔逊,2009)。在接下来的 25 年里,化学产品的产量预计还将翻一番。

许多危险化学品的寿命很长;作为废物,它们存在的地点不断发生迁移,然后在食物链中累积下来。我们通过下面的事情意识到了这一点,我们发现滴滴涕(DDT)杀虫剂会造成意想不到的后果——让蛋壳变薄从而杀死鸣禽，这样的事件随处可见，甚至在极地冰盖中也可以发现滴滴涕（DDT）——蕾切尔·卡森在她的《寂静的春天》一书中描述过。在一些地方，母乳遭受污染的程度超过了商店出售的乳制品所允许的水平。孕妇经常收到警告不要吃在湖泊和河流中捕获的鱼。渗入地下水的污染通常是不能清除干净的。释放到空气中的污染在全球范围内流动。这里有一个比较棘手的问题，因为这些化学物质来源很多，四处移动，并长期存在，所以很难确定谁应对此负责，特别是所谓的非点源污染。

曾经发生过一件很典型的事情。在过去的几十年里，在人们证明化学品对环境有害之前，化学品通常都被认为是没有问题的。但现在人们似乎越来越这样认为：在被证明是无害之前，尤其是新的奇特（更加非自然）的化学物质应该被推定为对环境有害。长期管理化学品设计、生产和使用的公共政策，需要得到深入的重组和改革，依据来源于人造化学品对健康和环境影响的最新科学研究成果。这些改革对于维护生态系统完整性、人类健康和经济可持续性至关重要。美国国会通过了许多法律来解决这些问题——特别是 1976 年的《有毒物质控制法》、1977 年的《洁净水法》、1977 年的《洁净空气法》、1980 年的《综合环境反应、补偿和责任法》（简称CERCLA，附有超级基金）。

几十年前的那些法律取得了很大成就，但留下了许多问题没有解决。此外，一旦企业意识到需要加强力度，配合法律的执行，他们就会在反对进一步立法的游说方面采取更加有效的措施。在法律可能规定企业向受损者提供赔偿的情况下，公司在提出反驳论点时，采取的措施尤为有力：法院的裁决太过专断，无视多个污染源的存在，对消除或限制污染不采取任何行动，或者会使该企业破产。除非有较低的赔偿责任限额，并对据称受到伤害的人承担较高的举证责任，赔偿的威胁将导致受害者的保险被取消，等等。同时，向空气、水和土壤中倾倒污染物的现象仍在继续，倾倒的多少取决于一个企业在多大程度上绕过当前的法律规定。

这里的伦理问题涉及多个方面，通常涉及谁获得利益、谁承担成本——公平和知情同意权问题，还存在从富人到穷人的溢出效应。风险可能是自愿的，也可能是非自愿的。工人们可能会被告知他们面临更高的风险——但如果他们经济拮据，他们会自愿承担这些风险吗？生活在河流下游或下风向的受害者从未被授予过任何免费的知情同意权，并且通常无法证明他们遭受的损害源自何处或主张他们的权利。富人（其中一些人生产了有毒物质，所有人都享受着好处）能够负担得起保护自己的费用，穷人却做不到。这些问题就是"环境正义"的问题，我们在第一章中回顾了这场运动的力量。然而，出现的典型情况是，富人可以说"不关我事"（邻避现象），穷人则不能。

污染对健康的不良影响通常首先出现在妇女，尤其是孕妇和儿童身上。这种不良影响可能永远不会发生在大多数人身上，只会出现在比较容易受到影响的那部分人身上。现在的人享受到了一些好处，但污染物却会长期存在，痛苦则由未来几代人承受。事实上，很多污染物的毒性存在的时间非常长，比人类为处理它们而建立的机构的寿命还要长得多。一些核废料的危险持续的时间比人类已知文明的历史要长，但监管核废料储存的政府机构可能会在下次选举后就改变政策。

我们在上面提到，富人通常可以保护自己，而穷人则不能。但是，像往常一样，事情会变得更加复杂。虽然发达国家有时可以将自己与发展中国家的不健康状况隔离开来，但情况并非总是如此。发达国家可能认为他们的高技术和先进的医疗系统能够保护他们，但他们发现，他们仍然与发展中国家的健康、人类和动物联系在一起，即使在荒野环境中也不例外，自然界遭到破坏以后，就会对人类造成伤害，他们无法避免，而这些破坏的形成，他们也逃脱不了干系。

人类确实从野生动物身上感染了一些疾病。起源于动物并传播给人类的病毒，导致了最近出现的几种重大疾病（艾滋病病毒、非典型肺炎、甲型 H1N1 流感或猪流感）。在这里，人们可能首先说这是大自然的错。当然，这些疾病的病菌起源于自然界中。当我们人类将这些病菌移入我们的全球资本主义经济体中，从根本上改变它们的栖息环境，让他们生存的生态系统发生巨大变化时，我们原以为它们很快就会枯萎和死亡。很多人本来都是这么想的。但是，令人惊讶的是，现在发现我们可能会引发一场史无前例的疾病爆发，一场全球性的流行病。人类现在通过喷气式飞机或远洋货船在几个小时或几天内环游半个地球。通常，流行病的传播可以从一个航空枢纽追溯到另一个航空枢纽。虽然这流行病本只是起源于野外自然界，但既然我们创造了流行病出现的大环境，那也可以说我们人类制造了这种疾病。

在影响人类之前，艾滋病毒/艾滋病存在于非洲的灵长类种群中，并与之共同进化。如果不是后殖民时代和撒哈拉以南非洲的社会混乱，野生动物肉品交易，农村人口迁移到拥挤的大城市，家庭结构受到破坏导致了滥交和卖淫，如果不是所有这些导致了艾滋病毒的传播（莫朗、福克斯和福西，2004），那艾滋病可能永远不会像现在这样影响这么广泛。

1998—1999 年马来西亚尼帕病毒流行时，饲养的猪（为出口饲养的）拥挤在果园或果园附近的围栏里。果园吸引了果蝠的驻留，它们的常规栖息地因森林砍伐而遭受破坏；它们的粪便含有至今未知的副粘病毒，并感染了猪。饲养的猪过度拥挤，导致了副粘病毒爆炸性的传播，并且猪的饲养员也感染上了。因此，由于人类对蝙蝠自然栖息地的破坏和饲养的猪过度拥挤，加上全球商业利益的驱使，一种原本破坏性并不是很强的流行病毒广泛传播开来。最终，马来西亚政府宰杀了 100 多万头猪（莫朗等，2004；多布森，2005）。

现在我们知道，1918 年造成 4 000 万人死亡的流感就起源于鸟类（阿博特和皮尔逊，2004）。这种传染随着动物和人的拥挤程度而加剧。致病微生物可以迅速进化，而且变异性非常强。在他们以前的生态环境中，寄生虫和宿主之间曾经有过共同进化的时间，经常产生非病理性的共存和频繁的共生关系（威尔逊，2005）。即使在人类身上，大多数体内的微生动物也是无害的；事实上，大多数似乎都是有用的。根据最近的说法，人体内部的微生物应该像寄生虫一样被视为人的伙伴（彭尼西，2010）。但是接触到新的病原体会是相当危险的。全球化建立了一种非典型生态条件，这种条件有利于入侵物和病原体的成长。导致的结果就是人类的疾病，恰恰是人类对自然生态的社会颠覆为入侵物和病原体的成长提供了包容性框架。

生态学家提及的经典谚语之一是"万物都是互相联系的"。虽然有些夸张，但这句谚语常常被证明是真实的，让人难以忘怀。越来越多的事情证明，无论如何，生态与人类健康之间的联系都是千真万确的，这种联系从自然和文化的角度，都会将某个地方同全球联系在一起。野生动物保护协会的两位兽医建议，我们需要从"共住地球——同享健康"的视角来进行整体性思考，从而建立一个更大的框架（卡雷什和库克，2005，第 50 页；另见罗尔斯顿，2005）。在现在所谓的"保护医学"（阿吉尔等，2002）领域中，这个大框架将环境保护问题和医学问题联系起来。"健康影响波及整个生命之网。健康联结着所有物种"（泰伯，2002，第 9 页）。需要把人类健康放在生态环境中思考，越来越多地在更全球化的环境中思考。这进一步表明需要更加全面地考虑伦理问题：全球的、国际的和物种间的，远远超过当前仅仅对人类个体免受疾病的保护。这种理念，"共住地球——同享健康"，促使我们考虑健康的、可持续的发展，我们再次发现，这种发展将人类的福祉与生态系统的健康交织在一起。

2. 可持续发展

我们在第一章中说过,环境转向的一个强有力的运动是可持续发展,它产生于联合国环境与发展会议(1992 年环发会议)。倡导可持续发展的人士认为,人们在景观中生活的基本原则是可持续性的。支持者认为,可持续发展是有用的,因为它是一个广角镜头,为我们提供了更加全面的认识。是的,正如我们已经听到联合国委员会所说,你们必须寻求"既满足当代人的需要、又不损害后代人满足其自身需要的能力的发展"。虽然这给予了不同的民族和国家自主发展的自由和责任(尽管联合国进一步提出了一些可持续发展的指标;联合国 DESA,2007),但具体细节还不明确。这是一种既直接又全面的方向性概念,是一种联盟层面的政策,它规定目标、起点,并允许人们为实现这些目标,采取多元战略。只要你的发展在现在和将来都是可持续的,那就走你自己想走的路。

批评人士回答说,事实证明,可持续发展是一个非常分散的伞形概念,它只需要表面上的同意,带来了一种持续不断的共识错觉,用一个修辞上引人入胜的词掩盖了更深层次的问题。法国哲学家吕克·费里(Luc Ferry)抱怨道:"我知道这个词是有必要的,但我觉得它也很荒谬,或者更确切地说,它太模糊了,什么也没说。"通过一个反义的证明,我们就会发现,这个词是微不足道的:"谁愿意成为'不可持续发展'的倡导者!当然没人!……这个词更有魅力,而不是更有意义。"(2007,第 76 页)可持续发展可能会被扭曲,以适应任何现有的世界观;使用这个术语有风险,因为它有可能为真正希望延续扩张主义模式的个人和机构所盗用,只是现在,他们假装正在做他们和继任者永远都会做的事情。

更深入地看,关于可持续性有两种思考方式,互为补充,但又截然相反。通常情况下,经济是可以优先的,只要不危及经济的持续发展,对环境什么都可以做。环境保持在以经济发展为中心的轨道上。人们应该发展(因为这会增加财富和社会福利),当且仅当退化的环境可能破坏正在进行的发展时,环境才会对经济发展起到限制作用。他们的基本信念是,工业、科技和商业世界的发展轨迹大体上是正确的——只有热情高涨的发展商至今未能认识到环境的限制作用。

如果经济是驱动力,只要是可持续的,我们会在陆地上使用杀虫剂和除草剂,这是一种生物工业模式,它可以推动更大、更高效的农业发展,而我们将能够得到最大的收获。这种模式倾向于单一栽培,通常是一年生植物,会导致土壤流失和物种入侵,环境能够容纳陆地以及水中(地表水和地下水中)危险的杀虫剂和除草剂的水平被推向极限。这种模式是对土地的提炼和商品化。土地和自然资源变成了"自然资本"。这个模型的结果就是那些我们担心的污染物的出现,所以我们必须得更加小心。但这不是放弃这一模式的理由,而是让它变得更加可持续的理由。根据世界上最古老的科学协会"伦敦皇家学会"(2009)的说法,我们必须推动的是"可持续的强化",以收获开发地球的好处。

在考虑可持续性的第二种方式中,环境得到优先考虑。"可持续生物圈"模式需要一个环境质量底线。经济发展必须"局限在"这样的环境质量目标(清洁空气、水、稳定的农业土壤、有吸引力的居住景观、森林、山脉、河流、农村土地、公园、野地、野生动植物、可再生资源)政策范围内。风吹,雨落,河流流淌,阳光普照,光合作用发生,碳循环遍及大地。这些过程必须不断持续下去。经济必须保持在环境的轨道上。人们应该保护生命的母体——自然。发展是需要的,但更重要的是,社会必须学会生活在其景观能够承载的能力范围内。这种模式下,土地就是我们的社区。

"可持续"是一个经济术语,也是一个环境术语。"可持续发展"理念的根本缺陷在于,它通常只把地球视为资源。如果目前的工业、技术和商业世界的轨迹普遍是错误的，因为它不可避免地会越界发展，那该怎么办？经济上的强大与政治上的强大结合在一起，推动着社会发展，经济增长，等等。这总是会把环境压到一个临界点。但环境并不是一些不受欢迎的、不可避免的限制。相反，自然是具有多重价值的母体；许多，甚至大多数价值都没有计入经济交易中。在对我们希望维持的东西进行更全面的解释时，自然提供了许多其他价值（审美体验、生物多样性、地方归属感和透视感），但这些价值被人们遗漏忽视了。《千年生态系统评估》（2005）非常详细地探讨了这一点。

这一切都非常正确，但经济是总的驱动因素，这是无法逃脱的——经济学家会这么说。华盛顿和华尔街发号施令，那里的决定是世界运转的动力。但如果没有空气可以呼吸，没有水可以喝，华盛顿和华尔街很快就会倒闭。每种文化仍然依赖自然的支持系统。事实上，基于华盛顿和华尔街"指挥与控制"心态的决策，给我们带来的更多是问题，而非答案。

诚然，经济学家们可能会继续这么做。但发展的内涵超越了华尔街和华盛顿。发展是人类永恒的动力。在整个人类历史中，我们一直在挑战极限。特别是在西方，我们生活中一直怀有一种根深蒂固的信念，认为生活会变得更好，一个人应该期望富足，并为变得富足而努力。经济学家称这种行为是"理性的"；人类将最大限度地拓展能力去开发资源。人们想要的是繁荣，越来越富裕。而道德感强的人会让人类的满足感最大化，至少是那些支持美好生活的满足感，这不能只包括吃、健康、穿、住，而是还有人们想要的丰富的、越来越多的商品和服务。这样的增长总是令人向往的。人类的物质福祉可以而且应该有永久的收益。

在这里，哲学家们可能会加入对话，声称经济学家和生态学家都没有任何最终的能力来评估是优先发展经济还是优先保护自然。生活在土地景观中的人必须做出价值判断，他们有多少原始的自然，或者想要多少，或者希望恢复多少，想要多少经过人类文化修改过的自然，是否应该这样或那样地修改。生态学家也许能告诉我们，我们的选择是什么，什么可行，什么不行，健康景观的最低底线是什么。但生态学本身并没有赋予生态学家任何权力或技能，来做这些进一步的社会决策。科学并不能让我们在不同的价值观之间做出选择，但在技术上，所有这些都是可能的。

哲学家们还会声称，经济学家在他们的经济科学中也没有任何道德洞察力。经济学家没有特别的能力来评估，一种文化想要重建什么样的自然，或者为了实现这一目标，应该在多大程度上牺牲野生自然的完整性。经济学家和生态学家一样，可能会告诉我们，我们的选择是什么，什么行得通，什么不行。但经济学本身并没有赋予经济学家任何权力或技能来做出这些进一步的社会决策。经济学不能让我们在不同的选项之间做出选择，尽管所有这些选项在经济上都是可能的。事实上，由于经济学家通常不加批判地评估经济增长，他们可能不适合做出这样的选择。

历经四个世纪，科学和经济学逐渐向我们阐明了如何将自然转化为我们想要的商品，但价值问题仍然是一如既往地尖锐而令人痛苦。科学和经济学都可以，而且经常这样做，为高尚的利益服务。科学和经济都可以，而且经常成为自私自利的手段，成为延续不公正、侵犯人权、发动战争和破坏环境的手段。我们将在第七章再次讨论这些问题，从全球范围来研究全球资本主义。

我们必须有一种寻求如何公正生活的道德规范。但伦理学家可能很快就会发现，就像生态学家和经济学家一样，他们也有自己的问题：关爱人或关爱自然。我们把发展纳入我们的人权概念：自我发展、自我实现的权利。今天，这样的平等主义伦理把每个人都放大了，并推动了一个不可持续的世界。当每个人都追求自己的利益时，消费就会不断升级。但同样的，当每个人都追求其他人的利益时，如果一个人追求正义和慈善，消费又会不断升级。

还有希望吗？人们受到吸引，去追求更好的生活，高质量的生活；通过对更开明的自身利益的诉求，取得一些进步是可能的。或者更好的选择是：建立一个更具包容性和全面性的人类福利概念。这将使我们获得环境健康、可持续发展，甚至让我们认识到，可持续发展必须要有一个支撑性的、基础的生态区的存在。

发展！发展！发展！加强！加强！加强！最大限度地实现无休止的发展？我们想要的未来，就是人类满足的最大化吗？也许当人类对世界的认识变得更具哲理性时，在发展的过程中，我们才会寻求延续这个仙境星球上的生命。人类和他们的地球命运交织在一起；过去的真理依然在延续，在新的千年仍然成为一个关键问题——需要包容性的环境伦理。

3. 人工改良的景观：“人即标准”

人们努力改良他们的景观。我们不是在说，几千年来，人们一直在挑战极限吗？几千年来，人们一直在寻求管理他们的景观，或多或少都取得了成功。他们放牧和犁地，砍伐森林，种植庄稼，驯养动物，修建道路、运河和水坝。人类有意识地、广泛地重建自然环境，营造自己居住的乡村和城市环境。“即使是最简单形式的改良自然，也意味着自然被剥削和控制。”（卡里耶娃等，2007）同时，在这些自然和文化的混合体中，我们确实关心我们的生活质量。

“人是衡量事物的尺度。”古代哲学家普罗塔戈拉斯（Protagoras）说（柏拉图在他的《提亚托斯》回忆，第152页）。当我们度量景观时，我们发现人类有一个巨大的“生态足迹”。人类主导的生态系统现在覆盖的地球陆地表面，比野生生态系统更多（麦克洛斯基和斯波尔丁，1989；福莱等，2005）。现在，大自然承载着人类影响的印记，比以往任何时候都更加广泛。陆地初级产出的30%—40%是人类消费掉的（维陶谢克等，1986；伊姆霍夫等，

2004）。人类移动的泥土和产生的活性氮比所有其他地面运动加起来还要多（加洛韦，2004）。人类农业、建筑和采矿活动比岩石抬升和侵蚀的自然过程移动的泥土还要多（威尔金森和麦克尔罗伊，2007）。这些人类活动改变了大气结构、土壤、生物多样性水平、食物网内的能量流动，并威胁到重要的生态系统服务。也许总结这一点的好方法，是观看一张因人类影响而变暗的世界地图（见图2.1），人类影响越大，世界地图越暗（即使最暗的地区处于三分之一到四分之三的范围内）。

现在的说法可能是，环境伦理学主要是关于如何智慧地改良景观（福克斯，2006）。虽然自然可能会延续它的荒野状态，但跟过去一样，它不是主要焦点。对于大多数人来说，大多数人的生活都发生在乡村、农业、田园，即自然和文化混合的土地景观上。超过80%的人口生活在人口稠密的乡村、村庄和城市景观中，这种景观可以称之为"人为生物群"（埃利斯和拉曼库蒂，2008）。"自然本身"是多种多样的，而且经常是模棱两可的；人类根据自己的喜好改变野生景观。现在的自然与人类的各种实践项目和自我理解密不可分。对于社会建构（重建）的、人为的自然，我们需要一个合格的伦理视角，以免我们的实践误入歧途。

温德尔·贝里（Wendell Berry）提出了这样的担忧：

> 环保运动的道德图景往往是一幅极端的景象。……一方面我们有未被破坏的荒野，另一方面却是彻底破坏的场景——露天矿山，滥砍滥伐，工业污染的荒地，等等。自然资源保护者说，我们希望前者多一些，后者少一点。当然，对此，人们必须得同意。但要人们同意，它必须是合格的，而环保人士的计划是不完整的，这令人尴尬。它把世界描绘成荒芜的景观或沙化的景观，这歪曲了世界和人类的形象。如果我们要让世界呈现一幅准确的景

象,即使是在它目前患病的情况下,我们也必须在未经使用的景观和被滥用的景观之间,插入一幅人类已经很好利用的景观。

(1995,第 64 页)

根据一个广为流传的说法(源自哲学家约翰·洛克(John Locke)),当自然与人类的"劳动"或"产业"混合在一起时,价值就产生了,而人类的劳动创造了大部分的价值。一个人徒步穿越森林几乎找不到食物或避难所;农民砍伐树木,用木头盖房子,种一个菜园,如果没人照看,就会长很多的杂草。在提炼成适合汽车使用的汽油之前,原油几乎没有什么用处。这里有一个很有启发性的词——"资源"。它表明,有一个天然的"来源"已经或能够被"重新引导"到人类兴趣和偏好的渠道中,自然被重新塑造、"再造(资源化)"了,变成了我们可以使用的人工制品。用一个更具哲理性的词来说,自然被"改造"了,它的形式被改造成一种更令人向往的人性化形式。用科学工程学的术语来说,人类的价值是"合成的"。或者,如果你喜欢一个生物学的术语的话,那人类价值和自然价值是"共生的"。如果自然意味着绝对原始的自然,完全不受过去或现在人类活动的影响,那么地球上能剩下的就很少了。如果人类文化意味着完全去自然化、重建和不依赖于自然系统的文明,那么地球上没有这样的文化。景观中到处都是与人类身份相联系的自然。环境伦理既是自然的,也是社会的。

因此,这里有一种人类和自然的合成,人类希望在他们的地球上生活得很好。尽管如此:"人类依然是关注的中心……"因此,《里约宣言》出现在了联合国环境与发展会议上(UNCED),由联合国环境与发展会议制定,地球上几乎每个国家都签署了(UNCED,1992)。这份文件曾被称为《地球宪章》,但相对于拯救地球,发展

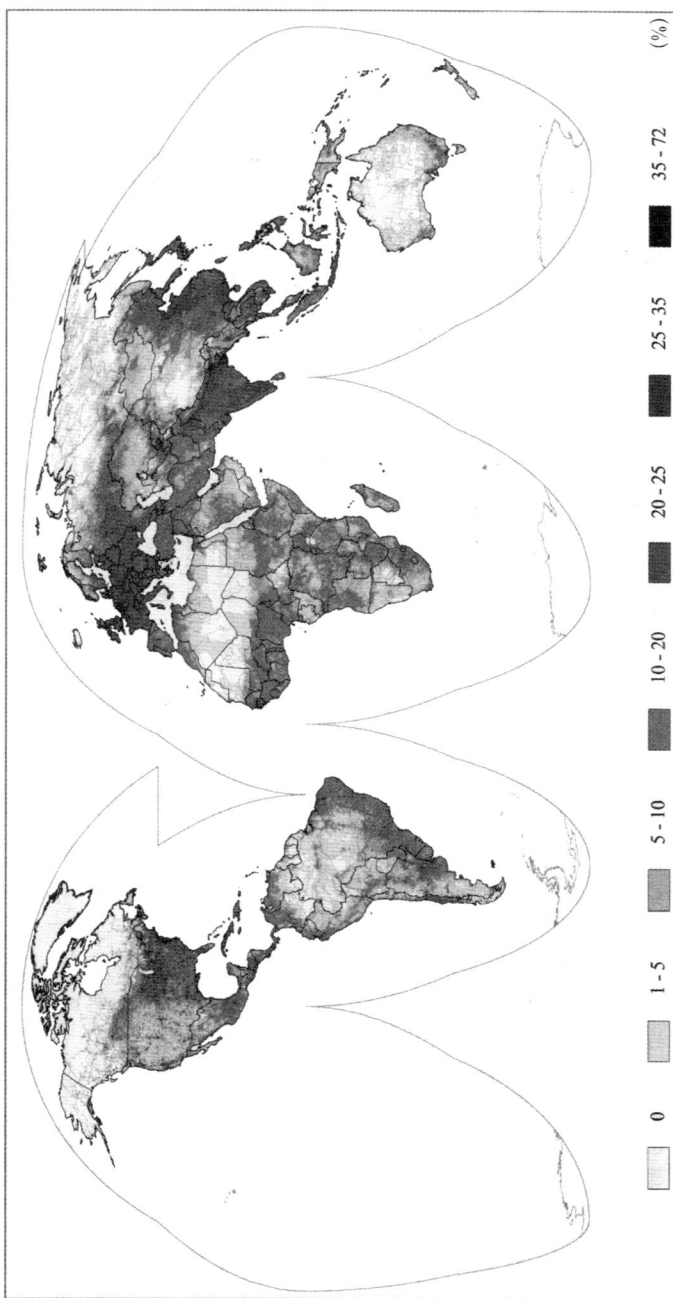

图 2.1　人类影响和野生自然．颜色越深，人类影响越大，从没有影响（0％）
到不同的灰度，到影响很大（73％）。（桑德森等，2002）

中国家更感兴趣的是维护自己的发展权利,从北方争取获得更多援助给南方。里约热内卢的宣言在许多方面都是相当正确的。人类这个物种引发了所有的担忧。环境问题是人的问题,不是大猩猩或红杉的问题。而是要让人们进入"与自然和谐相处的健康和富有成效的生活"(UNCED,1992)。

人类中心主义伦理学主张人既是伦理学的主体,又是伦理学的客体。人类不可能对岩石、河流、野花或生态系统负有责任,对鸟类或熊也几乎没有责任。人类只对彼此负有重大责任。人类中心主义者可能希望拯救各种自然事物——风景、山脉、河流、野生动物——以换取它们带来的好处。但是,他们说,环境不是道德的主要目标。自然本身是一种手段,而不是目的。自普罗塔戈拉以来,"人是衡量事物的尺度"一直被定为哲学的基调,这仍然是环境伦理学的恰当尺度——至少从这个角度来说是这样。

根据这一理论,环境伦理有时是建立在我们可以称之为人类对自然的权利的基础上的。世界环境与发展委员会声称:"所有人都有获得适合其健康和福祉的环境的基本权利。"(1987,第9页)这包括基本的自然条件——空气、土壤、水、运行正常的生态系统、水文循环等等。这些在以前可能被认为是理所当然的。但现在必须明确和捍卫这一权利。请注意,这并不是对自然本身的任何要求;相反,这是对某些人提出的要求,这些人可能会剥夺其他人的这种权利。但同时也要注意,这仍然支持下面的观点,即人类需要一个可持续的生物圈,支持任何可持续的发展。

威尔弗雷德·贝克曼和乔安娜·帕塞克(Wilfred Beckerman and Joanna Pasek)是这样说的:

> 我们能给子孙后代留下的最重要的遗产是留下一个体面的社会,它的特点是那时的人比今天更尊重人权。此外,虽然这绝不排除对环境发展的关注——特别在许

多人看来，那些可能严重威胁未来生活水平的环境发展——但处理这些发展的政策绝不能以牺牲当今活着的最贫穷的人为代价。如果保护环境的费用主要由这一代人中最贫穷的成员承担，人们就不会为那些能保护子孙后代的环境政策感到自豪。（2001，第 vi 页）

没有人想要争辩说，最贫穷的人应该承担这些最高的成本，而富人却获得好处。我们将在第七章讨论全球环境正义的问题。没有人会为这样一种保护伦理感到自豪：富人应该赢，穷人应该输。但是，如果穷人（以及富人）有权开发利用他们的环境，或者，至少有权满足他们的需求，即使这么做会破坏野生动物保护区，我们该如何看待呢？我们来看看世界卫生组织的政策是如何发挥作用的：

如果"人人享有健康"与保护环境相冲突，那么将人类健康放在首位，就会引起伦理上的两难境地……确保人类生存是第一位的原则。尊重自然、控制环境退化是一个二级原则，除非与满足生存需要的一级原则相抵触，否则必须遵守。

（世界卫生组织，卫生与环境委员会，1992，第 4 页）

在这个政策上，我们首先衡量人，其次是环境。我们要在健康的环境中衡量人，但人总是第一位的。这看起来相当人道。但在印度，这一政策肯定意味着那里不会有老虎；在非洲，这意味着那里不会有犀牛。这两种动物都只会出现在西方的动物园里。要想保护动物，即使是要保持现状，就意味着必须要保留动物的生存地。如果在生物多样性保护区，有人类在现场或附近，人类的获取必须要有所限制。否则总会有一些饥饿的人，他们会减少这种生物储备。地球上大多数极具魅力的濒危物种能否在野外继续生存，取决于大约 80 个国家的约 600 个主要野生动物保护区（赖利和赖利，2005）。如果不对这些地方进行监管，动物就不会在那里出现了。

人是也应该是衡量事物的尺度？是的，人应该深思熟虑，该如何来保护自然，人类是唯一的评估者。当人类这样做的时候，他们必须把天平摆好，而人类是"事物的度量者"。但是，我们是否认为，我们所衡量的一切，都是在我们的景观上至关重要的东西吗？其他的物种就不具备值得我们采取某些措施的价值吗？动物、有机体、物种、生态系统、地球都不能教会我们如何进行评估。但它们可以体现出什么是值得重视的。我们构建的评估天平并不形成价值，就像我们建立的科学天平并不创造我们由此测量的东西一样。与其说人类在一个仅仅有潜在价值的世界里点亮了价值，不如说他们在心理上加入了正在进行的地球自然历史，在这个历史中，哪里有积极的创造力，哪里就有价值。

4. 人类的时代：管理之下的地球和自然的终结？

根据某些说法，我们现在生活在一个变化的时代，进入了一个新的地质时期：人类世（克鲁岑，2006；扎拉希维茨等，2010）。人类现在是地球表面最重要的地貌影响因子（威尔金森和麦克尔罗伊，2007）。"在可预见的未来，我们和我们的孩子所做的决定，对进化形态产生的影响，将比实体事件产生的影响还要大。"（安德鲁·诺尔，转引自齐默尔，2009）我们正在看到"自然的终结"（麦吉本，1989；韦普内，2010）。对于一些人来说，这是值得祝贺的。到目前为止，技术圈是包含在生物圈内的；从今以后，生物圈将包含在技术圈内。进化史已经持续了数十亿年，而文化史只有大约十万年的历史。但可以肯定的是，从现在开始，高科技文化越来越多地决定着什么样的自然历史应该继续下去。人类将管理这个星球。《科学美国人》的一期特刊《管理地球》声称,今天的两个核心问题是:"我们想要一个什么样的星球?我们能得到一个什么样的星球?"(克拉克,1989)

许多人说,要弄清楚这一点,我们将需要适应性管理(霍林,1980;李,1993;诺顿,2005)。转向环境政策的科学家经常提倡生态系统管理。它承诺将生态系统是什么与我们人类希望如何利用它们来服务于我们的利益科学地结合起来。这对认为需要客观地了解生态系统的科学家、应用技术人员、景观建筑师和环境工程师(他们将自然视为重新设计的家园)以及喜欢管理理念的开发商都有同样的吸引力。对于政治家和环境政策制定者来说,这似乎是平衡的,因为把生态系统与管理合并起来的原则承诺,在全系统范围内运作,有望以无限的可持续性同时管理生态系统及其造福人类的产出。我们将在第六章更详细地研究生态系统管理。

那些促进适应性环境管理的人通常对高层政府机构的过多"指挥和控制"持怀疑态度。他们可能对"成本—收益"分析不太满意,担心这样的框架会将更全面的生态系统服务强加到货币价值中,而这些生态系统服务并不容易转化为市场价值。在考虑复杂的、经常是模棱两可的、不断变化的价值观时,决策者和管理者需要表现出更大的灵活性。与其说他们需要原则性(人们总是应该做什么),不如说他们需要务实的权衡(就需要更清洁的河流一事达成共识),那些权衡让我们朝着期待的方向前进(从有鱼可捕的河流到可以游泳的河流,再到水可以饮用的河流)。这些方向是通过利益相关者正在进行的对话得以确定的,他们人人都身处同一个共同体之中,正在围绕着自己的利益进行一场谈判,这个共同体就如同是个议会,其中每个倡导团体都认识到人类利益和生态系统服务之间的反馈循环,始终为了实现和尊重全体的利益——至少是整个人类共同体的利益,而推动着自己的议程。

虽然这是适应性和社区性的，但这仍然是一种激进的人类管理。"管理"一词的词根是拉丁语"Manus"（"手"的意思）。人类会处理这个地方。没有人要反对智能化管理。每个人都想要"适应"（特别是生物学家，他们希望人类也能适应他们的环境）。但是，人类是否应该把自己放在中心位置，声称为了人类的自身利益来管理整个世界呢？这甚至可能意味着人类是一个原本毫无价值的世界的职业经理人。经理人可能称之为"地球工程学"。难道我们与自然的唯一关系，就是去改造它让它变得更好吗？也许同样需要管理的是人类吃掉地球的管理心态，这种心态首先导致了环境危机。

从更大的地球尺度上来看，更好的做法就是，用世界得以确立的方式，智慧和谐地建设我们的文化，而不是控制和重建这个充满希望的星球，只顾人类自己，不顾其他。为了人类的利益而管理地球并不是最好的模式；这是一个半真半假的事实，但从整体上来看，这很危险，会弄巧成拙、作茧自缚。"手"（拉丁语中是"管理"一词的词根）也用来表示关爱。我们人类该希望拥有一个什么样的星球呢？是一个我们可以机智地管理，从而实现我们利益的星球？还是我们可以关爱的星球？是的，管理。但是你管理什么呢？这些管理者能否会创造可持续发展或可持续生物圈？到目前为止，大部分时候，"管理者"似乎制造的是环境危机——管理不断升级的消费，设法让富人变得更富有，最大限度地管理开发自然资源。

美洲印第安人在北美大陆已经生活了 15 000 年，但随着 1492 年欧洲人的到来，一场分崩离析在所难免。现在，我们再一次生活在历史的断裂带上，担心强大的欧洲—西方文明是否会自我毁灭，并再次在全球范围内引发破坏。地球现在正处于后进化阶段。人类文化在地球上无处不在，而且越来越科技化，这是地球未来发展的主要决定因素，而自然却不是。下一个千年是人类世的第一个千年。五百年前，美洲原住民处于他们历史的转折点。而今天，我们正处在人类历史的转折点上。

在这个关键时刻,我们是否希望地球的未来完全转向我们人类? 我们希望"自然"终结吗? 也许我们是后进化时代,但我们希望成为后生态时代吗? 我们想要什么样的星球? 我们能得到什么样的星球呢? 也许我们也应该问一问:我们现在的星球是什么样的? 我们应该想要一个什么样的星球? 也许我们应该培养感恩、好奇、尊重和克制的能力。也许我们生活在一个仙境地球上,既应该庆祝也应该开发。

环境伦理学应该寻求某种互补性。我们在上面考虑的人类影响力的世界地图需要一个理论的伦理政策模型。设想一个具有双焦点的椭圆(参见图2.2)。有些事件是在一个焦点"文化"的控制下产生的;这样的事件发生在政治区,在那里,"城邦"(城镇)标志着那些在艺术、工业、技术方面取得的成就,在这些地方,自发的自然贡献在评估标准中就不再明显。在椭圆的另一端,在自发自然的焦点下,事情出现在一个荒野区域。这些事情都是在没有人类的情况下发生的,它们就是它们本身——野花、候鸟的呼唤,或者海上的风暴。虽然人类借助他们的文化来理解这样的事件,但他们正在评估的是发生在椭圆的"自然"焦点下的事件。

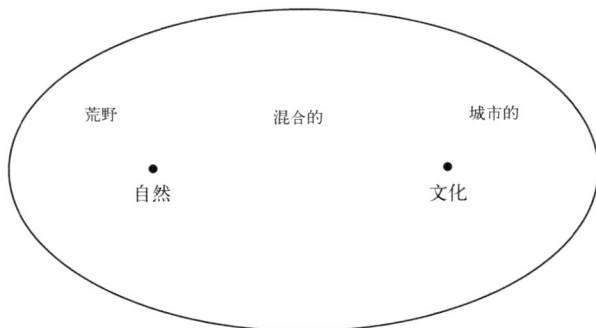

图2.2 椭圆——自然和文化

混合或合成事件的领域是在两个焦点的同时控制下产生的,

这是自然和文化综合影响的结果，在每一个焦点或多或少的不同影响下出现的。"共生"是一个平行的生物学词汇。在共生区，我们两者兼而有之，但我们不要忘记，仍然存在着主要决定因素是文化的事件区域，以及主要决定因素是自发自然的其他区域。我们不想让椭圆坍塌成一个圆。我们可能正在进入人类世时代，我们应该选择不进入以人类为中心的时代。

曾经的自然，作为目的本身的自然，不再是故事的全部。与文化形成对比的自然也不是故事的全部。环境伦理不仅仅是关于荒野，而且关于人类身处他们自己景观中的家园，他们生活在文化中，也生活在大自然中。这将涉及资源利用、可持续发展、景观管理和城乡环境。此外，不论现在还是将来，环境伦理学家有时可以，也应该希望自然本身就是目的，一个可持续的生物圈。事实证明，这将是一个越来越大的挑战。

另一个悖论之处在于：当我们面临是与自然分离还是成为自然的一部分这样的抉择的时候，我们的不同之处就会显现出来。我们要么选择与我们分离的自然，要么选择成为自然的一部分。自古以来，生物设立了领土边界去保护地球上的生命。它们捍卫自己的领域和资源，否则它们就不能生存和繁殖。人类也可以，也应该这样做。但现在有些事情前所未有，在地球数十亿年的物种进化过程中以前从未出现过。人类已经开始把保护地球上的生物多样性作为道德和社会目标。我们设置边界（在生物多样性保护区、荒野地区、国家公园）；我们有意识地为其他物种划出有边界，把我们人类分隔开来。地球的一部分是由文化统治的；我们也决定留出一部分由自然来统治。

罗杰·迪西尔韦斯特罗（Roger DiSilvestro）感叹道："这是阳光下真正的新鲜事物，每一个受保护的野生地都是人类独特性的纪念碑……我们不仅能够做到，而且也能选择不去做。因此，我们在公园和其他保护区周围设置的边界的独特之处就在于，这些边界是为了保护一个地区不受我们自己行为的影响。……我们再也不能认为自己是自然界的主人了。相反,我们是它的合作伙伴。"(1993,第 XIV—XV 页)希望在人类世中,在人类世的影响下,这种不受管理的野性能够与人类世永远同在。这(同样,正如第一章的结论)是一个答案,回答了潜在的星球管理者关于"我们想要在什么样的星球上过什么样的生活"的问题:我们不想在一个没有自然的星球上过着没有自然的生活。这会撕裂历史。

5. 城市、乡村、荒野——三维区域中的人

亚里士多德曾说过,人天生就是"政治动物"(希腊语"polis"是"城镇"的意思,亚里士多德,《政治学》,第 1、2 页)。我们居住在城镇。文化塑造了我们的身份。他说得不错。你现在身处大学里,读这本书,就证明了这一点。但城镇并不是我们唯一的环境。虽然我们的城市有了巨大的发展,但在世界范围来看,大多数人仍然生活在农村环境中,可能住在附近有农场的村庄里(正如我们早先听到的那样)。在 1850 年的美国,只有不到 20% 的美国人住在城镇。今天,经过了发展,80% 以上的美国人住在城镇。

这带来了一种威胁,那就是没有地方归属感,就像坐在电视前一样,它让人觉得,在闪光的瞬间,好像你到了任何一个地方,而实际上,哪儿也没有去,这也像是置身于电脑的"数字空间"中一样。喷气式飞机在空中和地面上一样多,而在地面上,他们的机场都是一样的。在工厂的装配线上,在研究中心,在商业会议上,甚至在大学课堂上,阅读物理学或伦理学的教科书,几乎没有关于位置和地方的感觉。孩子们整天看着电视,玩电脑游戏,患上了"自然缺乏症"。"森林里的最后一个孩子"不见了(卢夫,2005)。科学研究表明,散步锻炼和恢复身体的成年人,在自然区域内散步比在城镇上散步更有益处(伯曼,约尼德和卡普兰,2008)。与前几个世纪

相比，今天的城市人确实有了更多的流动性，有机会去参观乡村和野外。

城市仍然需要农村环境的支持，才能获得食物供应，所以城市和农村在我们未来的版图中都不可缺少。但这不仅仅是在公园度假和从平原获得可靠的小麦供应。人们有一种地方归属感。美国人喜欢他们的风景：谢南多厄河谷、切萨皮克湾、科德角、五大湖、俄亥俄河、锡拉斯山脉、阿迪朗达克山脉、西南部的沙漠、靠近太平洋的西北部地区、落基山脉（罗尔斯顿，2008）。俄克拉何马人唱道："我们知道我们属于这片土地，我们所属的这片土地是宏伟的！"（理查德·罗杰斯和奥斯卡·哈默斯坦，《俄克拉何马州！》）。蒙大拿州因其山脉而得名。西弗吉尼亚州是"大山般的妈妈"——她的后代绝不想看到他们的山顶被炸掉。

对地方归属感的向往是人类永恒的追求，渴望归属于一个土地景观中的社区。所有的人都需要一种"我的国土"的感觉，人们都希望，在自己的关爱下，他们的社区一直都能够处于一个持续性的景观中。英国人热爱他们的乡村。早些时候，我们身上起着鸡皮疙瘩，同时还演唱着《美丽的美国》。在希伯来人的信仰中，应许之地一直都是一切的中心。难道我们在管理这样的地方时，对那些在我们人类开始居住之前就已经"在位"的价值观，不应该给予足够的敏感吗？需伦理的一部分确实需要构筑一种地方归属感；但一个人也需要一种居住在景观中的身临其境感。

体验大自然的美会让人感觉相当强烈且令人难忘。问人们为什么要拯救"大峡谷"或"大提顿山"，得到的答案会是"因为它们是很美的，它们是很'宏伟'的"。答案从"是"变成"应该是"很容易。人们几乎不需要命令，当然也不需要把这些命令强加给其他不情愿的代理人。开车去山上兜风。欣赏风景，看看沿途的田野——迎风摆动的小麦，想想空气、土壤和水是怎么成为人类的基本需求的。人们应该颂扬和保护大自然的美。众所周知，奥尔多·利奥波德在他的土地伦理中,将美和伦理联系在一起。当你看到俯瞰峡谷的深渊、凝视太空,或者让你的目光随着山脉的轮廓一直上升到天空,然后发现一只正在翱翔的鹰,所有这些都会让你感觉到,一种美在你心中油然而生。哲学家们阐述过环境美学中的挑战和机遇(伯林特,2002;卡尔森和林斯托,2008;罗尔斯顿,2002;赫伯恩,1996)。无论有何争议,他们都一致认为,如果人类在乡村和原野中对自然美景的体验减少,生活将变得贫乏、索然无味。

农村环境受到威胁,但受到更大威胁的是我们可能会遇到的第三种环境:自然荒野。我们可能喜欢我们钓鱼的河流,关心那里的鱼。但有些地方我们应该保留,而这些地方与我们的地方归属感无关。也许你为拯救山地大猩猩有所付出,但你从未在乌干达见过荒野中生活的大猩猩。你可能希望拯救生活在深海热液喷口的火山口动物,但这些不是我们普通经历的大自然的一部分。世界是一个多元的地方。人类是地球上的居民,分布在六大洲,但仍然有一些荒野之地我们没有保留下来。当然,还有第七大洲,它几乎是无人居住的。

然而,这种荒野自然,以及乡村自然和城市环境,都是我们人类福祉所必需的。荒野保护领域的杰出领袖约翰·C.亨迪(John C. Hendee)、乔治·H.斯坦基(George H. Stankey)和罗伯特·C.卢卡斯(Robert C. Lucas)强烈地、非常强烈地表达道:

> 荒野是属于人类的。这是一个值得重申的原则。为这些地区建立的保护目标旨在为社会提供价值和利益……荒野不是为了其中的动植物,而是为了人类而保留的。

> (亨迪等,1978,第140—141页)

我们可能会说,荒野既是为了人类,也是为了那里的内在价值而留下来的,而且这两者是互补的。但人类确实需要野外体验。我们需要评估这三种区域各自具有的价值。在乡村景观的混合栖息地中,自然存在得更多。我们需要一种农业生态系统的伦理。许多野生动物可以生存在那些具有多种用途的土地景观中。我们需要一种森林、农田和乡村的伦理。同样,自然也存在于我们的城市中,并给我们的城市提供支持。

你可能会想:人类当然需要体验城市和乡村,但为什么要去荒野呢? 简而言之,我们需要保持好奇心,因为地球上的生命是美妙的。我们可以从人类需要的答案开始。虽然我们不能生活在那里,但我们在荒野中遇到的自然,是我们存在的根本基础。没错,从本质上看,我们就是政治动物。但从本质上来说,我们也是需要有体验感的生物,我们是居住在景观上的居民,是地球上的人,身处一个更包容、更全面的生命共同体,其中有各种各样的生命形式和维持生命存在的东西。从这个意义上说,遭遇城市、农村和荒野这三个维度,确保了人类能够得到更加全面的体验。

在人类历史的大部分时间里,人类以狩猎者和采集者的身份在自然景观中生活。荒野是一个生机勃勃的博物馆,告诉我们人类来自何处、根在哪儿。人类在那里的经历是值得重视的,因为从那儿,我们了解到我们来自何处、我们是谁。我们认识到自然是价值的源泉。我们体验到了我们的根,这种体验是值得重视的。这些体验包含了——这些在人类到来之前就存在的、狂野的、生命力旺盛的根——而且也已经给我们带来了很多有价值的东西,同时给我们带来了一些良益之处,虽然我们不一定意识得到它们,但它们一直在我们内心发挥着作用。

除了健康的环境(人类可能认为这是他们的权利)之外,人类还渴望拥有高质量的环境,享受大自然的便利设施——野生动物和野花、风景、独处之地——以及商品——木材、水、土壤和自然资源。如果要抓住"资源"这个词不放,人们可以说野生自然保护区也是资源,但从更深层次来看,这些才是定义生命的来源。它们是生命维持系统,是人类居住的生态系统。荒野凸显了这些基础标准,从城镇和商业的日常生活中脱颖而出,但相当真实和真切,原始自然。

从这个意义上说,荒野把人们放在他们应该的位置上。我们走出文化,走进了大自然;我们离开了城市,走进了乡村。荒野游客的第一印象是,这不是我常住的地方;作为游客,最主要的理念就是,走进一个与你原先居住的完全不同的地方。但第二个,也是更深刻的印象是,这就是我们生活的地方,我们的文化叠加在自然系统上了。第一印象可能是我们变得淳朴了,"回到"了过去;我们在一个不真实的世界里度了周末。但第二印象就更加深刻。我们并没有脱离这一切;我们又回到了这一切。然而,"回到"的比喻总是有点令人担忧。我们最好说:"回归"到这一切。我们到达了一个颇为深刻的维度。我们重新联系上了自然的确定性。

例如,我们开始把森林看作是创造性过程的一种特殊表达方式。在森林里,如在沙漠或冻土带上一样,自然的现实是不容忽视的。森林既是自然系统中超越人类力量和人类效用的力量的存在,也是它的象征。森林就像大海或天空一样,是世界基础的一种原型。虽然生物圈的核心"货物"最近成为人类的经济和社会资源,但它们——森林和天空、阳光和雨水、河流和土地、永恒的丘陵、循环的四季、动植物、水文循环、光合作用、土壤肥力、食物链、遗传密码、物种形成和繁殖、演替及其重新设定、生命和死亡以及生命更新——早在人类到来之前就存在了。构成森林的动力和结构并不出自人类的头脑;野生森林是完全不同于文明的东西。它是永恒的自然赐予的存在和象征,支撑着其他一切。

在野外,在国家公园或荒野地区,死亡是一成不变的,人立即就面临着生死存亡的问题。所有的野生动物都面临着吃和被吃的问题,适者才能生存下来。野生大自然中,展现了一片发芽、萌芽、开花、结果、逝去、生命更替的广阔景象。出生、死亡、重生,生命永远再生——这就是规律,是生命的本质。当然,我们在城镇中也逃不掉这个规律。在那里,人们也一代又一代地衰老和灭亡,繁衍和繁荣。但是,沉浸在"自然保护区"中,让我们比以往更直接、更激烈地面对这种原始自然中的生命挣扎和生命维系。我们接近了最基础的自然。活下来。适应。要么吃,要么被吃掉。生死攸关。四季分明,春有鲜花开,秋有枯叶落。

野生自然带来好处,但野生自然会威胁人类。那是糟糕的、灾难性的。野生自然的确会带来灾难,但即便如此,我们还是要想得更远。洪水、干旱、龙卷风、飓风、冰雹、暴风雪、地震、雪崩——这些在自然历史上的亿万年中都发生过。我们可以说,在我们人类文明阻挡这些极端事件的发生之前,自然灾害一直就存在。这样的事件很少会对景观中的植物或动物造成太大伤害,因为它们在很大程度上已经适应了在这样的颠覆中生存(罗尔斯顿,1992、2003)。有人可能会说,是的,从生态系统尺度看,这是正确的,但也发生过巨大的灾难性灭绝。这些不是真正的灾难吗?这个问题,让我们到第五章再回答。

从普通人类生活的尺度看,确实存在自然灾害——至少对受影响的人类来说是这样的,例如 2010 年的海地地震或 2004 年的南亚海啸。随着人口的增加,人类暴露在极端事件中的可能性变大,自然灾害的发生、严重程度和代价也就成比例地增加。人类选择居住的地方也增加了我们的脆弱性。世界上 80% 以上的人口居住在海岸线附近。在地球上的 18 个特大城市中,有 15 个位于或靠近海岸线。人类往往把自己的文明建立发展在危险的地区,比如洪水平原或地震带上,而不考虑洪水、飓风、龙卷风或地震可能带来的巨大影响。

我们确实需要早期预警系统、更好的教育和更好的灾难应对措施。在 1976 年科罗拉多峡谷的大汤普森洪水中,有 140 多人在试图开车离开峡谷时丧生。如果他们都爬到了地势更高的地方,就不应该有任何一个人会死去。官员们后来张贴了标语:"如遇洪水泛滥,爬到更高的地方可以避险。"在处理野生自然问题上,人应该变得更加聪明。是的,但每年仍有数百万人顺着那条重建过的公路开车前来,参观落基山国家公园的壮丽景色。在那个公园里,最近有一大片区域被指定为荒野区域——这样人们就可以体验原始的自然,也许还可以冒几次他们在镇上不会去冒的险。

生命,包括适应了这个行星环境的人类生命,是自然界带给我们最大的谜。几十亿年来,地球上的生命形式不断发展和持续,最终在人类生命中达到顶峰,它是创造力在自然界中表现出来的主要特征。当人类过着坚强而美好的生活时,他们会意识到,这些力量和善良是大自然在训练它们的生物时形成并留赠给我们人类的。

6. 地球上的人类尊严:自然的一部分还是脱离自然的?

人类在地球上的存在是一个悖论,我们既是自然的一部分,也是脱离自然的。我们可能会说,如果说当代生物学教会了我们什么的话,那就是我们人类是自然的一部分。但我们有理由感到惊讶。也许人类的出现是自然历史的一种断裂。我们上面强调过,人类不想在一个自然的世界里过一种非自然的生活。但是,也许在某种意义上,不管你喜不喜欢,人类必须过着非自然的生活,因为我们天生就是亚里士多德所说过的"政治动物",已经从大自然中走出来了。

在这本书中,从头到尾,你都将面临一个挑战,那就是思考什么是大自然的内在价值。在接下来的两章里,我们将稍微尝试着去尊重动物和植物本身的特性。在后面的两章内容,我们将突出讨论物种和生态系统的价值。但我们确实必须要考虑到我们自己,考虑到我们是地球上的人类。我们一直在说,我们需要一种地方归属感。但我们也必须将人类放在整个地球上来考虑。这是一个重大的哲学挑战,正确的环境伦理不仅取决于弄清楚我们是谁,还取决于弄清楚我们所处的位置——特别是当我们认为,我们正处于进入人类世时代的历史转折点的时候!

人类是从自然中进化出来的;但是,从某种重要的意义上来说,他们正是这样演化的,他们演化出了文化,与自然形成了鲜明的对比。人类经过一代代的培养,形成了一种遗传的文化。这种文化天赋使得人类重建自然变得可能,这种重建是深思熟虑的、不断积累的,因此是广泛的、有技术性的。人类重塑了他们的环境,而不是从形态和基因上重塑自己来适应不断变化的环境。从地质和气候进程的顺序来看,人类现在是自然力量的一种。

的确如此,但是我们发现,自然仍然是文化的栖身之所。换个比喻来说,自然是文化的子宫,而且是一个人类永远不会完全离开的子宫。没有文化,大自然也能做很多事情——数十亿年的进化史就是明证。文化出现得晚,离不开自然这个基础。用哲学家们不喜欢的一个词来说,在这个"基础"的意义上,自然是先天注定的。反过来说,不是文化"构建"自然,而是要从自然中构建文化。文化仍然与生物系统紧密联系在一起,而来自构建环境中的选项,无论如何扩展,都无法作为生命支持系统从大自然中脱离出来。人类依赖空气流动、水循环、阳光、氮的固化、细菌分解、真菌、臭氧层、食物链、昆虫授粉、土壤、蚯蚓、气候、海洋和遗传物质。生态仍然存在于文化的背景之中,生态也是自然产出物的决定因素,没有自然提供的产出,一切都不会存在。在我们目前所能预见的任何未来,某种包容性的环境适应性都是必需的。大自然并没有消失。我们也不是后自然的,而大自然永远在我们身边徘徊。人类和这个星球的命运交织在一起。

尽管如此,依然有很多东西会把人类和自然区分开,科学家们对这一点坚信不疑,就像他们坚持认为,我们是自然的一部分一样。我们人类是已知的最复杂的自然产物。神经学家迈克尔·加扎尼加(Michael Gazzaniga)论及"人脑尺寸的爆炸性增长"时说道:

> 我们与动物有很大的不同。虽然我们的大部分基因和大脑结构与动物有共同之处,但也总能发现不同之处。虽然我们可以用车床磨制精美的珠宝,而黑猩猩只会用石头砸开坚果,这两者的差别之大,可以用光年计算……我们人类是特别的。
>
> (2008,第 13、1—3 页)

布鲁斯·拉恩(Bruce Lahn)领导着一个分析人类遗传学的研究小组,他总结道:"人类在生命之树上占据着独特的地位。简而言之,进化一直在非常努力地创造我们人类。"(拉恩,转引自贾纳罗,2005)克雷格·文特尔(Craig Venter)和他的 200 名遗传学家组成的团队得出的结论是,尽管人类确实与黑猩猩的基因相似度非常大(95% 或更多),然而,随着人类的出现,"即使是用最简单的标准来看,有一个巨大的奇点,它让人类在行为意义上变得更加复杂"(文特尔等,2001,第 1 347 页)。因此,令人困惑的是,DNA 中几个点的变化为何会导致数光年的精神爆炸。

动物的大脑已经令人印象深刻了。在一立方毫米(大约一个针头)的老鼠大脑皮层中,有 450 米长的树突和 1—2 公里长的轴突;人类的大脑是这个数字的 3 000 倍。虽然我们的基因与黑猩猩相似,但我们的大脑皮层是它们的 3 倍。在向智人发展的原始人类谱系中,人类的这种认知能力的发展已经达到了一个令人注目的显示点,脑容量从大约 300 立方厘米上升到 1 400 立方厘米。人类大脑中的连接纤维,展开后可以绕地球 40 圈。

人类似乎已经越过了一些跨基因的门槛。人类的大脑是如此的复杂,如果要用文字描述清楚的话,字数将是天文数字般的,很难测量。一个典型的估计,人有 10^{12} 个神经元,每个神经元有几千个突触(可能是几万个)。每个神经元都可以与许多其他神经元"交谈"。突触后膜在信号接收表面含有一千多种不同的蛋白质。神经学家塞斯·格兰特(Seth Grant)说:"(在人体内)已知的最复杂的分子结构是突触的突触后侧。"(引自彭尼西,2006)这个网络,层层叠加,使几乎无穷无尽的精神活动成为可能。这种爆炸式组合的结果是,人脑能够形成数量约 $10^{70\ 000\ 000\ 000}$ 个想法,这个数字使可见宇宙中的原子数量(10^{80} 个)相形见绌(弗拉纳根,1992,第 37页;霍尔德内斯,2001)。在宇宙尺度上,人类是微小的原子,但在复杂性尺度上,人类在心理复杂性方面拥有"超级巨大"的可能性(斯科特,1995,第 81 页)。

虽然人类是从其他灵长类进化而来的,但人类的大脑不仅仅是黑猩猩大脑的放大版本。人类在处理思想、想法和符号抽象方面的能力非常出色,这些抽象被描绘成解释性的格式塔,用来理解世界和确定生活的方向。这种更高的意识是构造人类的一个维度,而这个维度在所有其他物种中都不存在。我们的思想和实践,设置并不断重置着我们自己的形成性大脑结构。思维利用并重塑了大脑,以促成他们选择的意识形态和生活方式。在神经科学的词汇中,我们有"可变地图"。神经学家米夏埃尔·默策尼希(Michael Merzenich)报告说,他越来越欣赏"我们大脑最显著的品质:它有开发和专化自己加工机器的能力,有塑造自己才能的能力,有通过辛勤的脑力工作实现成就的能力"(2001,第 418 页)。

令人惊讶的是,这种智力变成了具有反思性的自我意识,并建立起累积的可传播文化。只有在人类身上才会发生信息爆炸。只有人类才有"心智理论";他们知道其他人的头脑中有想法,这使得语言文化成为可能。关键的阈限在于,人类具有将想法从一个头脑传递到另一个头脑的能力。没有明确的证据表明黑猩猩能将精神状态归因于其他人。它们不知道其他黑猩猩有思想并可以跟自己交流，而且学习它们所知道的。或者，如果你更愿意认为，一只黑猩猩可以知道另一只黑猩猩知道的东西，那么黑猩猩有一种即时心智理论（一只黑猩猩看懂了，另一只黑猩猩知道香蕉在哪里）；人类有一种概念心智理论（一个人教另一个人毕达哥拉斯定理）。

"人类有一个完整的系统，我们称之为黑猩猩没有的心智理论。"（丹尼尔·J.波维内利，转引自"彭尼西"，1999，第 2 076 页）卡尔·齐默（Carl Zimmer）总结道："在地球上的所有物种中，只有人类拥有研究人员所说的'心智理论'——推断他人想法的能力……经过几十年的研究，没有人找到无可争议的迹象，它们能够表明黑猩猩或其他非人类灵长类动物有心智理论。""懂得别人会思考，是人类独有的能力"（齐默，2003，第 1 079 页）。人类生活在一个概念化的世界里，心理会思考，并联系其他人的心理。克里斯托弗·弗里思（Christopher Frith）分享了他的想法："把一个想法从一个大脑传到另一个大脑，这是我们做的一件非常神秘的事情。"（转引自齐默，2003，第 1 079 页）

国吉·L.酒井（Kuniyoshi L. Sakai）发现："人类的左额叶皮层在句子理解的句法过程中是独一无二的，其他动物没有任何与此相类似的区域。"（2005，第 817 页）这种独特结构带来的结果是"人类语言和其他动物的交流系统在表达能力上存在着巨大差异"（安德森，2004，第 11 页）。伊恩·塔特萨尔（Ian Tattersall）总结道："我们人类确实是神秘的动物。我们与活生生的世界联系在一起，但我们的认知能力又让我们显得与众不同，我们的很多行为都受到抽象的和象征性关注的长期影响。"（1998，第 3 页）

灵长类动物所缺少的，正是那些让我们人类累积的、可传播的文化成为可能的东西。这儿的中心思想是，习得的知识和行为是通过一代人传授给另一代人的方式，在人与人之间进行学习和传播的。思想在头脑之间传递，很大程度上是通过语言的中介作用才实现的，人类有了这样的知识和行为，才促成环境得到极大的重建或呵护。安德鲁·惠顿（Andrew Whitten）发现：

> 当我们将比较的视角聚焦在文化上时，证据就出现在我们周围，那就是，有一条鸿沟把人类与所有其他动物隔开……在非人类动物中，猿类文化可能特别复杂，然后，跟人类文化相比，它显然还差得很远。当代有一种颇有影响力的观点认为，关键的不同之处就在于人类积累文化的能力。在黑猩猩中，有一些文化积累的迹象，比如在砸坚果的时候，它们会垫一块石头来稳定砸坚果的石板，这样可以提高砸坚果的效率，但按照人类的标准，这些行为仍然是原始的和短暂的。
>
> （2005，第 52—53 页）

从生物、进化和生态意义上讲，人类只是世界的一部分、自然的一部分；但智人是世界上唯一的动物，能够自由地用整体的观点来定位自己，寻求关于我们是谁和我们身处何处的智慧，并通过文化手段发展我们在地球上的生活。这种累积的、持续的培养决定了我们独特的历史行为的结果，产生了关键性的差异。决定动植物行为的因素从来不是人类学的、政治的、经济的、技术的、科学的、哲学的、伦理的或宗教的。

人类生活在罗伯特·博伊德（Robert Boyd）和彼得·J.里彻森（Peter J. Richerson）（1985）所称的"双重遗传系统"下，即基因和文化。他们发现："人类文化的存在是一个深刻的进化之谜，与生命本身的起源不相上下。""在动物世界里，人类社会是一个惊人的反常现象。"（里彻森和博伊德，2005，第 126、195 页）人类向文化的转变是指数级的、非线性的，达到了非凡的认知能力。

如果没有某种教育的理念，没有从头脑到头脑、从父母到孩子，从老师到学生的知识传授，累积性的、可传播的文化是不可能实现的。人类意识到其他人知道东西而自己不懂的时候，会进行学习；他们采用这些想法并由此而产生行为；他们评估、测试和修改这些想法，并反过来将他们知道的知识传授给其他人，包括下一代。所以人类的文化是累积的，但是动物没有这样的文化"齿轮"效应。小班尼特·G.加利夫（Bennett G. Galef, Jr）认为："据我们所知，没有一种非人类动物是可以教授知识的。"（1992，第161页）"鉴于模仿在非人类灵长类动物中很少见，教授知识基本上是不存在的，在它们当中，很难看见获得累积的文化，而这一点是我们人类文化的标志。"（加利夫，转引自福格尔，1999，第2 072页）

从天文和进化的尺度来看，5000年的人类历史记忆与130亿年的宇宙历史或35亿年的地球生命相比，文化的发展速度要快得多。近几个世纪以来，文化创新的爆发式增长速度不断加快，知识基础的不断扩大使技术创新成为可能，这在很大程度上要归功于科学的力量。近几十年来，信息在文化中以对数增长的速度积累和传播。今天，文化发展在互联网上以每秒兆字节的速度数字化。在认知不断得到体现的漫长积累故事中，我们似乎已经到了一个转折点。

进入人类状态的一个关键因素是道德的出现。独一无二的理性动物同样也是独一无二的道德动物。伦理显然是人类天赋的产物，是我们社会行为中的一种现象。做一个有道德的人，就是要反思经过深思熟虑的是非原则，并在面对诱惑时采取相应的行动。这种伦理的出现和我们所知道的任何其他事件一样引人注目；在每一种人类文化中，无论人们遵守还是违反，伦理都以某种形式存在着，处处可见。

动物不懂道德。马克·贝科夫和杰西卡·皮尔斯（Marc Bekoff and Jessica Pierce，2009）声称，有些哺乳动物懂得道德，"明辨是非","有道德感",包括"正义感"。彼得·辛格的《伦理学》中有一节是关于"灵长类伦理学中的共同主题",其中有一部分是关于"黑猩猩的正义",他想"摒弃伦理学是人类独一无二的假设"(1994,第6页)。但黑猩猩的许多行为(帮助行为、统治结构)经过检验被发现,更多的是前伦理的,而不是伦理的;他几乎或根本没有弄清楚,什么叫黑猩猩在道德上承担过失或值得表扬。

弗朗斯·德·瓦尔(Frans De Waal)在动物身上发现了一些道德的预兆,但他认为:

> 即使动物以某种与我们人类的道德行为相同的方式行事,它们的行为也不是发自于那种只有我们人类才会进行的精心思考。很难相信动物会在自己的利益与他人的权利之间进行权衡,它们会进化出一种能够考虑到社会更大利益的意愿,或者它们会对自己不应该做的事情感到终生内疚。一些物种的成员可能会达成默契,容忍或抑制他们中间的哪种行为,但如果没有语言,这些决定背后的原则就无法概念化,更不用说讨论了。
>
> (1996,第 209 页)

在野生动物身上寻找"道德",部分的目的是想要发现迄今未知的行为,但最主要的是想要重新定义和扩大"道德"一词的含义,以涵盖社会群体中的行为调整。赫尔穆特·库默尔(Helmut Kummer)在对行为进行仔细调查之后,说道:"目前看来,从我们的动物亲属身上,并没有发现道德的具体的功能对等物"(库默尔,1980,第 45 页)。杰罗姆·卡根(Jerome Kagan)是这样说的:"我们这个物种在生物上的特殊之处在于不断关注什么是好的和什么是美的,而不喜欢一切坏的和丑陋的东西。这些生物学上已有偏好使任何其他物种的经历无法与人类的经历相提并论。"(1998,第 91 页)

简·古多尔（Jane Goodall）研究黑猩猩多年，虽然她发现黑猩猩群体中会结伴、打扮，并存在与其他黑猩猩交往的乐趣，但她依然说："我无法想象，一只黑猩猩会对另外一只产生感情，产生能与人类之间爱的温柔、保护、宽容和欣喜相提并论的感情，这些是人类之间的爱才有的最真实和最深层的标志特征。黑猩猩通常表现得对彼此感受缺乏体谅，这在某种程度上，可能代表了它们和我们人类之间最深的鸿沟。"（范·劳维克-古多尔，1971，第194页）

人类的伦理关切能够显示出极大的包容性：世界性的、全球性的、转基因的。但是，如果它仍然只关注一个物种，那么这种包容性可能就不够充分。我们和黑猩猩之间的鸿沟很好地体现在古多尔本人身上，也体现在她先是对黑猩猩进行的鉴赏性研究，后来又对黑猩猩的保护上面。我们听到迪西尔韦斯特罗（DiSilvestro，1993）称赞人类，因为他们划出了边界来保护非人类。他认为，这就是不再认为自己是自然界的主人，而是成为自然界的合作伙伴。但就这一点，可以有双重的理解。这种为其他物种留出避难所的行为，只有人类才能做得到，但实际上这种行为也把两个物种隔离开了。人们只需问一问，黑猩猩是否会研究地球上丰富的生物多样性，并开始关注拯救它，这时候，人们就会发现加扎尼加（Gazzaniga）是对的：我们和黑猩猩之间存在着以光年计的心理距离。有猴子能够阅读你手中的这本书，并想要知道人类在环境伦理方面的义务吗？

没错，智人是地球上的贵族物种。到目前为止，伦理学在努力将利他主义演变成与利己主义相称的比例方面取得了令人印象深刻（如果也是停滞不前的）成功，这一点一直举步维艰。这产生了一种人类伦理优先的意识，通常是伦理排他性。人类高居榜首，只有人类才算数。爱你的（人类）邻居，就像爱你自己一样。从狭隘的、有机的角度来看，这似乎是正确的，因为在人类出现之前的世界里，只要有可能，一切都是其他一切的资源。如果不是建立在从自然中获取价值的基础上,文化是不可能的。所有其他活着的自然物种只保护自己的同类物种;人类也是如此,最大化地增加自己的数量——并通过声称自己是具有道德关切的中心物种,来证明(捍卫)自己的地位。人类总是偏爱人类。

从更广泛的生态系统的角度来看,这样的理论基础忽略了这样一种方式,即到目前为止,该系统包含了无数物种,它们之间存在着相互依赖的张力与和谐关系,除了优化所处环境的适宜性,什么物种都不应该让自己最大化。从这个更全面的角度来看,那些以主流的人文精神作为运作焦点的人,对他们的大多数邻居都视而不见。进化生态系统的所有其他产品都被算作资源。这样看来,智人并不像是明智的物种。马丁·路德(Martin Luther)用拉丁语"Homo curvatus in se"(人自我封闭)描述了罪恶的本质。路德的洞察力在于,他看到了人类自负的永恒诱惑。

认为人类永远是第一位的人类伦理学家,从他们所处的环境中走出来一半。他们关于人类优点的看法是正确的。但他们只保护自己的同类,在这方面,他们即使拥有了世界性的眼光,也"走不出"他们的环境,他们只是按照自然选择的规则进行融合和运作;他们在与他人的接触中成为道德代理人,但在与自然的接触中,他们不会成为道德代理人。为了捍卫人类的崇高价值,他们的行为就像野兽一样——为自己和同类着想。在这种咄咄逼人的尝试中,这些人道主义伦理学家阻碍了人类的发展,因为他们不知道真正的人类超越——一个关爱非人类的他者的大局观。

显然,人类已经把他们的领土扩张到了全球范围内了。但是,居住在这个全球的领土上,什么样的生活方式才是合适的呢?总是把自己放在第一位吗?没有别的了吗?用头脑和道德、手和大脑作为维护人类生命形式生存的工具,好像不是一个好选择,更好的答案是,让我们在头脑中形成一种概念性的整体观点,去捍卫所有形式的生命的理想。虽然人类有独特而卓越的贵族能力来看待他们居住的世界,但人类(humans)这个单词与由灰尘组成的腐殖质(humus)这个单词同源。人类从地球上站起来,俯视他们的世界(希腊语:人类,站起来,抬头看)。人类有自己的优点,而他们出类拔萃的一个方式就是善于纵观全局。

人类出现的新奇之处在于阶级利他主义与阶级利己主义共存,人类不仅把情感施加给自己的物种,而且给生物群落中的其他物种。人类应该把地球看成是一个进化的生态系统,他们是从这个生态系统进化出来的,这个系统仍然是他们生命的支柱,他们应该给予地球充分的尊重。就人类目前在地球上的这一位置而言,人在地球上取得的传奇成就中发挥了重要作用。在过去的两千年里,人际的伦理学一直在觉醒,充分意识到人类尊严的重要性。随着新千年的到来,我们不断扩展伦理学,环境伦理学唤醒了人们的觉醒,让人们意识到,有一个更加宏大的愿景在等着我们,而人类是其不可或缺的一个组成部分。

这就是生活在这里,能为土地伦理所提供的。这将超越人类过去持有的"资源"使用的理念,让人类拥有"定居地球"的理念,并限制他们的政策、经济、科学和技术。虽然我们需要智慧地利用环境,但作为一个"居民",我们该做的,绝不是最大限度地利用自己的环境那么简单。做一名"居民",远比做一名"公民"要求更高。这样的居住方式,将让我们超越过去的管理问题,来面对道德伦理问题。人类可以通过"透露信息"得到更多的价值,远超其他类型的生命形式。他们可以分享他人的价值观,通过这种方式成为利他主义者。人类之所以具有顶尖的价值,就是因为他们是最顶级的评估者。

这样看来,在更早的时代,人类需要走出自然,迈入文化,但现在他们想要从利己主义、人文主义中解放出来,进入一种超越的视野,将地球视为一片福地,充满生命、一片充满美丽、完整性、动态成就和传奇历史的土地。这种出走,发生在应许之地之内。

在不否认人类存在价值优越性的前提下,开明的环境伦理能够表明得更多。不仅是我们"表明我"的能力,实现自我的能力,而且是我们"看到他人"、监督世界的能力,这种能力使人类与众不同。环境伦理学呼吁看到非人类,看到生物圈、地球、生态系统的各个共同体、动植物,以及那些不会"说我"的自然种群,但他们形成了自己的完整性,有独立于主观价值之外的客观价值。环境伦理学超越了人本主义伦理学,因为它可以把人之外的其他物种当作目的来对待。环境伦理学家从伦理上看得更远。从这个意义上说,对于伦理而言,人类深思熟虑的居住能力,体验与非人类的其他种群共居地球这个共同体的能力,与人类自我实现的任何能力一样,都是必不可少的。正是这种伦理中的自我实现需要人类自我超越。

从人文主义的角度讲,利他主义者是值得称道的。但人类和非人类之间真正令人兴奋的区别是,动物和植物只能和它们的后代和同类一起,考虑(保卫)自己的生命,而人类可以用更广阔的视野来考虑(保卫)生命,甚至是非生命。人类可以成为真正的利他主义者;当他们认识到其他人的主张时,不管这些主张是否符合他们自己的利益,这样的利他主义者就开始出现了。但是,如果人类不能认识到非人类——生态系统、物种、景观——的主张,那利他主义的进化就不完整。从这个意义上说,环境伦理是最利他的伦理形式。它真的很爱他者。它将残留的自我转变为永久的利他主义者。这种终极利他主义是或者应该是人类的天赋。就此而言,地球上最后进化出的物种变成了第一重要的物种;这个后来居上的物种有着现代的伦理观念,是第一个看到正在发生的故事的人。这种晚来的物种占据着主导的地位。

参考文献

Abbott, Alison, and Helen Pearson. 2004. "Fear of Human Pandemic Grows as Bird Flu Sweeps through Asia," *Nature* 427 (《随着禽流感席卷亚洲,人们对人类流行病的恐惧与日俱增》,《自然》第 427 期) (5 February):472 - 473.

Aguire, A. Alonso, Richard S. Ostfeld, Gary M. Tabor, Carol House, and Mary C. Pearl. 2002. *Conservation Medicine*:*Ecological Health in Practice* (《养护医学:实践中的生态健康》). Oxford, UK:Oxford University Press.

Anderson, Stephen R. 2004. *Doctor Doolittle's Delusion*:*Animals and the Uniqueness of Human Language* (《杜立特医生的妄觉:动物与人类语言的独特性》). New Haven, CT:Yale University Press.

Beckerman, Wilfred, and Joanna Pasek. 2001. *Justice*, *Posterity*, *and the Environment* (《正义、后代与环境》). New York:Oxford University Press.

Bekoff, Marc, and Jessica Pierce. 2009. *Wild Justice*:*The Moral Lives of Animals* (《野生正义:动物的道德生活》). Chicago:Univer-sity of Chicago Press.

Berleant, Arnold, ed. 2002. *Environment and the Arts*:*Perspectives on Environmental Aesthetics* (《环境与艺术:环境美学的视角》). Aldershot. Hampshire, UK:Ashgate.

Berman, Marc G., John Jonides, and Stephen Kaplan. 2008. "The Cognitive Benefits of Interacting with Nature," *Psychological Science* 19 (《与大自然互动的认知益处》,《心理科学》第 19 期):1207 - 1212.

Berry, Wendell. 1995. "The Obligation of Care," *Sierra* 80 (《关爱的义务》,《塞拉》第 80 期) (no. 5):62 - 67, 101.

Boyd, Robert, and Peter J. Richerson. 1985. *Culture and the Evolutionary Process* (《文化与进化过程》). Chicago:University of Chicago Press.

Carlson, Allen, and Sheila Lintott, eds. 2008. *Nature*, *Aesthetics*, *and Environmentalism* (《自然、美学和环保》). New York:Columbia University Press.

Clark, William C. 1989. "Managing Planet Earth," *Scientific American* 261 (《管理地球这个星球》,《科学美国人》第 261 期) (no. 3, September):46 - 54.

Crutzen, Paul J. 2006. "The 'Anthropocene'." Pages 13 - 18 in Eckart Ehlers and Thomas Kraft, eds., *Earth System Science in the Anthropocene* (《人类世》,出自《人类世的地球系统科学》). Berlin:Springer.

de Waal, Frans. 1996. *Good Natured*:*The Origins of Right and Wrong in Humans and Other Animals* (《好脾气:人类和其他动物的是非起源》). Cambridge, MA:Harvard University Press.

DiSilvestro, Roger L. 1993. *Reclaiming the Last Wild Places*:*A New Agenda for Biodiversity* (《恢复最后的荒野:生物多样性的新议程》). New York:Wiley.

Dobson, Andrew P. 2005. "What Links Bats to Emerging Infectious Diseases?" *Science* 310 (《蝙蝠与新出现的传染病有什么联系》，《科学》第 310 期)：628 – 629.

Ellis, Erle C., and Navin Ramankutty. 2008. "Putting People in the Map：Anthropogenic Biomes of the World," *Frontiers in Ecology and the Environment* 6 (《把人放在地图上：世界的人为生物群系》，《生态学和环境前沿》第 6 期)(no. 8)：439 – 447.

Ferry, Luc. 2007. "Protéger l'espèce humaine contre elle-même" [Protect the human race against itself]. Interview with Luc Ferry in *la Revue des Deux Mondes* (《保护人类免受自身的伤害》，吕克·费里在《两个世界评论》上的采访) (October-November)：75 – 79.

Flannagan, Owen. 1992. *Consciousness Reconsidered* (《重新考虑意识》). Cambridge, MA：MIT Press.

Foley, Jonathan A., Ruth DeFries, Gregory P. Asner, et al. 2005. "Global Consequences of Land Use," *Science* 309 (《土地使用的全球后果》，《科学》第 309 期) (22 July)：570 – 574.

Fox, Warwick. 2006. *A Theory of General Ethics：Human Relationships, Nature, and the Built Environment* (《普通伦理理论：人类关系、自然和建筑环境》). Cambridge, MA：The MIT Press.

Galef, Bennett G., Jr. 1992. "The Question of Animal Culture," *Human Nature* 3 (《动物文化的问题》，《人类自然》第 3 期) (no. 2)：157 – 178.

Galloway, J. N. 2004. "The Global Nitrogen Cycle." Pages 557 – 583 in W. H. *Schlesinger*, ed., vol. 8, *Biogeochemistry*, in H. D. Holland and K. K. Turekian, eds., *Treatise on Geochemistry* (《全球氮循环》，《生物地理化学》第 8 期，引自《地球化学论述》一书). Oxford, UK：Elsevier-Pergamon.

Gazzaniga, Michael S. 2008. *Human：The Science Behind What Makes Us Unique* (《人类：使我们与众不同的科学》). New York：Ecco, Harper Collins.

Gianaro, Catherine. 2005. "Human Cognitive Abilities Resulted from Intense Evolutionary Selection, Says Lahn," *The University of Chicago Chronicle* 24 (《拉恩说：人类的认知能力源于激烈的进化选择》，《芝加哥大学纪事》第 24 期) (no. 7, January 6)：1, 5.

Hendee, John C., George H. Stankey, and Robert C. Lucas. 1978 *Wilderness Management* (《荒野管理》), USDA Forest Service Miscellaneous Publication No. 1365. Washington, D. C.：U. S. Government Printing Office.

Hepburn, Ronald. 1996. "Contemporary Aesthetics and the Neglect of Natural Beauty." Pages 285 – 310 in Bernard Williams and Alan Montefiore, eds., *British Analytical Philosophy* (《当代美学及对自然美的忽视》，引自《英国分析哲学》). London：Routledge and Kegan Paul.

Holderness, Mike. 2001. "Think of a Number," *New Scientist* 170 (《想起一个数字》,《新科学家》第 170 期)(16 June):45.

Holling, C. S., ed. 1980. *Adaptive Environmental Assessment and Management* (《适应性环境评估和管理》). New York: Wiley.

Imhoff, Marc L., Lahouari Bounoua, Taylor Ricketts, et al. 2004. "Global Patterns in Human Consumption of Net Primary Production," *Nature* 429 (《人类初级净产品消费的全球模式》,《自然》第 429 期):870 – 873.

Kagan, Jerome. 1998. *Three Seductive Ideas* (《三个诱人的想法》). Cambridge. MA: Harvard University Press.

Kareiva, Peter, Sean Watts, Robert McDonald, and Tim Boucher. 2007. "Domesticated Nature: Shaping Landscapes and Ecosystems for Human Welfare," *Science* 316 (《驯化的自然:为人类福利而塑造景观和生态系统》,《科学》第 316 期)(29 June):1866 – 1869.

Karesh, William B., and Robert A. Cook, 2005. "The Human-Animal Link," *Foreign Affairs* 84 (《人与动物的联系》,《外交事务》第 84 期)(4):38 – 50.

Kummer, Helmut. 1980. "Analogs of Morality Among Nonhuman Primates." Pages 31 – 47 in Gunter Stent, ed., *Morality as a Biological Phenomenon* (《非人类灵长动物中的道德类似物》,引自《作为生物现象的道德》). Berkeley: University of California Press.

Lee, Kai N. 1993. *Compass and Gyroscope: Integrating Science and Politics for the Environment* (《罗盘和陀螺仪:为了环境而整合科学和政治》). Washington, D. C.: Island Press.

Louv, Richard. 2005. *The Last Child in the Woods: Saving Our Children from Nature-Deficit Disorder* (《森林里的最后一个孩子:把我们的孩子从大自然缺失的混乱中拯救出来》). Chapel Hill, NC: Algonquin Books of Chapel Hill.

McCloskey, J. M., and H. Spalding. 1989. "A Reconnaissance Level Inventory of the Amount of Wilderness Remaining in the World," *Ambio* 18 (《世界上现存荒野数量的普查级别清单》,《人类环境杂志》第 18 期):221 – 227.

McKibben, Bill. 1989. *The End of Nature* (《自然的终结》). New York: Random House.

Merzenich, Michael. 2001. "The Power of Mutable Maps," p. 418 in Bear, Mark F., Connors, Barry W., and Paradiso, Michael A. 2001. *Neuroscience: Exploring the Brain* (《可变映射的威力》,引自《神经科学:探索大脑》第二版), 2nd ed. Baltimore: Lippincott Williams and Wilkins.

Millennium Ecosystem Assessment (《千年生态系统评估报告》). 2005. Online at http://www. maweb. org/en/index. aspx.

Morens, David M., Gregory K. Folkers, and Anthony S. Fauci, 2004. "The

Challenge of Emerging and Re-emerging Infectious Diseases," *Nature* 430 (《新出现和复发的传染病挑战》,《自然》第 430 期):242 - 249.

Norton, Bryan G. 2005. *Sustainability:A Philosophy of Adaptive Ecosystem Management* (《可持续性:适应性生态系统管理的哲学》). Chicago:University of Chicago Press.

Pennisi, Elizabeth. 1999. "Are Our Primate Cousins 'Conscious'?" *Science* 284 (《我们的灵长类近亲有"意识"吗?》,《科学》第 284 期):2073 - 2076.

——. 2006. "Brain Evolution on the Far Side," *Science* 314 (《远端的大脑进化》,《科学》314 期) (13 October):244 - 245.

——. 2010. "Body's Hardworking Microbes Get Some Overdue Respect," *Science* 330 (《体内辛勤劳作的微生物得到了迟来的尊重》,《科学》第 330 期):1619.

Richerson, Peter J., and Robert Boyd. 2005. *Not by Genes Alone:How Culture Transformed Human Evolution* (《不仅仅是基因:文化如何改变人类进化》). Chicago:University of Chicago Press.

Riley, Laura, and William Riley. 2005. *Nature's Strongholds:The World's Great Wildlife Reserves* (《大自然的堡垒:世界上最大的野生动物保护区》). Princeton, NJ:Princeton University Press.

Rolston, Holmes, III, 1992. "Disvalues in Nature," *The Monist* 75 (《自然界中的轻视》,《一元论》第 75 期):250 - 278.

——. 2002. "From Beauty to Duty:Aesthetics of Nature and Environmental Ethics" Pages 127 - 141 in Arnold Berleant, ed., *Environment and the Arts:Perspectives on Environmental Aesthetics* (《从美到责任:自然美学与环境伦理学》,出自《环境与艺术:环境美学的视角》). Aldershot, Hampshire, UK:Ashgate.

——. 2003. "Naturalizing and Systematizing Evil." Pages 67 - 86 in Willem B. Drees, ed., *Is Nature Ever Evil? Religion, Science and Value* (《让邪恶自然化和系统化》,出自《大自然总是邪恶的吗? 宗教、科学和价值》). London:Routledge.

——. 2005. "Panglobalism and Pandemics:Ecological and Ethical Concerns," *Yale Journal of Biology and Medicine* 78 (《泛全球主义和流行病:生态和伦理问题》,《耶鲁大学生物与医学杂志》第 78 期):309 - 319.

第三章

动物：有血有肉的野兽

　　道德是为人服务的，但道德只是跟人有关吗？野生动物根本不能使人成为衡量事物的尺度。要想证明非人类的价值观和价值评判者，最有力的证据来自那些自由而独立地出生、无拘无束的野生生命。动物捕猎和嚎叫，寻找避难所，寻找栖息地和配偶，照顾它们的幼崽，并逃离威胁。它们受着伤，舔着自己的伤口。动物在应对这个世界时，保持着一种自我认同，并且非常珍视它。它们有自己的长处，它们捍卫自己的生命。生命对它们来说尤为重要。

　　当然，虽然野生动物生活在一个它赖以维持生命的生态系统中，而其他动物也可能依赖于这个系统，但因为一种动物生命本身的价值而珍视它，而不需要进一步的辅助参考。家养动物是野生动物的后代，无论是牲畜还是宠物，即使它们不能独立生活，需要依赖人类才能生存，它们也都珍视自己的生命。动物是有评价能力的，能够从本质上评价它们世界中的事物、它们自己的生命，并能够从实用角度评价它们的资源。

　　面对这样的事实，我们必须对它们进行一番哲学思考。什么样的非人类"在道德上是值得尊敬的"（古德帕斯特，1978）？结论似乎是这样的，作为有智慧的人，无论我们与动物有何独特差异，考虑到我们与这些动物的亲缘关系，我们也应该从道德上关注它们。这样的动物即使不是"道德主体"，也应该是"道德客体"。环境伦理应该给予动物个体一些关注，比如被猎杀的动物。通过类比，我们知道，人类在自己身上所关心的，假如在别处发现了这一点，在非人类身上也发现了，那人类也应该关心。非人类的它们，在身上显示出一些与人类相同的特质，人类因为溢出效应而受到吸引，虽然那些特质不是直接存在于我们人类的血统中，但存在于跟我们足够相似的生物身上，对此，我们也应该关心。我们在第一章中发现，对动物的关爱一直是驱动环境转向的动机之一。

普遍性原则要求伦理学家认识到他人的相应价值。道德敏感度或美德的增长通常需要扩大相邻的圈子，以包括其他种族和文化。但这些不断扩大的圈子并不是以互惠的道德主体结束的。社群主义伦理学发现，围绕道德自我的同心圆在不断扩大：家庭、当地社区、国家、人类，以及周围更偏远的圈子里的动物。有时，人们可能更关心他们附近的动物（如马、宠物），而不是远方的人类（如埃塞俄比亚人）。既然与人类价值观相似的动物价值观岌岌可危，似乎可以有，也应该有一种关于动物的伦理。或者，一些人会说，由于这些动物中有许多是家养的，应该有关于动物的伦理，它应该与环境伦理并驾齐驱。无论这些动物在哪里，在农村和野生生态系统中，在饲养场、养殖场、动物园，或者是躺在厨房地板上的宠物都应该包括在内（阿姆斯特朗和博茨勒，2008；松斯特恩和努斯鲍姆，2004；卡洛夫和菲茨杰拉德，2007；贝科夫和米尼，1998）。

这样的道德甚至被写进了禁止虐待动物的法律中。任何怀疑这一点的人只需回忆一下最近的一个案例。迈克尔·维克是费城老鹰队的四分卫，早些时候曾效力于亚特兰大猎鹰队，创造了国家橄榄球联盟（NFL）的记录。但他因参与斗狗案件而入狱服刑，该案件涉及非法的州际斗狗团伙和赌博，斗狗案还涉及 70 只狗。由于他曾吊死或溺死那些没有在斗狗比赛中好好表现的狗，他的行为被认定是非法的、残忍的，应该受到谴责，他由此被国家橄榄球联盟暂停了比赛。他的工资和产品代言收入出现巨大损失，加上财务管理不善和生活奢侈，他陷入了破产境地。在老鹰队复出后，他依然是一名出色的球员,现在他非常后悔自己以前的行为(2010年春季,黑人娱乐电视台[BET]播出了关于维克的系列节目)。

1. 有人在吗？面对动物个体

是的,许多人都同意。动物的痛苦和快乐不该被忽视,这是一种基于感觉的伦理。有时候,它被称为动物权利伦理,这是一种动物福利伦理,也许可以称之为动物解放。这些伦理学家声称,哪儿有主体感兴趣的对象,哪儿就存在价值,人类显然也是如此,但我们也必须考虑非人类主体的快乐和痛苦。常识第一,科学第二,这样的认识教会我们,我们人类与非人类动物有许多相似之处。没有人怀疑动物会感到饥饿、口渴、炎热、疲倦、兴奋和困倦。黑猩猩和人类结构基因 DNA 的蛋白质编码序列有 95% 以上的同源性。伦理学是人们对某些价值的重视;其中有一部分价值(但不是全部)是存在于非人类身上的,所以我们需要把伦理学延伸到它们身上。

这就把伦理学延伸到人类之外了,但是,如果这种相似的感觉是我们唯一的伦理原则,伦理学就只能止步于这些相似之处。汤姆·里根(Tom Regan)说,伦理学可以延伸到任何活着的有机体,只要它是"生命的主体",这意味着有机体能够感受到经验,在他看来,这主要是哺乳动物(里根,2004,第 243 页)。彼得·辛格说伦理"介于虾和牡蛎之间"(辛格,1990,第 174 页)。在那之后,辛格坚持认为,"再也没有什么需要考虑的了"(辛格,1990,第 8 页)。他之所以选择他的例子,可能是因为虾有眼睛,而牡蛎没有。有了眼睛往往会让人相信,在眼睛背后,可能有"某人"存在,会感觉到疼痛,而牡蛎没有眼睛,就不会"有人"存在并感受到疼痛。有眼睛的生物可以对正在发生的事情感兴趣。动物会经历快乐和痛苦,伦理学就是直接从这样的感知中产生的。这是人类动物和非人类动物的相似之处。

人类在自然界中，发现他们的动物根源、他们的邻居，以及不同的生命形式，它们有我们无法感受到的生活经历。我们最看重的很多有价值的东西，都是从远古开始就在本能的野性中产生的（听觉、视觉、触觉），当我们在野外遇到这样的感觉时，我们会重新感受到这种价值。这种感知能力，虽然古老，且在人类出现前就有了，但并不仅仅是隐藏的，在我们身体力行时，就显示出来了。当我们背着背包，轻快地向前走，或急促呼吸时，我们认识到这一点；我们把一只狼吓跑，它需要用肺、腿和肌肉，就和我们想要跑开时，所用到的方式是一样的，这时候，我们也会认识到这一点。对动物的这种发自内心的、亲密的身体体验，帮助我们认识这些现象，让我们知道，这些是比我们自己更重要的东西，是我们与其他形式的生命所共同拥有的自然赐予。（当我们听到自然及其社会建构的终结时，这样的经历将是值得回忆的。）

这种体验需要有知觉能力，但会有不同的知觉能力存在。对于其他人的经验，人甚至不能完全理解，而对于野生动物（蝙蝠有声呐，狼有敏锐的鼻子，大象有低频率的交流）所拥有的经验，我们就只能间接欣赏了。换句话说，有经验的价值观会变得更加狂野，但它们仍然需要一位体验者，需要有人在那儿去体验。大自然常常是一个奇怪的地方。我们人类的根可能存在于野性之中，但野性的自然却是一个截然不同的地方。

有一些生物系统的谱系与我们自己的相去甚远。这是一个新的挑战。虽然我们有时想要用可比较的标准来衡量非人类和人类，但我们不想用人类的标准来衡量非人类。我们想要通过类比，根据我们的经验价值来进行论证，这常常是超出我们的能力的。因为有相当多的不同的生命形式，我们很难根据经验去认同它们。

章鱼是一种软体动物，灵长类动物可以认出它是同类。由于章鱼的反应非常"人性化",作为整体,人们很容易认同它们,即使章鱼个体也是一样的。它们看着你。它们是来吃东西的,如果你对它们粗暴,它们会带着一种恐惧的表情逃跑。个体会发展出个体化的,有时甚至是令人恼火的特征……把这种动物当作一种水生的狗或猫来对待,就比较容易了。

这就是危险所在。用人类的方式来解释动物的反应总是危险的,但对于狗或猫来说,这样做是有一定的合理性的。我们也是哺乳动物……章鱼看起来就是外星人。它是一种变温动物,从未有过依赖大人的童年,几乎没有或根本没有社交生活。它可能永远不会知道饥饿是什么感觉……诚然,在哺乳动物能够学习的条件下,章鱼也是会学习的,但它了解到的关于其视觉和触觉环境的事实,有时与哺乳动物在类似环境中学习到的事实,是非常不同的。仅仅因为它明显是聪明的,并且拥有可以反视我们的眼睛,我们就不应该落入假设的陷阱:我们可以用源自鸟类或哺乳动物的概念来解释它的行为。这种动物生活在与我们人类截然不同的世界里。

（韦尔斯,1978,第8—9页）

那些在知觉体验方面走了进化路线的生物,虽然这样的路线也有完整性,但它们就不能够体验到走非进化路线的生物的经验。虽然参与其中对我们来说仍然是陌生的,但人类可以认识到这种完整性。我们可以承认章鱼是一个体验中心,是一个主体（而我们认为贻贝不是）,并尊重它是一种我们无法感同身受的海洋生物形式。有些人可能认为,我们没有感受过的东西,在逻辑上或心理上就不可能珍视。但这低估了人类的欣赏天赋。即使我们正在滑向无法到达的、也许是很难评估的经验领域,但对不同生命形式给予尊重似乎是可行的。人类确实有非凡的能力，来欣赏这些未曾亲身感受过的经历。假如我们忽视或鄙视超出我们感知能力的东西，那人类的经验就会变得更糟糕。

2. 环境伦理和动物福利

但是加入"人道学会"的人并不关心那些加入"塞拉俱乐部"的人所关心的问题。现在有人说，同情动物的痛苦或关心他们的权利可能是一件好事，但寻找"那儿的某个人"仅仅是更全面的环境伦理学的一小部分。环境伦理学家会回答说，对动物的关心太过简单了，有一种方法可以看出这一点，那就是观察它们之间的区别（卡利考特，1980）。热爱动物的人是不愿狩猎的，但生态学家可能会狩猎。动物爱好者希望在冬天喂饥饿的鹿；生态学家可能主张有选择地射杀它们。动物伦理学家可能希望帮助那些被汽车撞伤的动物或因撞到电线而受伤的鸟儿恢复健康，但是（除非它们是稀有物种）环境伦理学家可能对此不感兴趣，他们认为最好把时间和精力花在恢复森林或湿地上。对于如何处理野马、美洲驴和山羊等问题，伦理学家和环境学家意见不一。生态学家只担心野生海豹或水貂数量的减少，而不是圈养动物的皮毛交易；动物伦理学家认为捕捞和食用鲸鱼是错误的（无论捕捞的鲸鱼是常见的还是罕见的）；生态学家只担心这个物种是否濒临灭绝。

马克·萨格夫（Mark Sagoff）发现两者差异如此之大，由此得出结论认为：福利伦理和环境伦理不仅是不同的，而且是不相容的：

> 环保主义者不可能是动物解放论者。动物解放论者不可能成为环保主义者。环保主义者会牺牲单个生物的生命来保护生态系统的真实性、完整性和复杂性。如果把减少动物痛苦作为一个严肃的目标，那么解放论者在

原则上必须愿意牺牲生态系统的真实性、完整性和复杂
性来保护动物的权利或生命……通过呼吁保护动物权利
的方式，人类对大自然的道德义务是无法得到启发或解
释的——甚至连第一步都不能迈出。

(1984，第 304、306 页)

共同的经历。相似的经历。异样的经历。但是如果根本没有
经历呢？在一种基于感觉并止步于此的伦理中，生物界的大多数
都有待考虑进去：低等动物、昆虫、微生物、植物、物种、生态系统及
其过程，以及地球上的全球生命系统。对此，环境伦理学持反对意
见。以动物为基础的伦理学只能以更高等的动物为参照来评价其
他事务，而高等动物只占生物的一小部分。因此，辛格在虾和牡蛎
之间停了下来，他确实补充说，在实际操作角度看，需要考虑的因
素还有很多，因为动物（和人类）依赖于生命维持系统，这个系统包
括所有其他生物。动物生活在生态学家所说的营养金字塔的顶
端，也就是食物链的顶端，它们需要金字塔。

环境伦理学家对此表示同意，但仍然认为这太目光短浅了。
从生物学的角度来看，这并不比人类把其他一切东西（包括高等动
物在内）看作自己的资源好到哪儿去。要对生命有更深层次的尊
重，就必须更直接地珍视所有生物以及在各个层面保持生命延续
（从基因到全球）的生殖过程。如果止步于此，一种动物权利或福
利伦理，就是对环境伦理中更大的努力视而不见，这种努力重视所
有范围内的和各个层面上的生命；实际上，是对地球生物圈的
关爱。

动物福利倡导者坚持认为，动物遭受着痛苦，并由此类推，关
心自己痛苦的人类，在逻辑上不能，在道义上也不应该不考虑其他
动物的痛苦，由此而确立他们的逻辑。即使这种关注能说服人们
去更加关心动物，而伦理学家也只会说，如果我们还记得软体动

物、甲壳类动物、线虫和甲虫等的话，那"动物需要这些资源"，需要这些没有知觉的生命、所有的植物，还有大多数动物。动物福利伦理主要适用于脊椎动物，按物种计算，脊椎动物只占生物总数的4%，按个体数量计算，脊椎动物只占很小一部分。事实上，他们关注的几乎全是哺乳动物，并且关注度会随着中枢神经系统复杂性的降低而迅速下降。他们不会停留在虾和牡蛎之间，因为他们永远不会走得那么远。汤姆·里根（Tom Regan）为自己的伦理辩护，称其为"动物权利的案例"，并将重点放在人们熟悉的动物身上，即有血有肉的野兽，当人类吃动物、杀死它们以换取毛皮大衣、在科学研究中使用它们或将它们作为宠物饲养时，人类与它们有着互动。

环境伦理学家可能会说，那些喜欢柔软、毛茸茸的大眼睛鹿的人，有一种过于多愁善感的"斑比伦理"，他们与真实的野生世界脱节了，这么说也许有些故意挑衅的意味。这只是一种跟我们的近亲动物相关的伦理规范。然而，许多人确实把环境伦理和动物福利伦理结合起来了（贾米森，1995、2008；瓦尔纳，1995、1998；罗尔斯，1997；哈格罗夫，1992；卡利考特，1989；波斯特，2004）。对遭受痛苦的动物产生情感反应并不是不合时宜的；即使是捕猎者也会尽量干脆利落地杀死猎物，而且会追踪受伤的动物并杀死它，这么做不仅仅是为了狩猎，还为了避免它遭受缓慢而痛苦的死亡。几乎没有人会对动物的严重痛苦漠不关心，即使是那些认为在黄石公园拯救溺水的野牛并不在他们职责范围内的人（见下文）也不会这么做。

3. 论狩猎：猎杀、食用、尊重野生动物

在生物进化历程中，地球上的野生动物数量众多，种类繁杂。有捕食者和猎物，草食动物、肉食动物、杂食动物。这已经持续了

10亿多年,人类就是从这样的源头进化而来的。人类进化为杂食动物;他们从一开始就是猎人和采集者,或者(女权主义者可能会说)叫采集者和猎人。黑猩猩聚集在一起,也会狩猎;它们成群结队地狩猎,分享猎物,这培养了它们的社交技能(斯坦福,1999)。既然500多万年前我们的祖先就开始猎杀动物并吃肉,那人类继续狩猎和采集食物就自然而然了。

是的,答案是肯定的,但人类的大部分食物已经不再需要通过采集获得了;在过去的5 000年到1万年里(地球上不同地区时间有所不同),农业已经取代了采集野生食物。同样,大部分因肉类需要而进行的狩猎,也已经被农业取代了。世界上已经没有或基本没有一种文化,在那儿人类仍然依赖狩猎或采集的方式获取大部分食物。依靠野生动物的肉生存会给那些被猎杀的动物带来灾难。在热带地区,猎杀获取丛林肉是一项价值数十亿美元的贸易(凯里,1999;麦克尼尔,1999)。狩猎在我们的过去是很重要的,但这并不意味着它应该在今天继续保留下去。几千年来,男性一直主宰着女性,这种情况应该继续下去吗?因此,现在是重新考虑狩猎必要性的时候了。

狩猎辩护者和反对者之间的辩论正在进行中。观点五花八门(科瓦尔斯基,2010;埃文斯,2005;保利,2003;伍德,1997;卡特米尔,1993;考西,1989)。辩论焦点围绕两个主轴展开。虽然动物活动家谴责狩猎,而猎人却将他们的狩猎视为人类参与捕食,这表明这些活动家虽然可能喜欢动物,但他们也憎恨真正的自然,憎恨这些动物生活的野生、原始的世界。挑战狩猎的批评者,就是要表明,人可以合理地欣赏自然捕食,同时一贯反对人类参与捕食。有些人非常直接地哀叹荒野中的捕食行为(雷特曼,2008),有些人甚至认为,人类是否应该用基因手段把目前的肉食性物种改造成草食性物种——这样,狮子就可以只吃稻草了(麦克马汉,2010)。

另一方面,狩猎者面临的挑战,是要表明人类仍然需要或得到允许去捕杀和食用野生动物。猎人通过打猎寻找食物,而同时,他们在杂货店或农场有更容易(也许更人道)的选择(罕见的除外,比如因纽特人的自给自足狩猎)。一些人辩称狩猎是文化传统的一部分,但在我们看来,狩猎表现得越有"文化",实际上是越不"自然"(霍金斯,2001)。经常有人声称,猎人的心理健康需要这个古老的仪式。这些都与"猎人与自然紧密相连"的说法相一致。人类是天生的猎人。

在一本广泛用于猎人教育课程的书中,蒙大拿州猎人吉姆·波泽维茨(Jim Pozewitz)写道:

> 作为猎人,我们享有参与自然过程的难得特权,而不仅仅是从远处观察。在某段时间内,我们变成了捕食者,就像远古时代的猎人一样进行打猎。
>
> 猎人是捕食者,参与到了捕猎应该发生的地方……你需要熟悉你打猎的田野、树林、沼泽、森林或山脉。如果你在狩猎这一方面长期努力,你就可以成为你狩猎的地方的一部分。当你开始融入这块土地时,你会感觉到的。经常到户外去,在外面待足够长的时间,这种感觉就会产生。慢慢地,你会变得不那么像入侵者。似乎会有更多的动物出现在你面前。在它们的世界里,你不再是陌生人;你已经成为这个世界的一部分。许多人在没有学习到这一点的情况下打了一辈子猎,他们错过了作为一名猎人最有意义的部分。
>
> (1994,第109—110、20、23 页)

要想成为一名天生的猎人,至少在我们这个现代化、科技化、城市化的世界里,是需要一些努力的。几乎所有的猎人都承认,狩猎必须按照"打猎"的规则进行,这包括尽可能人道地保护和杀戮。

几十年来,人们一直在努力让水鸟猎人把使用的子弹从铅弹转变为钢弹。鸭子误食落入池塘的废弹丸,需要沙砾才能把它们从砂囊中排除,否则鸭子就会死于铅的慢性中毒。每年有两三百万只鸭子和鹅因这种方式而死去。钢弹价格稍高,穿孔速度更快,而猎人对此并不熟悉,他们必须根据重量差异调整射击方式。武器制造商大多抵制钢弹;联邦机构最终要求猎人使用钢弹。因此,对于天生的猎人的来说,在他们的狩猎文化中,有一种道德准则是必须要学习的(托马斯,1997)。

狩猎既是为了获取猎物的肉,同时也是一种运动,这两者通常是结合在一起的(如猎鹿)。但是,当狩猎纯粹变成了运动,而对肉几乎没有兴趣(猎熊)时,狩猎的合理性就变得难以证明了(李斯特,2004;洛夫廷,1984)。蒙大拿州和爱达荷州的麋鹿猎人既狩猎食物,又把狩猎作为运动。近年来,随着狼被从禁止狩猎的名单中拿掉,猎人可以合法狩猎狼后,数以千计的麋鹿猎人购买了狩猎狼的牌照,这样,他们就有机会射杀狼了。这些猎人即使杀了一只狼,也都不打算吃掉它。这似乎揭示了狩猎动力的另一个方面——就像战利品猎人一样,这是我们下一步即将讨论的。捕食者捕杀是为了食物,而不是为了运动,即使野生动物捕食者喜欢它们的猎物,运动狩猎是"自然"的说法是不可信的。

杀死一只动物就为了把它当成战利品,为这样的行为辩护就更难了(冈恩,2001)。如果环境伦理学家曾经认可过战利品狩猎这种行为,那这种认可也是值得怀疑的(富有的大象猎人为当地村民提供了收入,鼓励当地人保护对他们而言有利可图的大象)。更坦率地说,大型枪械持有者,伟大的白人猎人,他们的行为看起来都是受到男子汉的自负的驱使。他们可能会谈论对他们所杀死的大型猎物的"尊重",并沉浸在原始现实中——腐烂、死亡和重生的循环(马格努森,1991)。事实上,他们想通过杀死战利品,来证明自己是男子汉。

但是稍加精神分析，我们就会发现，在更深的层面上，这种古老的行为实际上是原始的和幼稚的，他们应该成长起来。浪漫主义者不是动物爱好者。浪漫主义者是雄性气质很足的猎人，他们执着于神话中的过去。在人类中，生育和哺育孩子的女性猎杀的次数比男性少；而在野兽中，母兽捕猎的次数和雄兽一样多，甚至更多（施坦格，1997）。狩猎跟斗牛是一个性质。在运动场上、赛车时或背包旅行时，让自己变得像英雄一样；用不是为了运动而暴力杀害动物的方式，来证明你的男子气概、坚韧、纪律和勇气。

即使你不打猎，而是钓鱼，你仍然需要面对这些反驳中的一些论点。你猎取它们，似乎也让有知觉的动物承受了压力和痛苦。渔民们喜欢让鱼相互冲撞起来，并以把它拉进网而自豪。他们可能会"捕获并放生"，并通过放生鱼，说明自己是好的保育者。然后他们会从头再来，再折磨另一条鱼。有这样的一些说法，"抓住吃掉"是一种更好的道德规范。捕获足够的晚餐，然后停止捕获，去享受森林的美好（德·莱乌，1996）。

人类不仅仅是猎杀野生动物。有时人类也会拯救他们，同情他们。如果人追求的是对野兽表示适当的尊重，那么现在的伦理观念就会彻底转变："人道点！"但话又说回来，这些野兽不是人类，所以也许我们不应该人道。

拯救鲸鱼！1988 年秋天，当人们在阿拉斯加巴罗角附近的冬季冰面上救出两头灰鲸时，全世界都欢呼起来。鲸鱼在距离开阔水域几英里远的地方搁浅了三个星期，只能上升到冰层上不断缩小的空隙中才能呼吸。人们用链锯在冰中开辟了一条道路，一艘俄罗斯破冰船开辟了一条通往大海的道路。人们花了 100 多万美元来拯救它们，它们赢得了数百万人的同情。一只北极熊跑进来想吃鲸鱼，被人们赶走了。电视把受苦的鲸鱼的困境呈现在全国人民面前。看到它们从冰中探出头来试着要呼吸，每个人都想去帮忙。我们最终拯救了鲸鱼。人们感觉非常好（沙别科夫，1988；

克莱顿,1998）。

但这真的是正确的做法吗？也许是花了太多的钱,这些钱本可以更好地用来拯救鲸鱼——或者拯救人类。也许钱不是唯一的,甚至不是主要的考虑因素。也许我们的同情心起到了作用,我们让这两条鲸鱼成为生存的象征,但它们并不真正代表着我们在动物保护和动物福利方面应尽的职责。也许我们不需要帮助鲸鱼,而是让适者生存。

让野牛淹死吧！1983 年 2 月的一天早晨,一头野牛从冰中掉进黄石河,挣扎着想要逃脱出来,但最终只是把冰面的洞口扒大了,它并没有逃出来。黄昏时分,一队雪地摩托车手用绳子套住了这只动物的角,拉着它,差一点就挽救了它,但也并没有真正把它救上来。天黑了,救援人员放弃了他们的努力。那天晚上气温降到零下 20 摄氏度,第二天早上野牛就死了。野牛的周围重新结冰了。郊狼和乌鸦吃掉了它身体裸露的部分。春天解冻后,可以看到一只灰熊在剩下的牛身上进食,角上还系着一根绳子（罗宾斯,1984）。

公园当局要求不要营救那头牛,几位雪地摩托车手不服从这个命令。其中一名雪地摩托车手对当局冷酷无情的态度感到困扰。如果有人溺水,立刻就会获救,落水的马也会得救。从冰水里逃出来,对挣扎着的野牛和对任何一个人来说,都一样重要;可怜的野牛冻死了。一名公园护林员回答说,这起事件是自然发生的,野牛应该听天由命。

一位雪地摩托车手抗议道:"如果你不想帮助它,那你为什么不帮它摆脱痛苦呢？"但是安乐死也违背了公园伦理,那就是:"让它受苦吧！"这似乎是如此不人道,与我们受过的教导要善良、待人如待己、尊重生命权等等背道而驰。顺其自然不是很残忍吗？

雪地摩托车手是这么想的。其中一人联系了电台评论员保罗·哈维（Paul Harvey）,他做了三次全国广播,抨击公园管理局的冷漠。黄石公园的伦理是不是太冷酷无情了? 这一伦理似乎得出的结论是,将同情心从人类伦理或人道社会伦理简单地延伸到野生动物,是太过于不加区别了。用文化中学到的同情来对待野生动物是欣赏不到它们的野性的。这就是拯救那些鲸鱼所带来的麻烦。或者,动物活动家会说,我们正在将这种顺其自然的伦理推向极端。

让跛脚鹿受苦吧! 1989 年 4 月,在冰川国家公园,一只狼獾在厚厚的积雪中袭击了一只鹿,但没有完成最后一击,可能是被两名从远处看到这一事件的工人给打断了,目击濒危物种受袭,这是很罕见的。受伤的鹿挣扎着爬上麦克唐纳湖的冰面,但由于腿部瘫痪,不能再往前走了。许多参观者都看到了它;当地报纸上刊登了一张照片。公园官员拒绝结束它的痛苦。狼獾可能会回来。因此,跛脚鹿从白天到晚上一直在受苦,第二天早上就死去了(《饿马新闻》,1989)。对于一只野生动物来说,这么做是不是有点不人道和冷漠,这难道就是正确的道德规范吗? 还是这里的伦理在某种程度上变得狂野了,被一种错误地尊重残酷自然的哲学蒙蔽了双眼? 公园管理人员有时会很有同情心。就在跛脚鹿被遗弃的同一年春天,一只熊被卡车撞伤,冰川公园的官员仁慈地杀死了这只熊。

让失明的大角羊挨饿吧! 黄石公园的大角羊在 1981—1982 年冬天得了红眼病(结膜炎)。在崎岖的山坡上,部分失明可能是致命的。一头羊错过了一次跳跃,又没吃到什么东西,结果很快就受伤了,挨饿了。三百多头大角羊,占整个羊群的 60% 以上,死去了(索恩,1987)。野生动物兽医想要治疗这种疾病,就像对待任何家畜一样,但黄石公园的伦理学家对它们置之不理,让它们受苦,似乎不尊重他们的生命。他们的决定就是,这种疾病是自然的,应该听其自然。他们毫无怜悯之心吗? 这是不人道的吗?

有人掉到冰河中会立即获救;被狼獾袭击的人将被直升机送

往医院。野牛和鹿不是人,我们不能一视同仁;但是,如果痛苦对人类是坏事,人类想要消灭痛苦,为什么痛苦对野牛来说不也是坏事呢? 毕竟,这头可怜的野牛正挣扎着从冰中走出来。我们不能给所有的野生动物治病;我们不应该打断一个捕猎者杀死它的猎物的进程。但是,当我们碰巧有机会用绳子拯救一只动物,或者让它安乐死以免它受苦时,何乐而不为呢? 如果我们能治好一群失明的羊,何乐而不为呢? 这似乎是人的本性的驱使,何不让人的本性顺其自然呢? 同情受苦的动物,无论是野生的还是家养的,是合适的(费舍尔,1987)。这似乎就是"待人如待己"。

但也许仁慈和人性不是做决定的标准。同情的伦理必须放在动物福利的更大背景中考虑,而且要能够认识到发生在荒野中的痛苦的作用。了解黄石公园发生的事情的伦理学家们知道,不管是对人类还是对羊来说,内在的痛苦都是一件坏事,而生态系统中的痛苦是工具性的痛苦,通过这种痛苦,羊被自然挑选出来,从而获得更令人满意的选择性适应。一旦健康的警报响起并引起人的关注,那在医学发达的文化中,疼痛是毫无意义的。即使疼痛不再符合遭受痛苦的个体的利益,疼痛对那些生活在独特环境中的大角羊来说,依然是发挥着作用的。为了挽救失明的大角羊而进行人为的干预,可能会削弱该物种的生存能力。仅仅问他们是否遭受痛苦是不够的。我们必须问一问,它们的痛苦是否对野生种群产生有益的影响。

当然,我们治疗患红眼病的孩子。我们让他们上床睡觉,拉上窗帘,医生给他们开含磺胺醋酰钠的眼药水。衣原体微生物被摧毁,孩子们几天后就会回到外面玩耍。但他们在基因上与患病前没有任何不同,下一代也不会有所不同。当孙子、孙女得了红眼病时,他们也会得到眼药水。但这是一种文化伦理,在这种文化中,人类中断并放松了自然选择。羊的福利仍然取决于严格的自然选择。由于公园伦理,只有那些基因更健康、有能力应对疾病的羊才能存活下来；而这种应对方式已经成为幸存者的一种内在本能。我们应该做什么取决于本质规律。即使自然界和人类文化中都存在相似的痛苦，但它们的本质规律却有着很大的不同。

同情心并不是伦理的唯一考量，它在环境伦理学和在人文伦理学中，扮演着不同的角色。动物生活在野外，在那里它们仍然受制于自然选择的力量，而物种的完整性是选择压力的结果。人工干预自然选择的过程虽然会使单个野牛或鹿受益，但它并不会给野生动物带来任何有益于同类的好处。人类则不同，人类已经不再简单地受制于自然选择的力量了。他们生活在文化中，在那里这些力量是放松的，智人的完整性并不依赖于野生的自然。

从这个意义上来说，如果把这些与生俱来的同情心和道德教育激发的行为转移到野外动物身上，那就是放错了地方。我们不应该像对待人一样对待野牛，因为野生生态系统中的野牛不是文化中的人。

任何文化中的痛苦都应该得到同情的缓解，这符合受害者的利益。但是，如果野外的痛苦中断了这些动物赖以生存的生态系统过程，那么野外的痛苦就不应该得到缓解。

话虽如此，我们也必须认识到，自然系统中的痛苦往往是偶然的。我们没有任何证据表明溺水的野牛在基因上处于劣势。我们可能认为跛脚鹿是一只较弱的鹿，但我们并不明确知道这一点。这些动物可能只是运气不好。在机遇和不幸的起伏中，有"起"就有"伏"——野牛过河，鹿的肌腱被狼獾爪子割断。现在，唉，每个人都在受苦。我们有义务尊重倒霉的运气吗？

这再次说明，这就是荒野，与其说是优胜劣汰，一个我们可以尊重的过程，不如说是不幸者的死亡，他们的身体将被机会主义的食腐动物吃掉。当伦理尊重自然界中的这种偶然性因素，并拒绝结束偶发的痛苦时，它看起来真的可能变得狂野了。有时，环境伦理似乎比我们希望的更接近一种悲剧性的人生观。然而，即使是

悲剧性的偶发事件,也是生态系统的完整性的一部分。食腐动物也适应了生态系统的变化,同时丰富了生物多样性。

治疗大角羊的肺线虫！科罗拉多州的野生动物兽医,为清除科罗拉多大角羊的肺线虫做了大量的努力,他们关心羊的福利,尊重它们的生命权。我们让怀俄明州的瞎眼的大角羊饿死,但我们给科罗拉多大角羊喂了加了芬苯达唑的苹果(施密特等,1979;米勒等,1987)。科罗拉多州的兽医比怀俄明州的兽医更有道德吗？但我们必须考虑到,(大多数人认为)肺线虫寄生虫是从进口的家羊身上感染来的,这种人类干扰促使了一种动物福利的责任产生,而这种干扰在黄石公园事件中并不存在。其他人说这种寄生虫是原生的,但大角羊对它的天然抵抗力被削弱了,原因在于,山脚下的人类住区剥夺了羊的冬季饲料,迫使它们在更高的海拔过冬。在那里,他们营养不良,先感染肺线虫,然后死于肺炎,肺炎是由细菌引起的,通常是巴氏杆菌。此外,肺线虫会传染给几个月的羔羊,让它们死于肺炎。

区别就在此。外来入侵的寄生虫,或者是被扰乱的冬季活动领域,或者两者兼而有之,意味着制约羊的最初的自然选择过程不再发生。这些羊被暴露在它们没有进化经验的环境中。我们冒着人类干预导致物种灭绝的风险,让肺线虫病大行其道,的确不是顺其自然,无论是出于对物种整体的关怀,还是出于对受苦个体的关怀,治疗都是需要的。

如果我们将这一原则转移到种群的个体层面,我们就会明白为什么跛脚鹿不应该被仁慈地杀死,而为什么被卡车撞到的熊应该被仁慈地杀死。其中的逻辑是,撞上卡车(人造物)并不是历史上对熊起作用的自然选择力量的一部分。在人类造成痛苦的地方,他们有义务将其降至最低。有人认为应该仁慈地杀死鹿,因为他们认为狼獾未能杀死鹿是因为人类打断了它的攻击,但这里的考虑是,狼獾是濒危物种,应该把鹿留下来,好让狼獾回来进食。

4. 家养动物:从牛到贵宾犬

人类驯养了大量的动物,从牛到贵宾犬等等。几个世纪以来,如果没有马、驴和骡子,欧洲和亚洲的文明是难以想象的。我们还在赛马。我们饲养肉牛吃肉;我们抚摸贵宾犬,几乎像照顾孩子一样满足它们的需求。在工业化的农业中,当我们为了人类利益而剥削动物时,人类有什么道德义务来减少动物的痛苦? 也许人类应该成为素食者,根本不吃肉。也许我们可以吃肉,但前提是我们要尽量减少动物的痛苦。或者,也许我们应该善待这些动物,这样它们遭受的痛苦,就会比它们没有被驯化并继续生活在野生环境中遭受的少,在那儿,它们可能成为捕食者的猎物,当然也必须要竭尽全力才能生存。

尊重自然的伦理似乎并不阻止人类不去施加无辜的痛苦。在自然界的食物链中,或者在生存的斗争中,这似乎是不可避免的。在生态系统中的物品,它们有冲突、有交织,痛苦总是与保护物品和捕获物品相伴,这是所有有意识的生命的特征。没有什么生物是可以自主生活的,即使是自养生物(植物)也不行。每个生物都会跟相邻的生命竞争。对某一个来说是一件好事,对另外的就一定是相反的。异养生物(动物)为了自己的生命,一定会牺牲其他的生命。有知觉的生命既受苦又带来痛苦。任何捕食者都不可能既活着又不给他者带去痛苦。

人类是从这样的环境中进化出来的。即使如此(根据猎人的道德),他们也会在这样的环境中狩猎。现在人类驯养(捕获)了动物,但为了确保食物、住所和基本身体舒适,他们可能还会继续造成无辜的痛苦。人类对自然的掠夺,或多或少是在自然模式下进行的,不能仅仅因为是人类有道德的就受到谴责,如果非人类的捕猎行为已经被接受成为野生系统的一个重要组成部分,那就不能简单地谴责人类。野生动物没有权利或福利要求从人类那里得到比非人类本性更仁慈的待遇。本应合乎伦理的事情（与文化内部发生的事情不同），一旦遭遇自然，就变成了自然发生事情的一种功能。几乎所有的肉食者都声称，他们吃肉是"天然的"。

同时，文化不应该夸大自然界的残酷性，尤其是在残酷性带来的更大的益处还没有出现的情况下，更不应该这样做。要判断干预是否带来了必要的痛苦，方法就是去了解，这种痛苦与生态系统中常见的功能性的基本痛苦是否相似。在这一点上，文化上的权利也并不比自然界中的权利有更多的意义，也就是说，虽然动物从生态系统中被带走了，但要与动物在这个系统中所拥有的满意的适应相一致。当文化超越自然时，自然界本身存在的东西却被视作自然界应该达到的标准。把别的东西变成自己的资源，这虽然会造成痛苦的产生，但这在系统中是无处不在的；当人类也这样做时，他们只是顺从自然。参与到一个生态系统的逻辑和生物学中，并不是不道德的。

从这个意义上看，我们可以说，那些同情动物的痛苦，也希望消除这些痛苦的人（例如，通过吃素）不是生理上敏感，而是麻木不仁。痛苦是生活中无处不在的事实，无论是在自然系统中，还是在处于这系统之上的农业层面中，都是存在的，不是仅通过善良的伦理就可以把它消除掉的。吃动植物是哺乳动物的天性。人类通过干扰自然秩序，延续着这一模式。这并不是对动物生命的不尊重，相反，它尊重自然过程。我们顺应自然，并相应地制定规范。

人们可能首先认为，无论疼痛发生在哪里，在自然界中或者在文化中，它都是一种邪恶，因此，无论伤害是发生在人还是牛身上都无关紧要。邪恶之处在于它很疼，牛和人类一样有权过无痛的生活。但是，无论是美洲狮在吃鹿，还是人在吃牛，疼痛都起着重要的作用。疼痛本质上是发生在一定的情境中的，有工具性的作用。即使它不再符合遭受痛苦的个体的利益，痛苦在系统中也是有意义的。对于正在接受治疗的人来说，痛苦的好处已经消失了，但在吃肉这件事情上，好处还是存在的。当我们把农业和工业叠加在自然之上的时候，动物无权消除它们的生态定位，我们也没有义务把它们移走，也没有责任去改造大自然。

我们可以补充说，因为动物已经从自然选择的环境中脱离了，它们在农业或工业中遭受的痛苦也变得毫无意义，人类有责任尽可能地消除这种痛苦。当人类选择捕获动物作食物、驯养、研究或其他用途时，我们对它们的责任（如果有的话）是由这些动物与文化的接触产生的，这不仅仅是动物承受痛苦的能力的问题，而且是它们所处的环境的问题（帕尔默，2010）。这种环境既是自然的，也是文化的；它是两者的混合体。

一方面，这些动物没有有意识地参与人类文化；而另一方面，它们不是在野外，而是被驯养的。关于责任的判断不仅是与感觉相关，而且与它在生态系统中所处的位置有关，而这个系统现在已经被农业改造过了。在获取自然界的价值时，痛苦经常存在，甚至无辜的生命也会有痛苦，而当文化去获取自然中的价值时，减轻痛苦的责任就很微弱。因为这种痛苦不再是发生在自然选择的情境中，而是存在于一种转移的情境下，生态产品从野外转移到了文化情境中。

现在，这一主张不仅仅是基于承受痛苦的能力，而且是基于更系统性的生态系统的考虑。文化中的肉食行为剥削了动物，但这也符合自然赋予的条件，在自然条件下，痛苦与有知觉的生命之间的价值转移是分不开的。文化强加的痛苦必须与生态功能的痛苦相提并论。虽然他们可以根据自己的利益用不同的形式来替代，但人类不应该带来过度的、非自然的痛苦。如果我们想要论及权利，我们可以说，动物在与人类的接触中获得了很多的权利。即使我们驯化和重建我们的环境，伦理并不要求我们否认我们的生态，而是要我们肯定它。生态，而不是慈善或正义，提供了基准，或者至少是底线。走得更远是值得表扬的,但不是必需的。

尽可能减少毫无意义的痛苦。这种伦理超越任何生态系统基础,或遵循着自然规律,它抱着享乐的态度,关注着毫无意义的痛苦。关心人类照料下的动物的传统由来已久,通常体现为有关虐待动物的法律(放任马匹挨饿的牧场主)。其中一些可以追溯到《圣经》时代。"义人应顾惜他牲畜的性命。"(《箴言》第 12 章第 10节)牛要在安息日休息(《出埃及记》第 20 章第 10 节);即使不能过安息日,也需要去营救坑里的牛(《路加福音》第 14 章第 5 节)。打谷场的牛不能戴上口络(《申命记》第 25 章第 4 节),动物也不能不平等地负轭(《申命记》第 22 章第 10 节)。这样的关注促使人们对家畜采取同情态度。

早些时候,我们似乎在争辩说,根据类比,如果疼痛对人类有害,那么疼痛也对动物有害。人类不应该施加这些疼痛。我们不希望自己被狮子或熊吃掉,所以我们不应该吃鹿或牛。但现在有了差别,我们人类可以吃动物,给它们带来痛苦。我们可以称之为农民道德。饲养和食用动物,但要尽可能尊重它们的福利,尽可能人道地对待它们,因为肉牛是用来吃的。猪、鸡、火鸡和其他家养食用动物也是如此。这可以被称为"自由放养"农业,奶牛在牧场上,鸡在谷仓院子里漫步,这与我们下一步要讨论的禁锢动物形成了鲜明对比。同时,我们还会关注蔬菜种植方式,这通常被称为"有机食品",那些购买食品的人可能会惠顾这种天然产品。

现在会有人提出反对意见,即使这样的农民道德在农村土地上是可行的,或者即使少数人可以买到这种特产的有机食品(曾经是我们的曾祖父常见的),我们的大部分肉都来自现代工厂化农场,在那里,这些动物受到非常不同的对待,或者是冷漠的对待。工厂化养殖是在过去半个世纪发展起来的,是指在高密度(通常在室内)饲养、圈养牲畜或其他食用动物(鸡、火鸡)的做法。有些可能被称为室内或室外的集中动物饲养作业(CAFO)。农场就像工厂一样运作,就是一家工业化的农业企业。这个行业的主要产品是供人食用的肉、奶或蛋,依靠规模经济、现代机械、生物技术和现代(甚至是全球)运输,该系统努力以最低的成本生产最高的产量。

工厂化养殖确实以较低的价格将其产品投放市场和餐桌上,但人们仍在进行着辩论,如果要实现非常大的产量的话,有机农业或散养农业是否也能做到这一点。如果这能减少动物的痛苦的话,也许消费者会愿意(甚至是法律要求)支付更高的价格。关于工厂化农民的动机也存在争议。这样的农业企业家是否真的有用更便宜的食物造福人类的动机,或者他们只是受利润的驱使,无视动物的痛苦,在他们可能的时候尽可能高卖?

工厂化养殖倡导者经常声称,他们必须关注动物健康;动物健康和经济盈利是相辅相成的目标。高密度饲养需要抗生素和杀虫剂来防止疾病和瘟疫的传播,这些疾病和瘟疫因这些拥挤的生活条件而加剧。使用抗生素来杀死肠道细菌,从而刺激牲畜的生长(可能还会产生"超级细菌")。处理动物排泄物通常也会造成问题,当排泄物的污水流到周围的溪流或进入地下水中时,问题尤为突出。虽然工厂化养殖始于发达国家,但现在全世界超过40%的肉类是在工厂化农场生产的(尼伦伯格,2005,第5页)。因此,根据不断增加的人口和未来对食品的需求,工厂化养殖可能是必要的。

工厂化养殖是农场人口下降的一个原因,尽管不是唯一的原因。农业生产已经升级,但随着过程变得更加自动化,参与农业的人数有所下降。在20世纪30年代,24%的美国人口从事农业,而2002年这一比例为1.5%;1940年,每个农场工人能够养活11个消费者,而在2002年,每个工人能够养活90个消费者(斯库利,2002,第29页)。在美国,4家公司生产全国81%的牛、73%的羊、57%的猪和50%的鸡。

在美国,饲养的动物被排除在《动物福利法》(见下文关于研究动物的内容)之外,也被许多州的《虐待动物法》排除在外。1873年颁布并于 1994 年修订的《二十八小时法》(公法第 103—272 条;《美国法典》第 49 条,第 80—502 款)规定,当运输动物供屠宰时,车辆必须每 28 小时停车一次,并且必须放动物出来活动、吃东西和喝水。美国农业部声称该法律不适用于鸟类。最初于 1958 年通过的《牲畜屠宰人道方法法案》(公法第 85—765 条,《美国法典》第 7 条,第 1901 款)要求在屠宰牲畜前将牲畜击昏。每个州都有自己的虐待动物法规;然而,许多州都有免除标准农业做法的规定。密歇根州立大学法学院设有一个动物法律和历史中心,提供有关动物法律的信息(http://www. animallaw. info)。

在英国,有一个农场动物福利委员会,它是由政府在 1979 年成立的,承担着动物福利独立顾问的职责。对于饲养的动物,他们提倡 5 种自由:免于饥饿和口渴;免于不适;免于疼痛、伤害或疾病;表达正常行为;免于恐惧和痛苦(http://www. fawc. org. uk)(布鲁曼和和莱格,1997)。

处理的一些问题包括给鸡去喙以防止它们打架,糟糕的空气质量,缺乏日光,缺乏活动自由(动物可能被限制在跟自己体型差不多大的板条箱里),由于拥挤造成的社会压力,丢弃无用的动物。严格限制母猪与仔猪的空间(妊娠板条箱)特别令人担忧,这种做法在美国和欧盟正被逐步淘汰。人们还担心给动物使用药物来刺激他们生长,担心那些被动生活在这种条件下的动物的繁殖问题。

人们担心动物疾病会加剧,这不仅会导致动物遭受痛苦,而且可能会将其中一些疾病传播给人类,甚至会造成全球流行病的病原体的出现,例如禽流感。在全球范围内,"及时"运输系统可以在几天时间内运送数百万只动物,由于过于拥挤,会导致检查不充分和意外的动物疾病传播。新鲜肉类(和其他农产品)被空运到大洋彼岸,并在出售的前一天送货。顾客满意,批发商节省库存和仓储成本。承受较大压力的动物,其中一些经过长途旅行,将更容易感染疾病，它们也可能会与当地健康的动物混养在围栏中。

消费者对廉价和美味食品的渴望，凌驾于生产过程中所需的谨慎和细致之上——这与生产者追求利润最大化的愿望相结合。检查系统需要时间才能做到更加谨慎，这给系统带来了更大压力。发达国家可以监控其境内的牲畜和食品贸易，但不能监控海外来源，因为这不在他们的管辖范围内。机构必须尊重国家边界，而病原体则不尊重。这种情况很可能会在自由市场经济和病原体生物学之间产生不匹配。无论是国内的还是国际的监控，都是零敲碎打的，没有人有这样的视野或权力去进行全面的监控。

操纵这些动物的更大的力量迟早会产生深远的影响，会放大对动物和它们所喂养的人类的不利后果。随着混乱的深度从全球发展到微生物过程，意想不到的和预料之中的后果都会同时出现。人类促使变化发生的力量，越来越多地超过了人类预见这些变化所产生结果的能力。

在英国发现了一种牛的疾病，牛海绵状脑病（疯牛病），它可能会导致人类的克雅氏病（Creutzfeldt-Jacob disease）。英国提交给下议院的《疯牛病调查报告》得出结论，那些授权给牛喂养它们还没有进化到能够吃的食物（从羊和牛身上回收的肉骨粉）的人，应该预料到"把吃草的变成食肉的"会带来什么样的麻烦。他们问道："为什么那些在牛饲料中使用肉骨粉的责任人没有预见到这可能是一种灾难？""出问题的地方就在于，没有人预见到这种可能性，那就是比传统的病毒和细菌病原体毒性大得多的致死剂进入了动物饲料循环，这种致死剂即使经过加工提炼，也能够感染牛。"（菲利普，布里兹曼和弗格森-史密斯，2000，第 1 卷，第 226—227 页）说得直截了当点：如果——为了提高你的利润——你试图把草食动物变成肉食动物，你可以发现令人沮丧和惊讶的事会到来的。正如经济学家所说，资本家想要"边际经营"。虽然这在商业中有技术意义，但也意味着资本家会强调其生产系统的局限性。

　　鉴于英国所发生的疯牛病事件,美国食品和药物管理局（U. S. Food and Drug Administration）提出了一些禁令,尤其是禁止给牲畜喂养动物的脑和脊髓物质,但它仍然允许向牲畜喂养动物蛋白。美国食品和药物管理局和肉类行业仍然"完全坚持继续使用屠宰场的废弃物喂养牛的做法"。美国食品和药物管理局的一位发言人说,禁止将所有动物蛋白喂给活体动物将耗费"该行业的一大笔费用"。当然,与此同时,美国食品和药物管理局保证新的禁令将"从所有动物饲料中去除90%的潜在传染性物质",并且保证"把已经非常低的风险降到更低的水平"（麦克尼尔,2005）。回想起英国菲利普斯报告（UK Phillips Report）中,有一份关键摘要是这么说的,牛是如何被喂食动物蛋白的,那这个国家的人民就是如何被"喂食了令人放心的食物"（康纳,2000）,人们怀疑,是否应该信任这些专家,如果专家是正确的,那么低风险的大流行疾病是否可以接受。该行业在追求利润的过程中,不愿为了食品安全考虑而做出任何大笔支出,这很可怕,人民的担心自然就加剧了。

　　除了经济方面的担忧,我们还有政治方面的担忧。一旦在动物身上意外发现疾病,媒体发现了这种危险,同时监管部门也决定安全行事的话,那很可能会出现过度杀戮的现象。考虑到未知的危险,也许人们会以安全谨慎为由为过度杀戮辩护。但请注意,在警报响过之后,感到尴尬的政府当局可能希望展示他们的决断力,既为了给公民留下深刻印象,也是为了控制疫情。他们现在既关注疾病的传播,也关注公众舆论的传播,（菲利普等,2000,第1卷,第98、127—129页）。在选择战略时,他们既想让公众放心,也想让国内外客户放心。这能让经济利润持续增长,同时让政治家和监管者保住他们的位子。

　　为了防止新出现的和令人恐惧的疾病传播开,人们进行了很多次的大规模屠宰,几乎每一次行动当中,绝大部分被屠宰的动物都是相当健康的。大部分的屠宰都会受到怀疑或"以防万一",有一头牛患有口蹄疫,就要杀死 1 000 头牛。如果扑杀的也包括附近农场(英国规定 3 公里以内)的所有动物,那将给无辜的动物主人带来毁灭性的困难,更不用说无辜的牛了。一旦执行扑杀政策,无辜的动物主人可能就别无选择;这项政策是强制执行的。或者,即使不是强制执行,如果任何农民有疑虑,就会被认为是不爱国,他们的牛可能会被随意宰杀。

这样的大规模屠杀计划杀死了大量的完全健康的动物,而且不是以最人道的方式杀死的。当然,大多数动物注定是要被宰杀和吃掉。但至少到那时,他们的死亡会带来一些好处。在扑杀中,那些动物被糟蹋浪费了。英国在 2001 年爆发的口蹄疫中杀死了600 万只动物。在牛海绵状脑病(疯牛病)疫情中,17 万头牛死于疯牛病,另有 470 万头牛出于预防目的被杀掉,140 多人因接触受污染的肉类,并感染上一种新的克雅氏病(VCJD)而死去。要求食物又快又便宜,把这种压力推得太远,就会导致另一种极端:大规模的屠杀和浪费。对禽流感的恐惧导致 8 个国家的 2 000 万只鸡被扑杀(阿博特,2004)。正如当局所正确地声称的那样,公共健康岌岌可危。但驱动过度杀戮的,可能是对行业崩溃的经济担忧。当然,最低限度的杀戮和对动物痛苦的关注并不是一个问题。

人类并不只是食用动物或在动物身上做研究。他们也养宠物。狗是人类最好的朋友。今天的马儿近乎完全是娱乐动物。对作为伙伴的动物有不同的道德规范吗?（斯宾塞等,2006）。人们可能首先会想到,在宠物动物身上,人类是用最好的方式来表达对自然的关爱(贝克和卡切尔,1996)。动物们吃得好、住得好、身体健康,过着舒适的生活。他们成为家庭的一员。超过一半的狗主人在寄圣诞贺卡时也会为宠物签上一张。狗很享受与主人的关系。你有没有玩过这样的游戏,扔一根棍子出去,狗很高兴地捡回来? 这些动物不是野生的,它们很幸运。这些情况自然越多越好。在美国,狗和猫的数量大约和成人的数量一样多,6 000 万只狗和

7 000万只猫。欧洲的宠物数量也差不多。虽然早在几个世纪以前，人们就开始饲养宠物（通常是工作犬：狩猎犬、护卫犬或牧羊犬），但在人类历史上，这么多陪伴动物的出现也是相对较晚的（里特沃，1987）。

但也有批评者。宠物，即使是作为人类伙伴的动物，也是用于为人类服务的目的。如果你是一个"宠物主人"，你会认为你的丈夫、妻子或孩子是你的宠物吗？那是贬低人格。但这些是动物，那是不同的，宠物主人回答说。它们受到宠爱，这使得它们与实验室或农场的动物有根本的不同。即使对于农场动物，也有人担心它们可以自由表达自己的自然行为，但宠物往往不可以也不能。一天中的大部分时间，狗可能都被关在屋里；有些猫根本就不出门。宠物兔被关在小屋里，豚鼠被关在笼子里，鸟也被关在笼子里。他们实际上是身处监狱里。狗的尾巴可能会被剪短，被迫洗头，贵宾犬会被剪毛发和涂指甲，可能会戴上电击项圈以防止它们吠叫。爱狗人士会推进某种专门化的繁殖，这么做扭曲了狗的自然倾向，例如，把有呼吸问题的狗培育成具有观赏性的电影明星玩赏犬、圣伯纳犬或者是拳师犬。事实上，我们可以说，狗（狼的后代）已经被人类培育了很长时间，它们已经不再有任何原始的"本性"了。它们是文明的人造产物。虽然自然界还有野狗，但没有一只可卡犬是被放生到荒野中可以生存下来的。

另一个需要注意的问题是那些人们不再想要的马，它们太老了，难以驾驭，或者养起来很贵。在过去，这些马都是被"放掉"，但这往往不是一个好选择。有人可能会说，把马安乐死，然后把它埋了，但这也很费钱。这样的马会被屠宰掉，每年多达10万匹，它们的肉被运往海外，运往亚洲和欧洲市场，但马匹爱好者抱怨说，这种做法通常是不人道的，根据国会法案，这样的屠宰场在2007年被关闭了。在那之后，许多这样的马被运到墨西哥，在那里的工厂里被杀掉，那儿的条件甚至更不人道。最近，动物福利活动家一直在问,在美国对它们进行人道的屠宰不是更好吗(西蒙,2011)。

人道协会的存在,例如美国人道协会,是因为人类与他们的宠物之间存在着问题,这些宠物经常成为不被人需要的动物。英国皇家防止虐待动物协会(RSPCA)长期以来一直关注虐待宠物的问题。在英格兰和威尔士,《动物福利法》2007年开始生效,对一些有关虐待宠物的法律进行了升级。该法案确实禁止出于美容目的的剪短狗尾巴(军犬和警犬除外),它还禁止修剪耳朵。在苏格兰,《动物健康和福利法》于2006年生效。那些关心人类贫困的人会注意到,发达国家花在宠物食品上的钱,如果可以转移的话,将在很大程度上养活较贫穷发展中国家的饥饿儿童。宠物越来越多地获得高价的高科技药物(努德海默,1990)。

5. 动物园:展示关在笼子里的野兽

人们喜欢看野生动物,但是野生动物不容易看到。人们在户外活动时可以看到一些非常普通的动物种类,去国家公园也能看到野生动物。尽管如此,动物可能生活在很远的地方,或者在夜间活动,或者容易受到惊吓,或者很稀有;它们不符合我们想看到它们的愿望。解决这个问题的一个办法就是把它们关在笼子里让人们去观看,结果动物园就出现了。但这个解决方案存在一个问题。动物园里的野生动物不再是真正的野生动物了,它们的野性也被束缚了。

动物园里的狮子从皮到肉看起来仍然是狮子,因为形态和新陈代谢依然还在那里,但是狮子皮毛之外的东西没有了。它表现出来的气质不再像狮子,它不可能是狮子了。野外的一个物种适应了那儿的生态系统,它与它所处的地方是一体的。物种是一个过程,是动态的历史延续,而不仅仅是一种产品、个体。在生态世界观中,事物属于它们的自然环境,它们就是它们在自己的小生境中的样子。在动物园里,狮子的大脑甚至会退化,因为狮子不需要使用它们。

尽管如此,总的来说,即使牺牲了一些动物的价值,动物园可能是一件好事。理由主要有以下四个:娱乐、教育、科学研究和保护(哈钦斯、史密斯、阿拉德,2003)。动物园成为不能放归野外的受伤动物的避难所。动物园能在多大程度上确实提供这样的好处,这是一个经验性的问题,毫无疑问,不同的动物园取得成功的比例是不同的。这样的好处如果足够多,可能确实会消除动物价值的损失。但如果好处的不够多,就实现不了这一点了。有一些因素需要考虑,娱乐是否主要就是给人们提供消遣,这种消遣是否也可以通过其他形式的娱乐来获取,或者这种娱乐是否可以带来独特的好处。例如,也许孩子们特别需要与野生动物直接接触,就像在一些"宠物动物园"一样。

同样,必须要评估动物园带来的教育效益:动物园游客是否学习到了关于动物的正确信息?他们是否通过动物园这种形式,更好地学到了一些他们通过观看电视上的自然节目无法学到的东西?或者是通过参观国家公园学不到的东西?把动物关在笼子里供人娱乐,教导着人们有关动物的错误的事情,这么做的后果,是不是比其他欣赏野生动物的教育努力所带来的后果要严重得多?调查显示,参观动物园的人学到的东西并不多,他们去那里大多是为了一般性的消遣。

当然,动物园也能带来一些科学上的好处。动物饲养员可以了解动物的营养需求,兽医可以观察动物疾病并进行治疗试验。也许会给人们带来一些医疗的益处。但是,这些动物处于高度人工化的环境中,因此人们几乎不会了解到生态学或动物行为方面的事实。实际上,很少有动物园进行任何科学研究;要完成这样的科学研究,只需要六个动物园就可以了,而不需要世界上数以千计的动物园。有时,动物可以暂时放在动物园里,稍后再放归野外。

或者可以在动物园繁殖动物再放归到野外。或者可以利用游客的利益来支持保护研究和重新放养。但是，无论是科学的理由还是保护的理由都不需要通过娱乐的方式来使用动物，这两种方式可能根本不兼容。为动物园捕获动物可能会危及野生种群。通常情况下，为了把一只黑猩猩带到美国，会有十只黑猩猩在运输过程中被杀死或死亡。所以问题很复杂。

一方面，多年来，世界上的大型动物园一直将野生动物放在公众的视线中，让人们可以很好地欣赏野生动物。另一方面，他们将野生动物关在笼子里，往往会让野生动物感到沮丧，让那些"天生自由"的动物落到活在笼子里的下场，这对它们是一种伤害，尽管有时候活在笼子里可能是相对舒适的，并且得到的营养也是良好的。动物园可以进行改造，这样动物就不会被经常关在笼子里；它们可能会在模拟自然环境的围栏里有更多的活动自由。小动物如果生活在足够大的环境中，它们可能就几乎不知道自己被关在笼子里了。对于较大的动物而言，即使在最理想的情况下，动物生活的环境也只能在有限的程度上模拟自然环境，很少有动物园在实践中能实现这一点。

随着人们观念的转变，价值观的改变，以及大家对野生动植物完整性的认识的加深，人们投入的努力也稳步增加，要么重新设计动物园，把对动物生命的侵犯降至最低，要么逐步淘汰动物园。例如，在20世纪90年代初，随着这种认识的增强，加上运营动物园的成本越来越高，世界上最大、最著名的动物园伦敦动物园受到了关闭的威胁。批评人士说，伦敦人不应该再通过盯着笼子和围栏里来回走动的动物来娱乐自己。关闭伦敦动物园将是向前迈出的重要一步，这告诉人们适合动物的地点应该是它们自己的自然环境。但伦敦动物园继续将15 000只动物关在笼子里，以取悦伦敦人，他们不能或不愿意在野外看到它们。

"动物园专业人士喜欢说，他们是现代世界的诺亚，动物园是他们的方舟。但是诺亚找到了一个地方让他的动物在那里繁衍生息。如果动物园就像方舟,那么稀有动物就像是地狱之旅中的乘客。"(贾米森,转引自诺顿等,1995,第 62 页)诺亚带着传说中的方舟上的动物在一场灾难中保护它们,两个月后又把它们全部放了出来。但是动物园是大多数动物永远下不来的方舟,方舟是监狱的委婉说法(贾米森,1985)。

动物园存在的合理性在哪儿,它们的未来又在何处?它们在干什么呢?娱乐大众吗?教育公众?保护的是什么——基因、动物个体、动物种群、物种还是生态系统?圈养繁殖和野生种群之间有什么关系?人道的圈养照料和维持方案是什么?动物园如何筹集资金,它们取悦动物园公众的需求又如何影响了它们对待圈养动物的方式?动物园的批评者,特别是那些对动物福利的哲学辩论保持警觉的人,记录了一些令人担忧的问题,这些问题让动物园倡导者难以回答(诺顿等,1995;博斯托克,1993;汉考克斯,2001)。

动物园一再声称,重新改造的现代动物园的首要任务是保护野生动物。"野生动物保护已被确定为美国动物园和水族馆协会(AZA)的最高优先事项";"圈养动物的主要目标是让它们重归自然"(诺顿等,1995,第 148、127、181 页)。紧随其后的目标是科学、教育和娱乐。但显而易见的事实是,动物园没有、也不大可能实践它们所宣扬的东西。事实上,动物园里有数以万计的动物,它们并不打算把它们放回野外。动物在那里只是为了公共娱乐。每年有数百万人参观动物园。如果在娱乐期间能实现教育的目的,那就更好了。这能证明娱乐的合理性,这种娱乐需要笼养动物为游客提供消遣。与此同时,调查没有发现动物园游客能从他们的参观中获得很大的教育。

少数动物园有非常显著的动物重归自然计划,但大多数动物园很少做这类事情,甚至什么都不做。如果你仔细观察大多数看似成功的项目(金毛狮狨、尖叫鹤、红狼、阿拉伯羚羊)时,都会发现动物园在这一过程中相对来说并不起到重要的作用。动物园并不是一个真正适合圈养繁殖计划的地方。动物重归自然是一个复杂而困难的过程，涉及的不仅仅是动物学，还有政治、经济、社会改革、教育、长期稳定资金、野生栖息地的恢复和保护，而动物园没有能力承担大部分这样的活动。

如果动物园承认，他们的首要任务是将动物放回野外，那么他们的许多动物，通常由于近亲繁殖、抑郁或杂交，在基因上不适合这样的放归。北美动物园里的所有西伯利亚虎都是七只老虎的后代，他们经历了基因瓶颈。他们和他们的后代都不能被释放到野外去。动物园将不得不进行大量的淘汰——杀死带有不良基因的动物，以便给拥有较好的基因并适合放归的动物腾出空间。动物园不愿意这样做，公众也不会支持这样做，特别是对于灵长类或有魅力的巨型动物，因此动物园被迫饲养动物数年，甚至数十年，因此它们对动物重归自然计划都没有做出任何贡献。

动物园已经做出了很多的努力，想要把他们的动物放在比较自然的环境下，而他们大多数的改进只是表面上的，仅限于公众可以看到的区域；它们在丰富动物的行为方面只做出过零星的几次大胆尝试。动物园的倡导者是坚持不懈的。新动物园的口号听起来不错："加强人与活生生的地球之间的联系。"（明尼苏达动物园）"改善人与地球之间的纽带。"（路易斯维尔动物园）马里兰州的巴尔的摩水族馆寻求"更好地理解环境和生命生态的平衡"（诺顿等，1995，第25—26页）。

纽约布朗克斯动物园主任威廉·康威（William Conway）声称："除了动物园和动物园式的机构，没有其他动物保护或福利组织能真正为野生动物提供持续的逐个的动物护理，一代又一代地维持它们的生存。"（康威，转引自诺顿等，1995，第7页）康威似乎没有意识到，有了对一代又一代动物的关爱，我们就不再有野生动物，也就不再有野生动物保护了。在术语上来说，动物园里的野生动物听起来是矛盾的,它在动物园停留的时间越长,这一点就越明显。在动物园饲养动物的伦理仍然令人困惑,而且似乎在未来也看不到令人满意的解决方案(詹森和特威迪-霍姆斯,2007)。观光式野生动物园实际上只是一个大型的开放式动物园。对于水族馆中的动物,例如海豚来说,情况也是大致相同的。

6. 研究动物:为了动物/人类的利益进行实验

美国联邦政府强制要求践行动物伦理。《动物福利法》于1966年首次由美国国会通过,并进行了不同程度的更新("美国法典"第54章,第2 131—2 159节;公法第89—544条),该法案要求人道对待动物。该法适用于实验室中的动物、向实验室出售动物的经销商、狗和猫的饲养者、动物园、马戏团、路边动物园和动物运输者。在美国农业部发布的一系列动物福利条例(参见网站 http://awic. nal. usda. gov)中,对用于研究的动物的护理做出了相当详细的规定。例如,一所大学必须有一个常设的动物保护和使用委员会来审查研究项目(西尔弗曼、苏科和默西,2000)。接受联邦资助的私人研究机构也必须有这样的委员会。美国国立卫生研究院也要求进行动物伦理审查,通常会有更严格的标准。虽然联邦机构实际上接受来自不同方面的监管,但它们有望共同发挥作用。加拿大动物保护委员会已经出版了《实验动物护理和使用指南》(奥费特、克罗斯和麦克威廉,1993)。

可以预见的是,许多团体已经设法游说立法机关,将它们排除在立法之外,这些包括零售宠物店、州和县集市、牲畜展、牛仔竞技表演、纯种狗和猫展等。该法案不适用于工厂化农业。尽管许多伦理委员会确实将他们的审查扩展到了涉及啮齿动物和鸟类的研究,该法案还是豁免了老鼠(主要是制药公司)、鸟类和鱼类。该法案的执行由美国农业部的一个部门负责,该部门被称为动植物卫生检查局,该部门定期派遣匿名的检查员检查正在进行的动物保护。(我们可以补充说,在动物活动家看来,动植物卫生检查局的名声不好。它的前身是动物损害控制部门,这个部门因杀死数千种可能危害农业或人类健康的动物而闻名,包括郊狼、草原犬、狐狸、海狸、负鼠和乌鸦。)

用动物进行研究(包括医学研究)的大学和学院,都必须有这样的动物关爱和使用委员会。他们根据《动物福利法》、随后的修正案以及相关法律法规的要求,审查所有涉及动物的研究。这既包括将人类利益作为第一优先事项的研究(通常是医学研究),也包括符合动物利益的研究[经常是既符合人类利益的,也为了治疗家畜(布鲁氏菌病)和家禽(西尼罗病)的疾病或提高动物营养的研究]。研究必须是有意义的,有可能产生新的结果,不能重复别人已经做过的事情。如果可能会造成动物痛苦,那就必须考虑使用替代动物的方法。这些问题在兽医的医学和研究伦理学(罗林,2006)和生物伦理学(西代里斯、麦卡锡和史密斯,1999 德格拉齐亚,1991)中都得到了广泛研究。

有人担心动物在研究过程中,以及实验前后可能遭受的疼痛的程度。人们担心动物承受的压力,担心动物是如何死亡的。例如,如果实验要求用致命性疾病去感染动物,研究人员可能会被要求在疾病的后期对动物实施安乐死,而不是让它们继续忍受痛苦。一些实验涉及使用狗进行脑外科实验,测试可能对人类有用的新的外科手术程序,如果经判断,这些狗可能经受长期疼痛,那这些实验可能就会遭到拒绝。

在有益于人类健康的研究中使用动物,虽然有时候有正当的理由,但人们通常认为,相比于教学过程中给动物造成痛苦,这么做更容易接受。华盛顿大学医学院一直在使用雪貂,训练医学院的学生如何在早产儿的急救程序中插入呼吸管。一只雪貂在麻醉后,可能会在实际插管时使用六至八次,两周后再使用一次。一群关心动物福利的医生提出申诉,声称这违反了动物福利法,认为应该使用模拟器,即具有真实解剖学特征的塑料模型。华盛顿大学的医务人员声称,这样的模拟器不足以教导如何将这样的管子插入到相当早产的婴儿体内(奥斯特罗姆,2011;责任医学医师委员会,2011)。

在灵长类动物身上进行侵入性实验,曾经很普遍,但现在近乎完全停止了。索尔克和萨宾脊髓灰质炎疫苗,作为现代医学最著名的发现之一,在疫苗研究的过程中使用了数千只猴子,并在其持续生产过程中对动物进行了测试。这种做法现在是不允许的。在一个著名的案例中,在宾夕法尼亚大学头部损伤诊所,人们故意伤害猴子和狒狒,模拟人类在车祸和运动中受到的那种"鞭打"伤害,好让学生练习实验手术。动物解放人员潜入实验室,把实验室的录像带偷走,并将录像带交给人道对待动物协会(PETA)。当根据录像带制作的视频(PETA,1984)展示给资助该实验室的国会委员会时,实验室的资助被撤回,首席兽医被解雇(西代里斯等,1999)。

休·拉弗莱特(Hugh LaFollette)和尼尔·尚克斯(Niall Shanks)(1996)认为,用动物进行医学研究是错误的。他们的主要论点是,由于动物不是人类,它们不是人类疾病的良好医学模型。单独来看,这只是一个务实的考虑。如果动物是很好的医学模型(有时可能是这样),那么就使用它们。但是拉弗莱特和尚克斯更大的考虑是来自道德方面的。在医学实验中使用动物,如果在治疗人类疾病方面不太可能起到重要结果,那么从道德上看这么做就是错误的。有很多、可能大部分的研究人员都会同意这一点。然而,对于动物是不是好的研究模型,双方存在分歧。分歧就集中在进化论和临床实践上。

一方声称,人类进化到现在,生理学方面与其他动物差别很大,动物研究是无济于事的。化学品可能对人类有毒,对动物无毒,反之亦然。人们把沙利度胺在动物(虽然不是怀孕的)上进行了测试，没有任何不良结果；而用在人类身上，却很不幸地造成了子宫中的胎儿（约 8000 名儿童）畸形。艾滋病对人类来说是灾难性的，但对绿猴的影响很小，而绿猴就是艾滋病的发源处。许多在动物身上进行的医学试验，用到人身上时，可靠性都无法预测（范德沃普等，2010）。

　　另一方声称，从整体来看进化论，人类与动物在生理上非常相似，特别是在许多基本的新陈代谢和结构上，例如制造蛋白质分子的基因（虽然在大脑中的相似性较少，但与黑猩猩 95% 相似，与啮齿动物 88% 相似，与鸡 60% 相似）（冈特和丹德，2005）。事实上，研究人员经常使用动物模型，对可能发生的不同反应保持警惕，结果比较成功。在有效治疗高血压、哮喘、移植排斥反应、白喉和百日咳疫苗以及脊髓灰质炎疫苗等疾病方面，动物实验功不可没。几乎所有的新药都是事先在动物身上进行试验，然后再用于人类的。今天，几乎所有人在做这样的测试时，都很担心动物遭受这样的痛苦是否合理，原因通常就在于他们对动物有同情心，同时也担心负面宣传可能造成的后果或失去政府机构的许可，不让他们继续进行实验。

　　国家野生动物分部的人员审查研究提案，包括实验室动物和实地研究。例如，一直有人在关注，如何确保捕获动物的程序（通过网捕、诱捕、飞镖捕）对动物造成的伤害最小。用活的鸟类或动物作为诱饵来捕获捕食者，这能够得到同意吗？有人担心，动物受伤时如何得到处理，以及如何实施安乐死。还必须要考虑到动物体型的大小。不能过度使用动物去验证实验结果。如果实验涉及的动物过多，而不能给所有动物戴上无线电项圈（项圈太昂贵），那实验可能会被拒绝。

　　科罗拉多州野生动物兽医迈克尔·米勒（Michael Miller）不再在大角羊身上进行激发研究。这需要用细菌性肺炎感染一些羊来测试新疫苗。如果疫苗失败，羊就会死。但这也意味着所有受感染的对照组都将死亡。在一个动物放归自然的项目中,科罗拉多州的野生生物学家在科罗拉多州南部放生了加拿大山猫,结果发现,如果简单地放生,它们中的大多数都会死亡,特别是所有怀孕的雌性山猫。这被认为给动物造成了太多的痛苦,不足以证明放归是合理的。此后,生物学家们小心翼翼地驯化山猫,并为它们保证充足的体脂,成功率大大提升。

——

人类对动物负有道义上的责任。今天世界上几乎没有人会否认这一点。但哲学家们会想要重新表述一下:一些人对一些动物负有一些道德责任。在环境转向后的几十年里,这一点越来越多地成为:所有人类对动物负有道德责任,比我们过去认为的更加严格。狩猎、杀戮、进食、饲养、持有、观察、抚摸、保护、迁移、赛跑、繁育、研究动物——我们对它们所做的几乎每一件事都有道德义务。伦理道德是为人服务的,但伦理道德只是跟人有关吗?答案是:不!道德主体并不能让人成为衡量事物的唯一标准。在人类的道德风景中,人可以也应该尊重动物的生命——那是有血有肉的野兽。

参考文献

Abbott, Alison, and Helen Pearson. 2004. "Fear of Human Pandemic Grows as Bird Flu Sweeps through Asia," *Nature* 427 (《随着禽流感席卷亚洲,人们对人类大流行的恐惧与日俱增》,《自然》第 427 期) (5 February):472 – 473.

Armstrong, Susan, and Richard G. Botzler, eds. 2008. *The Animal Ethics Reader*, 2nd ed (《动物伦理读本》第二版). New York:Routledge.

Beck, A. M., and A. H. Katcher. 1996. *Between Pets and People:The Importance of Animal Companionship*, rev. ed (《宠物与人之间:动物陪伴的重要性》修订版). West Lafayette, IN:Purdue University Press.

Bekoff, Marc, with Carron A. Meaney. 1998. *Encyclopedia of Animal Rights and Animal Welfare* (《动物权利与动物福利百科全书》). Westport, CT:Greenwood Press.

Black Entertainment Television (BET). 2010. Online at: http://www1. bet. com/OnTV/BET- Shows/michaelvick/default. htm

Bostock, Stephen St. C. 1993. *Zoos and Animal Rights*: *The Ethics of Keeping Animals* (《动物园和动物权利:饲养动物的伦理》). London: Routledge.

Brooman, Simon, and Debbie Legge. 1997. *Law Relating to Animals* (《有关动物的法律》). London: Cavendish.

Callicott, J. Baird. 1980. "Animal Liberation: A Triangular Affair." *Environmental Ethics* 11 (《动物解放:一个三角事件》,《环境伦理学》第 11 期):311 - 338.

——. 1989. "Animal Liberation and Environmental Ethics: Back Together Again." Pages 49 - 59 in Callicott, *In Defense of the Land Ethic*: *Essays in Environmental Philosophy* (《动物解放与环境伦理:再度结合》,《捍卫土地伦理:环境哲学论文集》). Albany: State University of New York Press.

Carey, John. 1999. "Where Have All the Animals Gone?" *International Wildlife* 29 (《所有的动物都去哪儿了?》,《国际野生动植物》第 29 期)(no. 6, Nov. / Dec.):12 - 20.

Cartmill, Matt. 1993. *A View to a Death in the Morning*: *Hunting and Nature Through History* (《认识清晨的死亡:历史中的狩猎与自然》). Cambridge, MA: Harvard University Press.

Causey, Ann S. 1989. "On the Morality of Hunting," *Environmental Ethics* 11 (《论狩猎中的死亡》,《环境伦理学》第 11 期):327 - 343.

Clayton, Patti H. 1998. *Connection on the Ice*: *Environmental Ethics in Theory and Practice* (《冰上的联系:理论与实践中的环境伦理》). Philadelphia: Temple University Press.

Connor, Steve. 2000. "BSE Report: The Main Findings: Portrait of a Nation Fed a Diet of Reassurances," *The Independent* (*London*), 27 October (《英国疯牛病报告,主要发现:描绘一个国家的饮食信心》,《独立报》[伦敦]10 月 27 日), p. 4.

DeGrazia, David. 1991. "The Moral Status of Animals and their Use in Research: A Philosophical Review," *Kennedy Institute of Ethics Journal* 1 (《动物的道德地位及其在研究中的应用:哲学评论》,《肯尼迪伦理学会期刊》第 1 期):48 - 70.

de Leeuw, A. Dionys. 1996. "Contemplating the Interests of Fish: The Angler's Challenge." *Environmental Ethics* 18 (《思考鱼的利益:垂钓者的挑战》,《环境伦理学》第 18 期):373 - 390.

Evans, J. Claude. 2005. *With Respect for Nature*: *Living as Part of the Natural World* (《尊重自然:作为自然世界的一部分而生活》). Albany: State

University of New York Press.

Fisher, John A. 1987. "Taking Sympathy Seriously: A Defense of Our Moral Psychology Toward Animals," *Environmental Ethics* 9 (《认真对待同情:为我们对待动物的道德心理而辩护》,《环境伦理学》第 9 期):197 - 215.

Goodpaster, Kenneth E. 1978. "On Being Morally Considerable," *Journal of Philosophy* 75 (《论道德的重要性》,《哲学期刊》第 75 期):308 - 325.

Gunn, Alastair S. 2001. "Environmental Ethics and Trophy Hunting," *Ethics and the Environment* 6(no. 1) (《环境伦理和战利品狩猎》,《伦理与环境》第 6 期[第 1 辑]):68 - 95.

Gunter, Chris, and Ritu Dhand, 2005. "The Chimpanzee Genome. " *Nature* 437 (《黑猩猩的基因组》,《自然》第 437 期)(1 September):47.

Hancocks, David. 2001. *A Different Nature: The Paradoxical World of Zoos and their Uncertain Nature* (《不一样的自然:动物园的矛盾世界和它们不确定的性质》). Berkeley: University of California Press.

Hargrove, Eugene C. , ed. 1992. *The Animal Rights/Environmental Ethics Debate: The Environmental Perspective* (《动物权利/环境伦理辩论:环境的视角》). Albany: State University of New York Press.

Hawkins, Ronnie. 2001. "Cultural Whaling, Commodification, and Culture Change," *Environmental Ethics* 23 (《文化捕鲸、商品化和文化变迁》,《环境伦理》第 23 期):287 - 306.

Hungry Horse News, 1989. "Nature Plays Cruel with Lame Deer," (《大自然残酷地对待跛足鹿》) April 5, p. 1.

Hutchins, Michael, Brandie Smith, and Ruth Allard. 2003. "In Defense of Zoos and Aquariums: The Ethical Basis for Keeping Wild Animals in Captivity," *Journal of the American Veterinary Medical Association* 223 (《为动物园和水族馆辩护:圈养野生动物的伦理基础》,《美国兽医协会杂志》第 223 期): 958 - 966.

Jamieson, Dale. 1985. "Against Zoos. " Pages 108 - 117 in Peter Singer, ed. , *In Defense of Animals* (《反对动物园》,转引自《为动物辩护》). New York: Harper and Row.

———. 1995. "Animal Liberation Is an Environmental Ethic," *Environmental Values* 7 (《动物解放也是环境伦理》,《环境价值》第 7 期):41 - 57.

———. 2008. *Ethics and the Environment: An Introduction* (《伦理与环境:导论》). Cambridge, UK: Cambridge University Press.

Jensen, Derrick, and Karen Tweedy-Holmes. 2007. *Thought to Exist in the Wild: Awakening from the Nightmare of Zoos* (《以为存在于野外:从动物园的噩梦中醒来》). Santa Cruz, CA: No Voice Unheard.

Kaloff, Linda, and Amy Fitzgerald, eds. 2007. *The Animals Reader: The*

Essential Classic and Contemporary Writings (《〈动物读本〉:经典与现代的精华之作》). Oxford, UK：Berg Publishers.

Kowalsky, Nathan, ed. 2010. *Hunting — Philosophy for Everyone：In Search of the Wild Life* (《狩猎—每个人的哲学:寻找野生动物》). Hoboken, NJ：Wiley-Blackwell.

LaFollette, Hugh, and Niall Shanks. 1996. *Brute Science：Dilemmas of Animal Experimentation* (《野兽科学:动物实验的困境》). London：Routledge.

List, Charles. 2004. "On the Moral Distinctiveness of Sport Hunting," *Environmental Ethics* 26 (《论运动狩猎的道德特殊性》,《环境伦理学》第 26 期):155 – 169.

Loftin, Robert W. 1984. "The Morality of Hunting," *Environmental Ethics* 6 (《狩猎的道德性》,《环境伦理学》第 6 期):241 – 250.

Magnuson, Jon. 1991. "Reflections of an Oregon Bow Hunter," *Christian Century* (《俄勒冈州弓箭猎人的反思》,《基督教的世纪报》), March 13.

McMahan, Jeff. 2010. "The Meat Eaters." *New York Times* (《食肉者》,《纽约时报》), September 19. Opinionator forum, online：http://opinionator. blogs. nytimes. com/2010/09/19/the-meat-eaters/? emc = eta1

McNeil, Donald G. 1999. "The Great Ape Massacre," *New York Times Magazine* (《类人猿大屠杀》,《纽约时代杂志》), May 9, Section 6, pp. 54 – 57.

——. 2005. "To Prevent Mad Cow Disease, F. D. A. Proposes New Restrictions on Food for Animals," *New York Times* (《为了预防疯牛病,食品和药物管理局对动物的食品提出了新的限制》,《纽约时报》), October 5, p. A18.

Miller, Michael W. , N. Thompson Hobbs, William H. Rutherford, and Lisa W. Miller, 1987. "Efficacy of Injectable Ivermectin for Treating Lungworm Infections in Mountain Sheep," *Wildlife Society Bulletin* 15 (《注射用伊维菌素治疗山地绵羊肺虫感染的疗效观察》,《野生动物协会公告》第 15 期):260 – 263.

Nierenberg, Danielle, 2005. *Happier Meals：Rethinking the Global Meat Industry*. Worldwatch Paper 171 (《幸福用餐:重新思考全球肉类产业》,《世界观察论文》第 171 期). Danvers, MA：Worldwatch Institute.

Nordheimer, Jon. 1990. "High-Tech Medicine at High Rise Costs is Keeping Pets Fit," *New York Times* (《高成本的高科技药物让宠物保持健康》,《纽约时报》), September 17, p. A1.

Norton, Bryan G. , Michael Hutchins, Elizabeth F. Stevens, and Terry L. Maple. 1995. *Ethics on the Ark：Zoos, Animal Welfare, and Wildlife Conservation* (《方舟上的伦理:动物园、动物福利和野生动物保护》). Washington, D. C. :

Smithsonian Institution Press.

Offert, Ernest D. , Brenda M. Cross, and A. Ann McWilliam. 1993. *Guide to the Care and Use of Experimental Animals* (《爱护和使用实验动物指南》), 2nd ed. Ottawa: Canadian Council on Animal Care.

Ostrom, Carol M. "Group Faults UW's Use of Ferrets at Med School," *Seattle Times* (《群体批评华盛顿大学在医学院使用雪貂》,《西雅图时报》), February 10, 2011, A1, A6.

Palmer, Clare. 2010. *Animal Ethics in Context* (《环境中的动物伦理》). New York: Columbia University Press.

Pauley, John A. 2003. "The Value of Hunting," *Journal of Value Inquiry* 27 (《打猎的价值》,《价值咨询期刊》第 27 期):233 – 244.

PETA (People for the Ethical Treatment of Animals). 1984. *Unnecessary Fuss* (《不必要的麻烦》), video. Online at: http://www. animalliberationfront. com/MediaCenter/UnnFuss01. wmv

Phillips, Nicholas, June Bridegman, and Malcolm Ferguson-Smith. 2000. *The BSE Inquiry: Return to an Order of the Honourable the House of Commons* (《疯牛病质询:再看下议院议员的命令》), 16 vols. London: The Stationery Office.

Physicians Committee for Responsible Medicine. 2011. "PCRM Action Alert (University of Washington)." (《PCRM 行动警报》[华盛顿大学]) Online at: http://www. pcrm. org/email/uw_alert. html

Posewitz, Jim. 1994. *Beyond Fair Chase: The Ethic and Tradition of Hunting* (《超越公平追逐:狩猎的伦理和传统》). Helena, MT: Falcon Press.

Post, Stephen G. , ed. 2004. *Animal Welfare and Rights*, set of six articles: ethical perspectives, vegetarianism, wildlife conservation and management, pets, zoos, agriculture and factory farming. Pages 183 – 215 in Post, ed. , *Encyclopedia of Bioethics*, 3rd ed. (《动物福利与权利,六篇系列文章:伦理观点,素食主义,野生动物保护和管理,宠物,动物园,农业和工厂化养殖》,转引自《生物伦理百科全书》第 3 版) New York: Macmillan Reference/Thomson Gale.

Raterman, Tyler. 2008. "An Environmentalist's Lament of Predation," *Environmental Ethics* 30 (《环保主义者对掠夺的哀叹》,《环境伦理学》第 30 期):417 – 434.

Rawles, Kate. 1997. "Conservation and Animal Welfare." Pages 135 – 155 in T. D. J. Chappell, ed. , *The Philosophy of the Environment* (《保育及动物福利》,转引自《环境的哲学》). Edinburgh: University of Edinburgh Press.

Regan, Tom. 2004. *The Case for Animal Rights* (《动物权利案例》). Berkeley: University of California Press.

Ritvo, Harriet. 1987. *The Animal Estate: The English and Other Creatures in the Victoria Age* (《动物庄园:维多利亚时代的英国人和其他动物》).

Cambridge，MA：Harvard University Press.

Robbins，Jim. 1984. Do Not Feed the Bears? *Natural History* 93 (《请勿喂熊》，《自然历史》第 93 期)(no. 1，January)：12 - 21.

Rollin，Bernard E. 2006. *An Introduction to Veterinary Medical Ethics*：*Theory and Cases* (《兽医医学伦理学导论：理论与案例》). Ames，IA：Blackwell.

Sagoff，Mark. 1984. "Animal Liberation and Environmental Ethics：Bad Marriage，Quick Divorce," *Osgoode Hall Law Journal* 22 (《动物解放与环境伦理：糟糕的婚姻，快速的离婚》，《奥斯古法学院法律期刊》第 22 期)：297 - 307.

Schmidt，Robert L.，Charles P. Hibler，Terry R. Spraker，and William H. Rutherford. 1979. "An Evaluation of Drug Treatment for Lungworm in Bighorn Sheep," *Journal of Wildlife Management* 43 (《大角羊肺虫药物治疗评价》，《野生动物管理杂志》第 43 期)：461 - 467.

Scully，Matthew. 2002. *Dominion*：*The Power of Man*，*the Suffering of Animals and the Call to Mercy* (《主宰：人类的力量，动物的痛苦和对怜悯的召唤》). New York：St. Martin's Griffin.

Shabecoff，Philip. 1988. "What 3 Whales Did to the Human Heart," *New York Times* (《三条鲸鱼对人心的影响》，《纽约时报》)，November 6，p. E11.

Sideris，Lisa，Charles McCarthy，and David H. Smith. 1999. "Roots of Concern with Nonhuman Animals in Biomedical Ethics," *ILAR Journal* (Institute for Laboratory Animal Research) 40(1) (《关注非人类动物的生物医学伦理学根源》，《实验动物研究所期刊》第 40 期[第 1 辑])：3 - 14.

Silverman，Jerald，Mark A. Suckow，and Sreekant Murthy，eds. 2000. *The IACUC Handbook* (Institutional Animal Care and Use Committee) (《动物保护与使用委员会手册》). Boca Raton，FL：CRC Press.

Simon，Stephanie. 2011. "Rethinking Horse Slaughterhouses," *Wall Street Journal* (《反思马匹屠宰场》，《华尔街日报》)，January 5，2011，p. A3.

Singer，Peter. 1990. *Animal Liberation*，2nd ed. (《动物解放》第 2 版) New York：New York Review Book.

Stanford，Craig B. 1999, *The Hunting Apes*：*Meat Eating and the Origins of Human Behavior* (《类人猿狩猎：吃肉与人类行为的起源》). Princeton，NJ：Princeton University Press.

Stange，Mary Zeiss. 1997. *Woman the Hunter* (《打猎的女性》). Boston：Beacon Press.

Spencer，Stuart，Eddy Decuypere，Stefan Aerts，and Johan De Tavernier. 2006. "History and Ethics of Keeping Pets：Comparison with Farm Animals," *Journal of Agricultural and Environmental Ethics* 19 (《饲养宠物的历史和伦理：

与农场动物的比较》,《农业与环境伦理期刊》第 19 期):17 - 25.

Sunstein, Cass R. , and Martha C. Nussbaum. 2004. *Animal Rights: Current Debates and New Directions* (《动物权利:当前的辩论与未来的方向》). New York: Oxford University Press.

Thomas, V. G. 1997. "The Ethical and Environmental Implications of Lead Shot Contamination of Rural Lands in North America," *Journal of Agricultural and Environmental Ethics* 10 (《北美农村土地铅弹污染的伦理和环境影响》,《农业与环境伦理期刊》第 10 期):41 - 54.

Thorne, Tom. 1987. "Born Looking for a Place to Die," *Wyoming Wildlife* 51 (《生而寻找死亡之地》,《怀俄明野生动物》第 51 期) (no. 3, March): 10 - 19.

van der Worp, H. Bart, David W. Howells, Emily S. Sena, et al. , 2010. "Can Animal Models of Disease Reliably Inform Human Studies?" *PLoS Medicine* 7 (3) (《动物疾病模型能可靠地指导人类研究吗?》,《公共科学图书馆·医学杂志》第 7 期): e1000245. doi:10. 1371/journal. pmed. 1000245

Varner, Gary E. 1995. "Can Animal Rights Activists Be Environmentalists?" Pages 169 - 201 in Don E. Marietta and Lester Embree, eds. , *Environmental Philosophy and Environmental Activism* (《动物权利保护者能成为环保主义者吗?》,转引自《环境哲学与环保激进主义》). Lanham, MD: Rowman and Littlefield.

——. 1998. *In Nature's Interests? Interests, Animal Rights, and Environmental Ethics* (《符合大自然的利益? 利益、动物权利和环境伦理》). New York: Oxford University Press.

Wells, Martin J. 1978. *Octopus* (《章鱼》). London: Chapman and Hall.

Wood, Forrest, Jr. 1997. *The Delights and Dilemmas of Hunting* (《狩猎的乐趣和困境》). Lanham, MD: University Press of America.

第四章

有机体:尊重生命

　　更具包容性的伦理学要求合理地尊重所有的生物,不仅是野生动物和农场饲养的动物,现在还应该包括蝴蝶和红杉树。否则,伦理学就没有把生物世界的大部分考虑进去:低等动物、昆虫、微生物和植物。人如果真的在寻找一种基于生物学的伦理,那么基于感觉的动物福利伦理仍然会让世界上的大部分生物显得毫无价值。在上一章中我们已经开始担心这一点了。有知觉的动物只占地球上活着的生物有机体的一小部分。超过96%的生物物种是无脊椎动物或植物。对生命更深层次的尊重要求我们,必须更加直接地珍视所有生物和维持各个层面(从基因层面到全球层面)的生命存在的生产过程。

　　要了解全球生物的整体情况,请看一幅地球生命的卡通画,其中每组生物的大小是根据所描述的物种的数量而定(见图4.1)。找到巨型甲虫(代表昆虫)附近的小象(代表所有哺乳动物)。将小象与树木(代表植物)或八足节肢动物(甲壳类、蜘蛛、螨类)进行比较。请记住,属于哺乳动物的人类,小到很难与小象的小尾巴相提并论。但这幅漫画传递了一些真相——把哺乳动物和人类放在了应该处于的位置上了。记住这张照片,记住要为所有的生物体找到一种道德规范。也许在衡量事物的时候,人是唯一会深思熟虑的,但人类不必把他自己作为可以使用的唯一衡量标准。我们也并不仅仅衡量有知觉的动物。生命是一个更好的衡量标准。

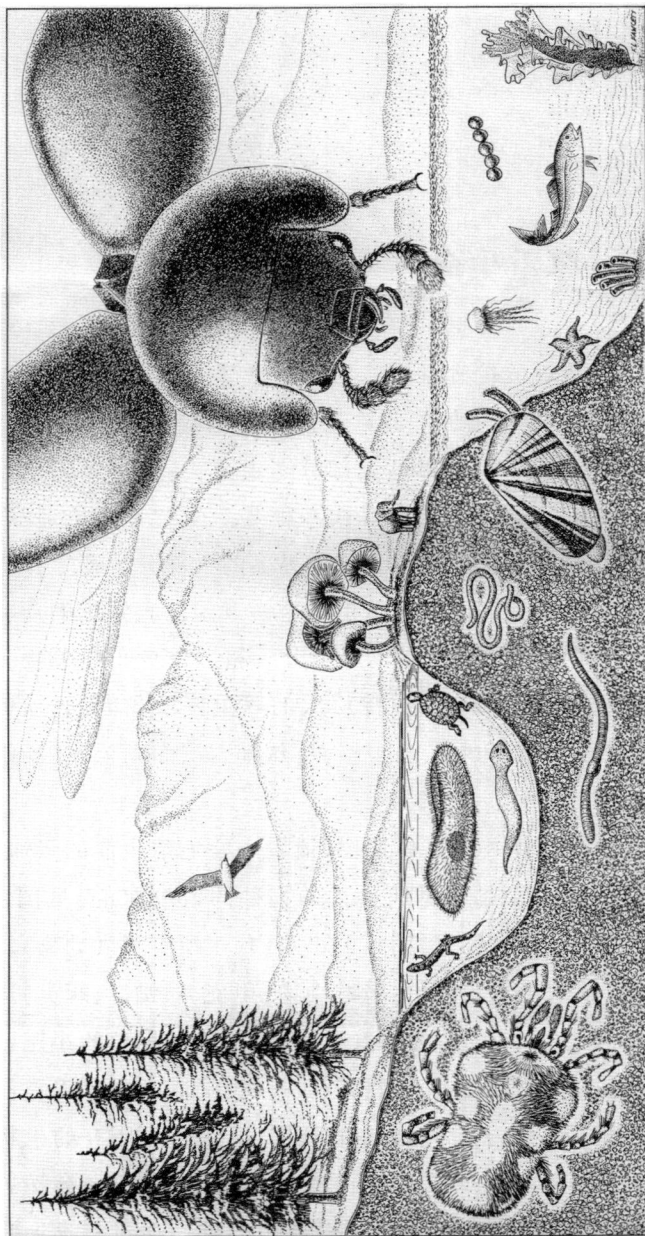

图 4.1　虫子的星球（惠勒，1990）

1. 虫子的星球:统治世界的小东西

我们需要有一点眼光。人类环顾四周,凭着图像记忆,想要寻找大型动物。我们把自己推上前台。我们自认为统治着世界,在第二章中,我们研究了其中的一些证据——人类世时代,人类主导的景观在地球上甚为广泛。但是,如果我们想要了解这里的风景,了解从植物到令人毛骨悚然的爬行动物的一切,那我们就需要具备更大的包容性。如果我们要懂得海洋,我们不仅需要欣赏鲸鱼和海豚,也同样需要欣赏珊瑚礁。动物学家已经描述了大约43 000种脊椎动物,其中十分之一、4 000种是哺乳动物。已经介绍了超过99万种无脊椎动物,但由于对无脊椎动物的详细研究较少,所有的系统学家都认为还有更多的无脊椎动物没有得到研究——多到我们不敢确定,是300万还是3 000万种。如果你计算一下个体的数量,几公顷的亚马孙热带雨林可能有几十种鸟类和哺乳动物,但有远远超过10亿种无脊椎动物:昆虫、蜘蛛、白蚁、其他节肢动物和线虫。珊瑚礁是由腔肠动物(用触手将食物扫入嘴里的无脑有机体,如水螅、水母、海葵)的身体构造起来的。公海中最丰富的动物是桡足动物,这是一种构成浮游生物一部分的微小甲壳类动物。就活体的质量而言,超过90%的活体是无脊椎动物。这些都是“统治世界的小东西”(威尔逊,1987)。

没有我们人类,这些“低等生物”可以生存,但是没有他们,我们“高等人类”就无法生存。无脊椎动物在地球上生存的时间大概是哺乳动物的10倍。当然,它们都处在食物网中。所有的大动物都吃小动物,或者吃那些吃小动物的动物,或者吃植物,或者吃那些吃植物的东西。这些小东西在生物循环利用过程中承担着主要作用,那些以枯木为食的生物可能依赖于肠道中更小的微生物来消化。真菌还可以分解木材和其他生物质,同时真菌还可以再利用。昆虫循环利用粪便。昆虫为许多植物授粉,包括我们的食物来源——授粉的作用非常大,一旦有些地方的授粉进程不够充分,农业企业不得不创造一个商业授粉产业,繁育数十亿只蜜蜂来帮助授粉。

人类中心主义者(包括许多神学家)会说:是的,有无数的甲虫,但各种甲虫通常彼此间没有太大的差别——这里或那里有几个斑点或纲毛。人类会把他们的智人物种(爱因斯坦和特蕾莎修女)加以区分;而这类事情,某个类型的甲虫则做不了,即使是相关的物种差别也不会太大。苏珊和萨莉都属于智人,她们之间的个性差异却更加有意思。

苏珊、萨莉身体里的微生物数量比地球上的人数还多。我们每次烤面包,都会杀死数以百万计的酵母细胞。但所有这些都没有任何伦理上的重要性。从形状上看,一只蚂蚁只有人类的百万分之一大小,从重要性看也更低。精明的生物学家刘易斯·托马斯(Lewis Thomas)总结道:"一只孤独的蚂蚁,身处野外,脑子里不可能有太多的思想;事实上,由于只有几个神经元由纤维连接在一起,根本不能认为它有头脑,更不用说有思想了。它更像是双腿上的神经节"(1975,第12页)。所有的植物和绝大多数这些简单的生物体根本没有头脑。因此,与它们打交道不是道德问题。

2. 植物:什么都不重要! 没关系?

也许问题就在于,我们把自己囚禁在自身的感觉体验中了。我们可能蒙蔽了自己的双眼,从心理上和哲学上看,我们变得很盲目,只是根据经验进行价值判断,并依此获得价值,除此之外,我们什么都无法察觉。我们在哲学上受到过度指导,而在生物学上受到的指导不足,无法接受以生物学为基础的价值描述,而这就是摆在我们面前的东西。生物体在它们与外部世界之间建立了防御的、半渗透的边界,它们根据自己的需要吸收环境的物质。它们可能是健康的,也可能会是致病的。有些看法认为,描述生物生命所必需且充分的最小形式的自主性是所谓的"自生",字面意思是自我创造。因此,需要对"自我"(肉体的、身体的自我,而不是感知的、心理的自我)进行某种防护。

让我们把重点放在植物上,以确保我们不会因为偏爱最少的神经体验而产生偏见。以植物为研究对象,明确了生命伦理和动物权利伦理的区别。植物不是体验的主体,但也不像石头那样是无生命的物体。它也不是像河流那样的地理形态过程。植物是相当有生命的。它们抗拒死亡。植物和所有其他有机体一样,都是自我实现的。植物是植物学的统一实体,但不是动物学的统一实体;也就是说,它们不是高度集成的集中神经控制的单一生物体,但它们是模块化的生物体,具有分生组织,可以重复和无限地产生新的植物模块,当有可用的空间和资源时,还可以产生额外的茎节和叶,以及新的生殖模块、果实和种子。

植物可以修复自身受到的伤害,能将水分、营养和光合作用产物从一个细胞转移到另一个细胞;它们储存糖;它们产生单宁酸以及其他毒素并调节它们的多少以防御草食动物,它们制造蜜汁和释放信息素来影响授粉昆虫的行为和其他植物的反应,它们释放植物相克物质来抑制入侵者,它们制造尖刺诱捕昆虫。他们可以拒绝基因不相容的嫁接。植物是一个自发的、自我维护的系统,它维持和复制自己,执行它的内在程序,在这个世界上开辟一条道路,用衡量成功的反应能力来验证植物的机能。

有些东西,即使不是有知觉的体验,也不仅仅是物理原因,也会在每个有机体中运作。植物体内有一些"信息",起到了主导促成的作用;如果没有这些"信息",有机体将坍塌成沙堆。这样的"信息"用于保存植物身份。它们是被记录在植物的基因中的,与物质和能量不同,这种信息可以被创造和销毁。这就是让环保主义者担心物种灭绝的原因。这样的信息中蕴藏着生命的秘密。

　　植物视野中没有终点,换一种熟悉的说法就是,它们没有目标。然而,这种植物生长、繁殖、修复伤口并抵抗死亡的过程,保持了植物学的特性。从一个角度来看,所有这一切,只是生物化学——有机分子、酶、蛋白质,它们发出呼呼声、嗡嗡声——换个角度看,人类也是如此。但从同样有效和客观的角度来看,有机体投射的形态和新陈代谢是一种有价值的状态。现在,"有生命力的"这个表达比"生物的"这个表达内涵更加丰富。我们甚至可以说,基因集合是一个规范集合;它把植物自然表现和植物的本质区分开——当然不是在任何道德或意识意义上——而是从有机体是一个价值论系统的角度来看。基因组是一组保护性分子。生命是自发地维护自身的。

　　对于古典伦理学家来说,这一切似乎都很奇怪。植物不会评价,没有喜好,既不会满足,也不会沮丧。说野花有权利,有道德立场,或者需要我们的同情,或者我们应该考虑它们的观点,这似乎很奇怪。我们不会说对植物物种的不必要破坏是残忍的,但我们可以说这是冷酷无情的。我们关心的不是植物有什么感觉,而是关心破坏者所没有感觉到的。我们不会看重植物的敏感度,而是谴责人的麻木不仁。

　　然而,这些围绕生物展开研究的伦理学家现在声称,环境伦理学不仅是心理学的问题,而且是生物学的问题。同心圆不断扩大。每种有机体都有独一无二的优点,它把自己的种类作为好的种类来维护。诚然,善良的人不应该冷酷无情。但这并没有终结这个问题;我们马上要问,对植物中的哪些特性,善良的人应该保持敏感。厌恶的判断源于对有机体中有价值的东西的钦佩。

　　反对者可以说:"植物不在乎,我为什么要在乎呢?"但植物确实会关心——使用植物学标准,这是它们唯一可用的关心的形式。植物生命本身受到保护——这是一种内在价值。虽然事情并不适合树木，但对它们来说，很多事情都很重要。我们问，那棵树怎么了？如果它缺乏阳光和土壤养分，我们就提供这些，然后树就开始生长，恢复它的健康。这些有机体确实"考虑"了它们自己，我们也应该考虑它们。

这棵树正在从水和肥料中受益；而益处——是我们在其他任何地方都会遇到的——是一个有价值的词。生物学家经常谈到遗传变异的"选择价值"或"适应价值"。植物活动有"生存价值"，比如它们散播的种子或它们制造的刺。自然选择挑选出有机体所具有的与其生存相关的、对其有价值的任何特征。当自然选择一直在发挥作用时，将这些特征聚集到一个有机体中，这个有机体就能够根据这些特征进行价值评估。这个有机体不是有知觉的评价者，更不是有意识的评价者，但它可以评估价值。这些特征虽然是由自然挑选出来的，但却是生物体与生俱来的，也就是说，储存在它的基因中。因此，我们很难把价值观念和自然选择分开。

任何与感情、心理、脊椎动物或人有关的价值理论，都必须阐明这些自然选择，说明它们根本不涉及"真正的"价值，而仅仅是一些功能。归根结底，这些论点更有可能是人为的规定，而不是真正的论点。如果你规定，评判价值必须是要让人感知到，必须有人在那里，必须要有某种生命的主体在那儿，那么植物就不可能做出价值判断，出现这种情况，原因就在于，这是根据你的定义来做的。但我们希望检验的是，在生物学的事实面前，这个定义是否可信。也许感觉主义的定义涵盖了某种更高级动物的价值评判，即由有感觉的动物所做的，而忽略了所有其他物种，这个定义可能是正确的，但有些狭隘。说某种植物有它自己的优点似乎是显而易见的事实。

让我们回顾一下一些科学家和他们的发现。对石炭纪蜻蜓的研究表明，它们的翅膀"证明是微观工程的杰出榜样"，给它们提供了"在飞行中捕捉猎物所必需的灵活、多才多艺的飞行能力"。它们"适用于高性能飞行"(伍顿等,1998,第749页)。"为了执行这些特技飞行动作,昆虫配备了高度工程化的翅膀,可以根据气流自动改变飞行形状,这让最新喷气式战斗机的设计者们相形见绌。"(福格尔,1998,第598页)

蜻蜓在飞行中必须在没有肌肉帮助的情况下改变翅膀的形状(就像鸟类和蝙蝠一样),所以当突然改变方向或向上变成向下时,它们使用带有纹理的柔性机翼,使翅膀表面能够直接对空气动力载荷做出扭曲。翼基后部的结构特别令人印象深刻,它兼具柔性和刚性。"'智能'翼基机构可以很好地解释为一种优雅的手段,在保持向下飞行效率的情况下,还可以做出适应性改变,以提高向上飞行的有用性。"(伍顿等,1998,第751页)灵活的翅膀对石炭纪蜻蜓来说确实"很重要"。

在某种程度上来看,蜜蜂的社会行为是相当刻板的。但研究蜜蜂的生物学家也发现,这种行为是会根据不同的环境发生变化的,证据就在于,它们的摇摆和不同形式的舞蹈向其他蜜蜂传递了关于食物位置或合适的巢址的信息。蜜蜂整合多种环境信息来源,在动态变化的环境中"决定"适当的行为。蜜蜂交流方面的世界权威、神经生物学家托马斯·D. 西利(Thomas D. Seeley)将蜜蜂描述为"一个复杂的决策者,当她选择适合特定情况的一般类型和特定形式的信号时,它能够整合大量信息(包括当前的感知和已存储的表征)"(2003,第22页;2010;另见霍尔多布勒和威尔逊,2009)。批评人士可能会坚持认为,虽然这令人印象深刻,但蜜蜂的行为不是反思型的。尽管如此,蜜蜂所作所为似乎相当聪明。

植物学家报告了他们称之为"植物困境"的研究。植物需要进行光合作用才能从太阳获得能量,这个过程需要获得大气中的二氧化碳。它们还需要保存水分,这对它们的新陈代谢至关重要,而接触大气会蒸发水分。这迫使树叶在大气中暴露时间过多和过少之间进行权衡。这个问题是通过叶片背面的气孔来解决的,气孔可以打开和关闭，让空气进入或阻止空气进入。"气孔孔径是由周围细胞的渗透调节控制的。在一个复杂的调控机制中，光、光合作用所需的二氧化碳和植物的含水状态，综合起来发挥作用调节气孔，从而优化植物的生长和性能。"（格里尔和齐格勒，1998，第 252 页）在不同的物种中，这种"植物策略"的细节有所不同，但相当复杂，它整合了多种环境和代谢变量——水的可用性、干旱、热、冷、阳光、水分胁迫和植物的能量需求——以寻求解决植物困境的复杂方案（克雷恩，2009）。

即使是蓝藻，一种相对原始的单细胞生物体，也可以使用与更高级生物体中的遗传振荡器构造非常相似的分子时钟来跟踪昼夜。马西娅·巴里纳加（Marcia Barinaga）发现了这一点，她说："可能由于在每日的循环中，跟踪昼夜循环有助于生物体为它们在不同时间的特殊的生理需求做好准备，因此它显然是非常重要的，时钟似乎多次出现，每次都重新创造出相同的设计。"（巴里纳加，1998，第 1 429 页）

人们在使用语言的时候，必须非常小心，我们应该警惕过度的认知性语言。但是科学家们确实必须描述正在发生的事情。为什么生物体不重视它知道该如何做的事情——保持一个分子钟，或者利用它在夜间收集的食物来制造资源？我们不是有意识地说，但我们不想假定只有价值或价值判断都有意识的。这就是我们正在辩论的，而不是假设的。我们所声称的是生命是有组织的生命力，这样说可能蕴含也可能没有蕴含着一种经验心理学的存在。价值评判者是能够感觉到价值的实体吗？是的，而且，价值评判者是能够捍卫价值的实体。在第二个意义上看，植物也捍卫自己的生命。在客观的格式塔体系中，在有感觉的深度的价值维度出现之前，一些价值已经存在于无感觉的有机体中，即规范的评估系统中。有机体没有感情，但这并不意味着人类不能或不应该像芭芭拉·麦克林托克（Barbara McClintock）所说的那样，"对有机体产生一种感觉"（凯勒,1983）。

研究蜻蜓翅膀的科学家,对石炭纪的蜻蜓翅膀赞不绝口。哲学家该说些什么呢?"嗯,对研究翅膀的科学家来说,这些翅膀很有趣,但对蜻蜓来说毫无价值。"这似乎令人难以置信。也许有人会从另一个角度说:"嗯,这些翅膀对拥有它们的蜻蜓来说确实很有价值。从工具的角度看,蜻蜓发现它们很有用。但是蜻蜓不能从本质上评价任何东西。更不用说,对同类型物种来讲,这些翅膀代表不了任何有价值的东西。"伍顿和他的同事们（1998）补充说,今天的蜻蜓,比他们在阿根廷研究的蜻蜓化石晚了3.2亿年的时间,而类似的工程特征仍然存在着。这听起来确实像是很长一段时间以来,一直都发挥着作用的东西。这对同类物种有价值吗?

在这些蓝藻中反复发现分子钟,对于满足生物体的"需求"很重要,这似乎是事实。在那之后,人们已经多次发现,有这种类似的"设计"的内部时钟是如何增加它们适应能力的。我们是否坚持认为,对这些生物体或它们的同类物种来说,这种"设计"没有"价值"?

在约塞米蒂国家公园,生长着巨大的红杉树,它们是地球上最大的几种树之一。1881年,人们从一棵名为瓦沃纳（Wawona）的树身中开凿了一个隧道,隧道很宽,足以让一辆马车从中穿过,后来的汽车也可以。这棵树举世闻名,是近一个世纪来美国西部旅行的一个亮点。这棵树给游客留下了深刻的印象,感兴趣的游客（包括本文作者也曾有一次）拍下了自己驾车穿过树木的照片。虽然它已经屹立了很多个冬天,但1969年的一场大雪,加上隧道的开挖等原因让这棵树变得虚弱,它最终在一场冬季风暴中倒下去了。很快,人们要求公园管理局开凿另外一棵"可驾车穿过的红杉",但护林员拒绝了。新的伦理认为,为了娱乐目的而开凿一棵巨大的红杉是非常不合适的。有两种方式来解释这个拒绝的行为。其一是开车穿过树的行为很低俗,不是适合公园游客所做的事情——

要找乐子，也许他们可以在迪士尼乐园找。但更深层次的伦理是，红杉具有年龄、大小、耐火性、抗虫性、抗病力、完整性，有良好的自身内在价值。隧道未能尊重这种内在的价值。当然，这两种观点可以结合起来——人类尊重植物自身的美德——但哲学分析将认识到不同之处。人们经常在夏天参观瓦沃纳树，而冬天很少有人参观；厚厚的积雪让人很难到达那里。当季节性的参观者离开，不再从道德上尊重巨树时，红杉本身的价值美德仍然存在，而且整个四季都是如此；无论是俗气的游客还是在他们之前的美洲原住民（可能更有礼貌）在树林里时，这种情况延续了数千年。你可能会想：嗯，好吧，没有可以开车穿过的红杉树了，但我们一直都在使用树木，包括一些红杉在内。是的，但我们仍然需要考虑，这种使用是否合理，以及我们是否过度使用它们。几年前，露营者会从树上砍下树枝，做一个有弹性的床垫过夜，童子军手册就一直教导他们这样做。但是现在，任何一个负责任的背包客都不会这么做。树木不能用于琐碎细微的用途。美国人每周消耗大约 50 万棵树来生产他们周日的报纸。在一定程度上说，报纸是一件好事；但是，由于周日报纸大多是广告，而且大部分人只是浏览一下，有人可能会说，美国人生产周日的报纸并不意味着每周一定要牺牲 50 万棵树。例如，卖家可能会根据广告进行退税销售，这样一半的报纸就可以回收，这样做，一周就可以节省 25 万棵树。

　　圣诞节的时候，白宫的草坪上会放置一棵国家圣诞树。每年一次，美国的林业工作者都会去一些国家森林，找到一棵年富力强的云杉或其他针叶树，把它砍倒，用铁路平板车长途运输，穿州过县，把它放到华盛顿市中心的一块草坪上，然后在上面挂上灯。有一个仪式，总统祝美国人"圣诞快乐"，摄影师拍照，刊登在那些报纸上。砍下的树在那儿伫立 10 天，就会枯萎了，然后就被扔掉。这是否合理呢？

　　或者这么做，是不是在宣传一个跟树有关的错误的事情？为什么不在国家森林里找一棵这样的树,每年换一棵树。然后在它生长的地方点亮它,让总统去那里,摄影师跟着过去。10 天后,把灯关掉,挂上一块牌子,标明这是当年的国家圣诞树。10 年或 10 年后,爸爸可以带小吉米去徒步旅行,去看吉米出生那一年的国家圣诞树。也许吉米长大了,成了爸爸,带着小苏西去看另一棵圣诞树。爸爸、吉米、苏西都得到了锻炼,并且更好地鉴赏了树本身的价值——更增添了一份树的节日意义。

在植物物种濒临灭绝的地方,我们应该拯救植物,即使这么做可能会杀死动物——成千上万的动物,以达到拯救几种植物的目的。圣克莱门特岛距离加州海岸足够远,当地特有的物种可以在那里与世隔绝地进化;一些动植物物种在那里被发现,而它们在地球上其他任何地方都找不到了。该岛还有大量的野山羊,它们是由西班牙人在 16 世纪时引入的,以作为水手的肉类来源。在《濒危物种法案》通过后,植物学家重新调查了该岛,额外发现了一些濒危植物种群。但是山羊并不太在意它们吃的是不是濒临灭绝的物种。说不定它们已经根除了几个不为人知的物种了。因此,美国鱼类和野生动植物管理局(U. S. Fish and Wildlife Service)和拥有该岛的美国海军计划射杀数千只野生山羊,以拯救 3 个濒危植物物种,即圣克利门蒂岛丛林锦葵(Malacothamnus Clementinus)、圣克利门蒂岛火焰草(Castilleja Grisea)和圣克利门蒂岛翠雀花(Delphina Kinkiense),它们幸存的个体植株只有几十个了。

一些山羊被射杀了。然后,动物基金会向法院提起诉讼,要求停止枪击事件,法院允许基金会诱捕活捉山羊并异地安置它们。然而,异地安置的动物存活率很低;大多数在 6 个月内就会死亡。诱捕也很困难,山羊的繁殖速度几乎和诱捕一样快。因此,射杀山羊的活动在 20 世纪 80 年代仍在继续。剩下的山羊很警惕,生活在人迹罕至的峡谷里,这需要通过直升机才能射杀它们。总共从岛上转移走了大约 2.9 万只活山羊,射杀了 1.5 万只。最后,岛上只有 6 只野山羊、5 只雌性山羊和 1 只叫作比利的山羊，被称为犹大山羊，因为人们给这只羊套上了无线电项圈，然后用它来引诱雌性山羊到它们可以被射杀的地方。最后的一只羊于 1991 年被人们射杀（基根、科布伦茨和温切尔，1994；以及同扬·拉尔森、克拉克·温切尔和加利福尼亚州圣迭戈自然资源办公室和北岛的海军航空站的私人通信）。

国家公园管理局不顾基金会的反对，在圣巴巴拉岛杀死了数百只兔子，以保护几株特氏粉叶草，这些草曾经被认为已经灭绝了，并且人们曾奇怪地将其称为圣巴巴拉不死的植物，在这个岛上，这种特有物种曾经很普遍。但新西兰红兔大约在 1900 年被引进来，以它为食，到 1970 年就找不到特氏粉叶草了。1975 年，人们发现了 5 株这个植物，于是做出了消除兔子的决定（莫伦布罗克，1983，第 180—182 页）。

保护濒临灭绝的植物物种是否可以证明，造成动物痛苦和死亡是正当的？这些动物是从南美引进的，这一事实有什么影响吗？基于动物权利的伦理会说"不"，但更广泛的环境伦理会更倾向于植物物种，特别是生长在生态系统中的物种，而不是从外部引进的不适应当地的有知觉的动物。我们可以说，一对一来看，山羊确实比植物有更多的内在价值。因此，如果不考虑工具性、生态系统和物种，仅仅是一千只山羊换一百种植物的交易，那山羊的价值就会凌驾于植物之上。但情况要复杂得多。山羊远离了它们原来的生态系统，促使它们目前所在的生态系统发生了退化，导致原本很好地适应了这些生态系统的植物物种灭绝。更具说服力的伦理认为，植物物种的地位超过了山羊的地位。请注意，问题不是：主观生活比客观生活更重要吗？更确切的问题是：只有主观生活才有意义吗？如果说我们道德敏感的门槛和感觉敏感的门槛是一样的，那就是说道德关怀只针对内心，除了相关的事物，它的范围不包括外在的事物。从某种意义上说，这让道德变得主观化，使之依附于主体,而非客体。只有主体——实际上在地球上只有人类主体——才能成为道德代理人。但他们的道德作用到谁的身上呢?

3. 遗传价值:聪明的(受控的)基因

所有这些生物都存在于物种谱系中。历史进化和持续的基因创造力使生命成为可能。当代遗传学家坚持认为,把这一过程当成完全"盲目的",就是一种误解。基因有很强的生成解决方案的能力。虽然不是经过有意识的深思熟虑,但这个过程是有认知的,或者说是受控的。基因组有一系列复杂的酶,它们会切割、拼接、消化、重排、突变、重复、编辑、校正、移位、颠倒和截断特定的基因序列。基因组中存在很多冗余(多基因家族中存在着单个基因的多个和变异副本),用于保护物种免受有益基因的意外丢失,同时提供一种灵活性,让这些酶在需要时可以正常工作。

分子遗传学家约翰·H. 坎贝尔(John H. Campbell)写道,"细胞中有丰富的特殊的酶来篡改 DNA 结构",生物学家正在提取这种酶,并将其用于基因工程。但是这种"工程"已经在自然中自发地进行了:

> 负责加工基因的酶也能使体内基因发生类似的变化……我们已经发现了,在基因结构中,几乎所有可以想象到的变化都是通过酶和酶的糖酵解途径来实现的。在多基因家族,控制系统负责调控这些酶的糖酵解途径,而控制系统的独特性限制着基因自我处理的范围。
>
> (1983,第 408—409 页)

这些糖酵解途径可能有"异常复杂"的"支配者"。"通俗点说,自我支配的基因是'聪明'的机器。聪明的基因意味着聪明的细胞和聪明的进化"（坎贝尔，1983，第 410、414 页）。

在一项关于历史谱系的物种是不是"智能"的研究中，乔纳森·舒尔（Jonathan Schull）总结道：

> 植物和动物物种是处理信息的实体，非常复杂，综合性强，适应能力也极强，因此，从科学上角度来看，如果把它们看成是智能的，可能也是非常有利的……植物和动物物种通过多层嵌入式的变异和选择来处理信息，其方式与智能动物惊人地相似。作为生物实体和信息加工者，植物和动物物种的复杂性不亚于猴子。现在，人们经常（或许是有效地）用"智能"这个术语来形容动物和电子系统，而植物和动物物种的适应性成就（生物有机体的出色设计和精致生产）同样令人印象深刻，完全可以与动物和电子系统的适应性成就相媲美。（1990，第 63 页）

根据大卫·S.塞勒（1994）（David S. Thaler）的说法，其结果是"遗传智力的进化"。

莱斯利·E.奥尔格尔（Leslie E. Orgel）总结了地球上生命的起源，他说："生命是在自我繁殖分子出现之后才出现的……这些分子产生了以核糖核酸为基础的生物学。核糖核酸（RNA）系统随后发明了蛋白质。随着核糖核酸（RNA）系统的进化，蛋白质成为细胞中的主要工作者，脱氧核糖核酸（DNA）成为遗传信息的主要储存库"。"催化核糖核酸的出现是关键的早期步骤"（1994，第 4 页）。如果有"关键的早期步骤"，那听起来肯定像是有价值的东西岌岌可危。

这样解决问题的方式不仅在早期发生，而且在此后不断发生，而且千百年来，基因在这方面变得更加擅长此道。过去的成就，不断变化，在今天得到重演，而这些结果在今天得到检验后，又折叠到未来。克里斯托弗·威尔斯(Christopher Wills)总结道:"与我们远古祖先的基因相比,基因中累积了智慧,变得更加善于进化了(有时使它们变得更善于不进化)……这种智慧既包括基因在进化过程中的组织方式,也包括改变基因的因素实际上在完成任务时变得更好的方式。"(1989,第6—8页)

唐纳德·J.克拉姆(Donald J. Cram)因破译复杂而独特的生物分子如何相互识别和相互关联而获得诺贝尔奖,他总结道:"在分子水平上熟悉生物系统化学的科学家中,几乎没有人会不由此而受到启发。进化产生了化合物,这些化合物被精心组织起来,以完成最复杂和最微妙的任务。"有机化学家很难"想到设计和合成"这样的"奇迹"(1988,第760页)。

在《进化中的分子策略》报告中,遗传学家发现了非常多的"基因组如何为进化做好准备"的例子,他们觉得研究正在产生"范式的转变"。遗传学家摒弃了基因突变是完全盲目和随机的观点,放弃了通过抑制遗传错误来最大限度地减少变化的想法,基因组中的创新和创造能力给他们留下了深刻的印象。这些"新的发现使他们相信,最成功的基因组可能已经进化到在必要时能够迅速而实质性进行改变"(彭尼西,1998,第1 131页)。

基因通过使用转座子、基因片段以及移动元素,在应激状态下迅速改变脱氧核糖核酸(DNA)以及由此产生的蛋白质结构和新陈代谢,来实现这一点。生物技术遗传学家林恩·卡波拉莱(Lynn Caporale)说:"机遇偏爱那些做好准备的基因组。"芝加哥大学的细菌遗传学家詹姆斯·夏皮罗(James Shapiro)评论道:"细胞的能力远远超出了我们的想象。""细胞加工它们自己的基因组。"(转引自彭尼西,1998,第1 134页)夏皮罗继续说:"因此,基因组已被视为高度复杂的信息存储系统,同样地,它的进化也变成了高度复杂的信息处理问题。"(2002,第10页;另见夏皮罗,2005)

基因解压和转录其序列的过程,从某个意义上说,是朝着某个方向"前进"的。基因序列有可能成为后代基因型/表型轮回的无限长线中的祖先。该基因包含的不是简单的"相关性"描述信息，而是"实质性"的规范信息。由于它在适应性匹配方面所做的贡献，它已经被自然选中，该基因将成为具有某种"实质性"的特性的基因。"实质性"一词，饱含着自然选择和遗传学的味道。基因直接作用于正在构建中的未来。在遗传学中，无论它出现在哪里，都有一个"终极目标"潜伏在那个"实质性"中。恩斯特·迈尔（Ernst Mayr）为生物功能创造了"目的性"一词，与物理学和化学中的简单因果关系形成对比；也与"目的论"形成对比，他认为"目的论"带有令人反感的故意的色彩。基因拥有的是"终极目标"，一种"目的"。岩浆结晶成岩石，河流顺流而下是有结果的，但没有这样的"目的"。

有趣的是，一些理论生物学家和哲学家不希望过滤掉生物学中的有意图的元素，他们已经开始使用"有意的"这个词来描述基因中的生物信息。约翰·梅纳德·史密斯（John Maynard Smith）坚持认为："在生物学中，信息术语的使用意味着意向性。"（2000，第177页）对于大多数用户来说，这个词可能有太多的"深思熟虑"成分，但"有意的（intentional）"这个词是指代这个有指向的过程，"intendo"这个词在拉丁语中的意思是"向某个方向伸展"或"瞄准"。基因既包含描述性的，也有规定性的特质；它们确实向它们的特质延伸。

意向性的或语义的信息的目的是（关于）产生尚不存在的功能单元。它是有语义意象的。哪里有信息在传输，哪里就有可能出错或犯错。如果脱氧核糖核酸（DNA）"打算"产生特定的氨基酸序列，然后折叠成蛋白质片段，就可能会被误读。如果阐释框架偏离了"正确的"三联体序列，那么"错误的"氨基酸就会被指定，组装就会失败。这就是"不匹配"。通常会有"纠错"机制。这些概念在化学、物理、地质学或气象学中都没有任何意义。原子、晶体、岩石、天气锋面不会"有意"做任何事情，因此不会"犯错"。

仅仅是一个"事业"是有进取心的，但不是向前看的。由于前面的因素，发育中的晶体具有它现在的形式、形状和位置。基因密码是某种东西的"密码"。密码被设定为"控制"它将参与形成的即将到来的分子。如果我们用"控制"这个词来形容晶体的形成（晶体的大小由形成时的温度控制），这个"控制"指的是过去。相比之下，基因"控制"面向前方。对未来有积极的"意图"。

也许遗传学理论的中心比喻是"信息"。然而，许多生物哲学家对应用于基因的"信息"概念持保留态度（斯特雷尼和格里菲斯，199，第 105 页）。人们通常抱怨，这个术语"只是类比"。分子不可能真正地"知道"任何"密码"。分子中的"信息"意味着什么？一个更深层次的问题是，这个术语很难付诸实施。众所周知，达尔文引入了自然"选择"的比喻，在描述进化史上正在发生的事情方面非常有效。"选择"是我们在日常生活中经历的第一件事，包括饲养者的活动，从延伸意义上来看，在进化过程中"选择"最适合的。生物学家可以过滤掉有意的因素；其余的确实描述了不同的生存过程。种群遗传学家已经找到了操作和量化选择性压力的方法。那对"信息""编码""阐释"这些过程，遗传学家也能做到吗？

人类首先在自己的经验中知道"信息"这个词的含义。说到DNA 中的"信息"，至少一开始它是比喻性的。我们是否应该对"翻译"这样的术语说同样的话呢？术语"翻译"通常意味着从一种语言系统转移到另一种语言系统；DNA 是一个符号系统，但由此产生的蛋白质分子不是另一个符号系统，所以也许"转录"是一个不那么隐喻性的术语？"同义词"是一个术语，最初是在人类语言中学习到的，然后应用于区分那些产生相同氨基酸的不同密码子。要从日常生活中剔除所有以比喻开始的术语是很困难的："适应""功能""正确""错误""开始""停止""发展""调节""改变""进化"。

基因对其 DNA 链进行"复制"。人们也可以坚持认为，这个词也是隐喻性的,但这并不意味着"复制"不是一个真正的描述性术语。各种词汇,如"复制""再生""繁殖""激活""抑制""开始""停止""剪切""拼接""错误""正确"等,让科学家能够通过对比熟悉的和不熟悉的系统,去识别定性的、实质性的相似之处,洞察基因过程是如何工作的。"信息"也是如此。把所有这些维度从遗传学中剥离出来,你就不会明白到底发生了什么。把对"价值"的讨论完全从遗传学中剥离出来,你就只能喃喃自语了。

用保护生物学的话来说,这种遗传活动——有专门知识的基因类型会产生适应生存的表型——早在保护生物学家出现之前,就已经从事了对其身份和种类的生物保护。保护生物学家应该做的是尊重植物本身——保护生物学领域的项目。这可以使人类伦理与客观生物学保持一致。用这种方式考虑植物信息、考虑遗传信息的意义就在于,我们应该珍视生命。不仅仅思想重要,生命也很重要。

4. 外来入侵物种：长错地方的植物

在我们的乡村和野生环境中,广泛分布着外来植物(葛根,见第一章),还有鸟类(八哥)和其他动物(斑马贻贝)。外来物种是生活在环境中的非本土物种,它们不是通过自然选择而出现的,自然选择的要么是在那里进化出来的,要么是自己迁徙到那里的。几乎所有的外来物种都是人类有意无意地带进来的。在生长在美国自然环境中的15万种植物中,有7 000种是外来物种,其中约10%被认为是入侵物种,也就是说,它们正在大举排挤本土物种。诚然,它们当中的90%或许是不起眼的,也许我们可以说他们或多或少已经自然本土化了。但剩下的10%的物种会带来麻烦。每年人们花费数十亿美元来消灭入侵的非本地生物,并防止其传播(穆尼等,2005;考克斯,1999;麦克奈特,1993)。对这些引入的异国情调,环境伦理倡导者有何看法? 观点差异很大(埃泽尔,1998)。

虽然大多数人认为异国情调是不好的,但也有一些人说,如果我们欢迎自然的丰富多样,我们也应该欢迎非自然的丰富多样。"异国情调"这个词的词根是"从外面来的"。"异国情调"是个有趣的词,有多个不同的意思。一方面,通常的意思是:因为陌生,所以"耐人寻味""迷人""美丽"。当人们参观植物园时,人们会搜索异国风情。如果一个人走出花园,发现新奇的花朵在乡村生长,为什么不欢迎生物多样性的增加呢?

真的,说它们不自然是错误的,因为一旦它们就位了,它们就会自然而然地做自己的事情,现在完全就靠自己了。如果原始的当地物种不能与他们竞争,这就是自然选择的工作方式。对原住物种的偏爱是一种不合理的偏见。忘掉外国原产地,现在就享受这些植物吧。人类也很喜欢异国情调,非本土的,而且是侵略型的。在除非洲以外的每一块大陆上,人类都是走错地方的外地人;而在任何地方,包括非洲,他们早就用他们带来的东西(玉米和奶牛)改变了当地的植被。因此,如果一些动植物跟着人类迁徙,它们也是"我们的",和我们一样,没有错位(伯迪克,2005)。人类伦理不是应该包容外地人吗? 为什么环境伦理不能包容非本地物种呢?

马克·萨戈夫(Mark Sagoff,2005),一位著名的环境哲学家,曾为异国情调辩护。保护生物学家和其他环保主义者以威胁自然环境为由,寻求排除或移除引进的植物和其他非本土物种的方法,但面临着严重的阻碍。这些非本地物种的大多数是否会危害环境,人们对此是有争议的;显然,大约90%的物种不会。生态学家也无法预测这些引进物种的具体行为,因此他们必须将所有非本地物种作为潜在有害物种,这是一项不可能完成的艰巨任务。此外,引入的生物通常有时还会显著增加生态系统中的物种丰富度。除了少数几个小岛状的环境之外,几乎没有证据表明非本土植物导致了本地植物的灭绝。蜜蜂不是原生于新大陆，但它们已经完全本土化了，并且相当有用（施莱费尔、萨克斯和奥尔登，2011）。

著名生态学家丹尼尔·西姆伯洛夫（Daniel Simberloff, 2005）从实证和哲学两方面有力地回答了萨戈夫的问题。非本土物种在生态系统方面造成的主要影响，公众判断为有害的影响，包括造成岛屿和内陆物种的灭绝，这已经得到了科学的证明（如日本雀麦会造成农场退化）。此外，生物学家最近找到了一些方法，对预测哪些引进物种会对环境造成危害有极大的帮助。虽然引进的物种在某些情况下可能会增加当地的生物多样性，但这并不会导致生态系统功能的任何预期变化。在大多数地方，外来生物减少了生物多样性。更重要的是，全球同质化的动物群和植物群，会促使大陆生物多样性的减少（麦金尼，2002；海平斯托，2008；克朗克和富勒，1995）。

外来植物有时是从最初主动种植的植物（日本金银花、多花玫瑰）中"逃逸"出来的。更多的时候，这些是杂草类的物种（蒲公英、俄罗斯蓟）。紫色的珍珠菜入侵池塘。这样的外来物种经常会取代当地的植被。这样的入侵物种是在其他环境中进化的，并且是在不正常的条件下来到它们的新位置，因此并不适应它们的新位置。在荒野中存在着像法律一样严格的自然过程，这个过程支配着群落结构，而这些动植物并没有经受这些过程就进入了新的生态系统。任何外来生物并没有对奥尔多·利奥波德所说的"生物群落的完整性、稳定性和美感"做出任何贡献（1968，第224—225页）。查尔斯·埃尔顿（Charles Elton）在半个世纪前认识到了这一点："我们生活在一个世界历史时期，把来自世界不同地区的数千种生物混合在一起，会在自然界造成可怕的混乱。"（1958，第18页）这些外来物种是放错地方的"杂草"。

入侵植物物种之所以繁盛，往往是因为它们生长在某些受干扰的地方，与它们的来源地相似，但拥有更多的资源（如肥料和水）。它们有一个生命历史战略，即制造许多种子来获取更持久的生命，而不是为了而保护自己；他们摆脱了天敌（原来的生长地）的束缚，与此同时，本地物种仍然需要与他们的天敌竞争。这些因素混合在一起，使得入侵物种对本地自然系统特别具有破坏性（布卢门撒尔，2005）。外来物种的种子经常被喷气式飞机运到不同的大陆。一旦生存环境被海洋局限了，这些植物就会随着人类的旅行而玩跳房子游戏。这些异国物种是文明的溢出效应。它们就像在纽约或洛杉矶登陆的外来病毒，扰乱了城市中的人类健康，而外来物种只是扰乱了这片土地的健康。人类扰乱了大量的土壤，使外来物种的生存变得容易了。异国物种是文化的流浪者。

然而，人们可能会认为，外来物种可能会进入人们进行土地耕种的地方，但它们将在野生生态系统中失败，因为它们不太适应环境。这种情况经常发生。入侵物种经常徘徊在人类活动的区域周围，在路边，在一排排栅栏里。而在荒野深处，人们找不到它们——至少一开始没有。但是，自然界和人类活动地区的土壤都受到了干扰，这些植物可以逐渐入侵这儿的本土地区。如果你愿意，你会看到它们在这方面是非常有竞争力的；同样真实的是，他们是通过船（在压舱物中）、飞机（乘客鞋子上的泥土）和犁（翻土，摧毁当地物种）做到这一点的。

植物确实可以自己迁移。当气候变化时，它们入侵新的区域；如果愿意，人们可以谈论自然入侵物种（博特金，2001）。花粉化石分析显示，在史前时代，随着冰的融化，物种每年可能向北迁移200—1 000 米。云杉侵入了以前是冻土带的地方。今天，引进的外来物种，一旦到达某个地方，移动速度是这个速度的 50 倍，通常是每年 50 公里（惠特洛克和米尔斯波，2001）。这些外来物种，大多是通过船舶或飞机穿越了海洋，这比任何自然植物的移动速度快数千倍。其中的大多数是在过去两个世纪内到达北美的，并在此快速繁殖。

外来生物的入侵是一个持续的全球性事件。展望下一个世纪。迈克尔·索莱说:

在 2100 年,整个生物群将由(1)残存的和重新引入的本土物种,(2)部分或完全的基因加工过的物种,和(3)引进的(外来的)物种组成。"自然"一词将从我们的词汇中消失。这个术语在世界上大多数地区已经没有意义了,因为人类活动一直在改变着物理和生物环境,这种改变即使没有几千年,也有几百年了。

(1989,第 301 页)

这让我们不得不问,我们是不是想要一个自然,它完全依靠人类管理,在那里,人类设计和组装生物群,或者因无知和意外而拆解它们:在这样的环境中,自然已经走到了尽头。我们不是在第二章中说过,我们现在生活在人类世时代,人类主导的环境景观在地球上非常普遍吗?我们知道,15 000 年前美洲原住民在到达美洲,在此之前存在的任何野生自然,都是更新世时期的自然。自那以后,气候发生了变化;即使没受影响,今天的自然可能也与任何更新世时期的自然都有很大的不同。因此,寻求原始的自然景观,就像是寻找来自过去的博物馆文物一样,是一种无望的追求——这是另外一种观点。我们所拥有的,或者曾经拥有过的,都是人类占据过的动态变化的自然。人类在他们的景观环境中起着统治的作用,从这个意义上说,我们重建了,或者按照原始的标准来说,污染了我们观察到的每一处环境景观。

尽管如此,也许可以在荒野和乡村景观环境中保留一些过去的遗迹。但现在又出现了一场新的抗议活动。这是向后看,因为这样的博物馆物件一样的景观正在消失。我们可以保留零星的环境风景,在那里,可以回首往事,可以怀念我们真正不再拥有的过去。国家公园宏伟，但古雅。大陆环境的各个角落大多在人的管理之下具备了多种用途，人们有意地管理这些公园，以创造一种野生自然的错觉。

环保人士确实希望尊重过去的延续，但他们不太愿意将保护视为保存博物馆藏品。他们更喜欢考虑动态的持续景观，他们没有发现充满入侵物种的杂草生态系统，能够把过去、现在和正在进行的延续性带进未来。是的，我们应尊重生命，但尊重的是适合环境的生命，而不是错位的生命。环境伦理是关于个体的，但个体也是属于合适的环境的。这是一种更具包容性的道德规范，而不是包容各种物种的大杂烩。我们必须尊重生态系统（正如我们在下一章中看到的）；我们必须考虑生态小环境和适应性。

我们可以用"杂草"来比喻整个故事。在花园里，杂草是一种不合适的植物。现在成为入侵物种的植物，曾经在其他地方确实有一个生态小环境，适应了它们曾进化过的地方。但它们散布在无数的环境中，变成了杂草。人们不想要杂草丛生的景观环境。最初，这意味着田野和牧场长满了我们不喜欢的杂草。后来，它指的是野生自然受到外来物种侵袭的景观环境。一个人不想要一个长满杂草的花园。人们不想要杂草丛生的家园景观环境。人们不想要一个国家公园，一个杂草丛生的自然公园。在更大的范围内，由于数以万计的物种，远离家园，生不逢地，地球这个花园，成为一个杂草丛生的星球，生物丰富度降低，生态完整性也因此降低了。

5. 尊重生命：生物中心主义

"生物中心主义"是一种宣称尊重所有生物的世界观。生物中心主义有时被用作任何自然主义或非人类中心主义伦理学的通用的同义词。更具体地说，生物中心主义指的是尊重生命的伦理，现在关注的焦点是所有的生物——植物、微生物、低等动物——不仅仅是以人类为中心的伦理（人类中心主义），也不是只针对可能遭受痛苦和快乐的高等动物的伦理。我们关注的问题并非"它会受苦吗？"而是"它是活的吗？"。

这种观点有哲学上的先例。阿尔贝特·施韦泽（Albert Schweitzer）是这种伦理的著名倡导者，他因此被授予 1953 年诺贝尔和平奖（译者注：应该是 1952 年）。"一个人只有听从内心的冲动，去帮助他所能帮助的所有生命，不去伤害任何有生命的东西，他才是真正有道德的人。这样的生命对他来说是神圣的。他没从树上撕下过树叶，也没摘过花朵，小心翼翼不压死一只昆虫，至少不会在不必要或者没有适当理由的情况下这么做。"（施韦泽，1949，第 310 页）。施韦泽的伦理思想深深植根于他的基督教信仰。在许多宗教中都有相似之处，例如佛教或耆那教的不伤害伦理。

在最近的哲学分析中，保罗·泰勒（Paul Taylor）用严谨的论点阐述了生物中心主义："拥有道德关怀对象的地位，其相关特征并不是享受快乐或痛苦的能力，而是基于这样的一个事实：生物本身有一种美德，而它可能受到道德代理人的改进或破坏。"（1981a，第 314 页）泰勒在《尊重自然》中详细阐述了这一点（1986）。人类是地球生命共同体中的非特权成员。我们与其他物种有着进化上的亲缘关系和共同起源。人类绝对依赖于其他形式的生命，但它们并不依赖于我们。每一种生命，都通过其成员生物体中，显示出自己的长处。植物可以进行光合作用，而动物则不能；包括人类在内的所有动物都依赖于这种光合作用。

一棵存活了几千年的马尾松，让人的生命显得十分短暂。早在人类到来之前，地球上就已充满了生命，在这个世界里，其他形式的生命已经居住了数亿年。人类也不是唯一或最终的进化目标。生命共同体继续相互依存。所有有机体都是生命目的论的中心（植物寻求光和水，保卫自己的生命），正如我们上面从遗传学角度所发现的那样。他们有一种福祉，一种他们自己的优势。

更具争议的是，泰勒呼吁"生物中心平等主义"。相信人类优越是一种不合理的偏见；从物种角度看，我们应该保持公正和平等主义的态度。生物中心主义"认为所有生物都具有内在价值——同样的内在价值"（泰勒，1981b，第 217 页）。人类的数学比猴子好；猴子爬树比人好。红杉树做它们擅长的事情，蚂蚁做它们擅长的，这些其他物种同样擅长做适合它们做的事情。我们应该尊重所有这些物种。"那么，从条件平等角度看，杀死一朵野花，就性质来看，就像杀死一个人一样，是同等错误的。"（泰勒，1983，第242 页）

批评人士回答说，这令人难以置信。虽然红杉树、野花和蚂蚁做得很好，但这忽略了不同物种在不同层次上，经验的丰富性存在巨大差别。这个差别也让道德代理人具有了不同的责任。也许所有活着的有机体，因为自身的优势，都应该被平等地看待，但这并不意味着对它们都具有同等的道德意义。把人类放在环境中思考，我们发现人类是自然的一部分，但也发现人类与任何其他物种都截然不同，在尊严上是独一无二的（见第二章）。

詹姆斯·斯特巴（James Sterba）是一位生物中心主义者，他试图在人类中心主义和生物中心主义之间达成妥协（1995、2001）。生物中心论似乎声称，没有充分的理由认为任何物种（包括人类）是特殊的或优越的，这显然暗示着，想要不加区别地对待不同物种的个体或所有生命整体，是没有充分理由的。因此，人类的利益似乎并不比任何其他生物或系统的利益更重要。但是，根据斯特巴的说法，这个暗示并不一定说得通。

出于自卫的理由，出于对人类利益的考虑而采取的行动，在道德上是允许的（正如泰勒有时会争辩的那样）。这包括为了保护人的基本需要，而偏爱人类的利益。当需要让人们吃得饱、穿得暖、有房住的时候，牺牲自然是正当的。斯特巴将此表述为"保护人类的原则"（2001，第34页）。"为满足一个人的基本需要或其他人的基本需要而采取必需的行动是允许的，即使它们损害动植物个体甚至整个物种或生态系统的基本需要。"（斯特巴，1995，第196页）

虽然这显示出对人类的偏好，但斯特巴认为这不是问题，因为这是所有物种的行为方式；它们都表现出对自己物种的偏好。但是，获得的好处必须与造成的伤害成比例。如果一个人在"必要的"和"基本的"需求上变得过于"咄咄逼人"，就会造成紧张的局面出现。在这一点上，斯特巴的批评者回答说，人们可以期待（和担心），"必要的"和"基本的"将被证明足够灵活，以至于不同的倡导者可以根据自己的喜好缩小和扩展它们。当人类对自己的物种表现出偏爱，继续增加自己的人口并取代其他物种时，他们满足了自己合法的基本需求吗？

劳伦斯·约翰逊（Lawrence Johnson）支持这样一种观点，即：因为大家都具备"价值"，所有活着的有机体都应该在道德上受到尊重，不仅是那些会深思熟虑的带有偏好的有机体，而且还包括所有那些具有重要的、"利害攸关"的生物价值的生物（约翰逊，1991、2011）。罗宾·阿特菲尔德（Robin Attfield）认为，"所有动植物个体都有价值。因为所有个体都有生长的方向，所有的都会根据自己的类型苗壮成长……。"因此，虽然在实践中，树木的意义往往相当小，但在道德伦理上，树木是重要的（1981，第40—41页）。当然，在实践中，虽然一棵树或一株草的生命可能不是很重要，因为这样的生物非常多，但从整体来看，它们可能会很重要。

肯尼斯·古德帕斯特（Kenneth Goodpaster）主张"道德关怀的'生命原则'"。每个活着的有机体都有组织地保卫自己的生存状态，进行着自我维持，否则它们就会进入无序状态，走向自然的腐败和腐烂。

> 生命系统的典型标志……似乎是其持续的低无序

［高组织］状态,通过新陈代谢过程、积累能量、维持生命,
并通过动态平衡反馈过程与环境保持平衡……道德关注
的核心在于尊重自给自足的组织能力和在面对高无序
(解体)压力时的整合能力。

(肯尼斯·古德帕斯特,1978,第 323 页)

生物中心主义者希望捍卫一种客观的道德,一种关注客观生
活的道德。动物福利伦理学持有一种享乐主义的价值观,仿佛痛
苦是大自然唯一没有价值的东西,而快乐是唯一的价值。在生物
中心伦理中,痛苦和快乐将是更大愿景的一部分,是生态系统层面
进一步价值的派生和工具,在生态系统层面,自然在一定程度上进
化出一个繁荣的群落,虽然更高形式的痛苦和快乐是一项重大的
进化成就,但群落对个体的痛苦和快乐并不关心。

人类必须而且应该以多种方式利用植物,作为食物、木材、纤
维素——正如"基本需求"理由所允许的那样。尽管如此,生物中
心论者仍然有力地辩称,有时人类会遇到一些植物——红杉树或
稀有的查普曼杜鹃花——人类需要考虑到这些有机体本身的特
点。考虑到它们在生态系统中的适应性,至少有一个假设是,在它
们所生长的地方,它们是好的物种,因此,人类让它们待在那里,让
它们进化是正确的。这使得植物,连同各种生物,它们的物种,以
及维持它们生存的过程都能够继续存在。人类应该带着尊重、克
制和感激来利用这种生命。

6. 尊重生命:将价值/美德自然化

的确,人类可以而且应该尊重生命,当他们这样做的时候,他
们发现了大自然的内在价值。但是我们对此该做何解释呢?这样
的发现似乎只是一种人类活动、某种关系,只有那些关心生物本身

内在价值的人才会这么去做。但是,这种价值发现的过程是不是早已存在了呢? 或者只是把某种价值人为设置在那里——故意选择(出自良知?)从本质上而不是工具上评价一些非人类的生命?

按照人为设置的说法,自然界的价值总是"以人为本"的,或者至少是"人为的"(由人类产生的)。布莱恩·G. 诺顿(Bryan G. Norton)总结道:"环境伦理学家中的道德学家在芸芸生命中寻找独立于人类价值之外的价值时犯了错误。他们评价事物时,忘记了最基本的一点。评价总是出自有主观意识的评价者……只有人类才能成为评价者。"(1991,第 251 页)安东尼·吉登斯(Anthony Gidden)是杰出的社会理论家,一直追随哲学家罗伯特·古丁(Robert Goodin),安东尼同意:"自然界中的客体只有通过我们才有价值——当我们谈论价值时,不可避免地涉及人的因素,因为必须有人持有这些价值观。"(2009,第 54 页)

欧内斯特·帕特里奇(Ernest Partridge)在回忆神话中能够点石成金的迈达斯(Midas)时说,人类也有"迈达斯的天赋"(1998,第 86 页)。当人类指向某样东西并选择看重它时,他们就会给这个世界带来价值。我们人类携带着照亮价值的灯盏,但我们需要大自然为此灯提供燃料。虽然自然物品还处于价值的黑暗之中,但有潜在的内在价值,而实际价值不过是我们的一念而已。

生命是值得珍重的,但只有当人类到来时,价值才会激活——这就像木头总是易燃的,但如果没有点燃是不会有火的。或者,换个比喻,就像我们打开冰箱门时,里面的灯才亮起来一样,在那之前,一切都是黑暗的。现实意义上的内在价值是与生成价值的人的出现相联系的。在人类到来之前,生物的价值属性就客观存在了,但是价值的归因是主观的。客体影响主体,主体对输入的数据感到兴奋,并将其转换为价值,此后客体(例如红杉树)看起来就具有价值了,而它本身具有的绿色并不能。一些人谈到了对内在价值的"倾向性"描述。

J. 贝尔德·卡利科特(J. Baird Callicott)捍卫这种观点。所有的内在价值都"植根于人的感觉",但"投射"到"激发出"价值的自然客体上。"内在价值最终取决于人类评价者。""价值取决于人类的情感。"(1984,第305页)我们人类有时可以、也应该把这样的价值放在自然事物上,但在我们到来之前,价值并不存在。内在价值是我们人类的构建,与自然有着互动,而不是在我们到来之前就已经存在的东西。"没有评价者,就没有价值,……所有的价值在旁观者眼中都是一样的……因此,它是依赖人类而存在的"(卡利科特,1980,第325页)。这样的价值是"人为的"(卡利科特,1992,第132页)。

卡利科特说,这是一种"截断"意义上的价值,"内在价值"只保留了其传统意义上的一半价值。这本书之所以具有内在价值,是因为它作为一种读物所提供的观点而具有价值的,并不是作为一种印了字的纸张而具有价值。这种价值是完全独立于任何意识之外的。(卡利科特,1986,第142—143页)。一些批评人士抱怨说,"内在"这个词即使被截断了,也是具有误导性的。"外在"这个词更好地说明了它的含义,"外在"指的是价值的外在的、人为的激发,即使这个价值一旦产生,显然是赋予有机体的,它也不存在于或蕴含在没有感情的有机体的内部。

另一种从内在本质上尊重生命的方式,来自那些提倡环境美德伦理的人(詹姆斯,2006;桑德勒,2007;桑德勒和卡法罗,2005;卡法罗,2010)。许多人具有一个令人钦佩的特质,那就是他们欣赏外部事物的能力。对大自然的历史感兴趣使人变得高尚。这种兴趣让他们变得更加伟大。人类必然不可避免地成为自然的消费者;但他们有时可以而且应该做得更多:成为自然的崇拜者。这让他们变得更加卓越。人类繁荣昌盛的一个条件是,人类尽可能多样化地享受自然事物——有时,因为这些生物本身就繁荣昌盛。

美国人、英国人、澳大利亚人或任何人,如果他们破坏了土地上的生物多样性，都应该感到羞耻；如果他们保护好这种生物多样性(所有生物无论大小)，他们将成为更优秀的人。品行端正的人类将尽可能不去破坏不必要的所有物种，包括甚至不重要的物种在内。我们总是可以从保护行为中获得卓越的品格。为了更加高尚的自我，我们有责任尊重生命。野生动物生命本身就是一种不同的、但又与人类相关的生命形式，当一个人尊重一种野生动物的生命时，就产生了一种人类的美德，就把人类独特的能力和卓越的可能性变成了现实。"在环境美德伦理中，人类的卓越和自然的卓越必然交织在一起。"(卡法罗，2002，第 43 页)要拥有真正的美德，必须尊重自然界的价值，这是人类繁荣昌盛所必不可少的。

用罗伯特·L. 查普曼(Robert L. Chapman)的话说："美德伦理对性格发展更感兴趣，虽然我们可以将内在价值归因于生物界的'完整、稳定和美丽'(和谐)，但它仍然是一种人类活动，只能从人在自然中的角度来评估……。如果没有生物界，您就不能正确评估内在价值……。通过善行证明的合作，为人类的参与保留了场所，并最终保留了一个适合人类发展的以位置为基础的身份。"(2002，第 136 页)如果我们想要一个健康的社会，那么我们就需要保护自然，这样一些天然的东西就会存在，可以让我们见到。

环境美德伦理学的批评者仍然担心，关注的焦点是否正确。如果这种卓越真的来自对他者的欣赏，那么这种人类美德就有助于实现其他生命形式的价值。从本质上看，卓越是自我的一种良好状态，但自我在处理与他者的关系过程中，自我所渴望和追求的内在美德有多种多样，而他者并不是那个正在渴望和追求的人的自我状态。丰富的人性带来了生物多样性的价值和复合的人的价值——但前提是价值轨迹不会混淆。否则，伦理的重心就错位了。这些物种已经存在数百万年了。是。那么为什么要救他们呢？因为，这么做会让我成为一个更好的人。我的生活质量与他们的是交织在一起的。但这混淆了副产品和确定的价值焦点。如果野性的他者给我带来了有价值的东西,它就不会变得有价值。不管我存不存在,它都是因为自身而具有价值,承认这种价值的存在就会给我带来价值。这样的伦理最好是以价值为基础的伦理,而不是以美德为基础的伦理。

尽管如此,环境美德伦理学家提醒我们,如果我们要成功地保护生命,就需要培养我们人类的优点,这是正确的。我们需要对其他动物表示出仁慈和同情。我们需要尊重其他生命形式。我们需要感谢他们和我们一起出现在地球环境中。我们需要抱着谦逊的态度,来接受有限的地球资源份额,而不是竭尽所能地去剥削利用。如果我们要知道我们是谁、身处何方、该做什么,我们就需要智慧——一种人类至高无上的美德("哲学(philosophy)"一词中的"索菲(sophy)"就是"对智慧的热爱"的意思)。

当人类到来时,根据"原地发现"的说法,人类在自然界中发现了"自主的内在价值",这些价值本已存在并得到了承认(罗尔斯顿,1983;1994;阿加,1997、2001;李,1996;内斯,1989;麦克沙恩,2007)。不那么正式,但可能更直截了当:有机体有其自身的优点。这种说法可能不会反对人类重视自然事物的内在价值——美国人可能会选择白头鹰作为国家象征,并因此赋予这些鹰特殊的价值。但是,截断内在价值感是不好的。有机体本身天然具有价值。

事实上,生物学是有价值的。生物学家无时无刻不在谈论价值。"为世界上的事件赋予价值的能力,是进化选择性过程的产物,在整个系统发展史上是显而易见的。在这个意义上,不论有机体生存环境中所发生的事情是不是期望中的,价值就是有机体能够感知的天赋"(多兰,2002,第1191页)。还记得那些石炭纪时期高性能飞行特技的蜻蜓,或者是那些用复杂的气孔解决光合作用/水分困境的植物吗?适应性价值、生存价值是达尔文主导理论的基本矩阵。有机体是应捍卫的价值中心;否则,生命是不可想象的。

正如我们在观察"聪明基因"时发现的那样,这种对价值的捍卫已经由 DNA 编码到行为中去了；但是，对一些有能力在一生中获取信息的生物体而言，这种对价值的捍卫可能涉及习得的行为。"进化赋予了某些有机体一些方法，来感知其行为的适应性价值"，这些"价值体系本身可以通过经验进行修改和扩展"。因此，"先天价值和后天价值"都涉及其中了（弗里斯通等，1991，第 229、238 页）。

有机体获得并维持内部秩序，以对抗外部自然的无序倾向。他们不断地重组自己，而无生命的东西则会被压垮、侵蚀和分解。生物体排斥无序。在一个整体热力学走下坡路的世界里，生命是熵的局部逆流，是一场充满活力的战斗（回想起欧文·薛定谔在《什么是生命？》一书中所提到的）。因此，有机体是一个自发的控制论系统，根据关于如何在世界上存在下去的信息，它们进行着自我维系、生命维持和自我繁殖。在执行这个目标的编码的"程序"和新陈代谢中，有一些象征性的内部表征，使用一些感觉、感知或其他响应能力来比较匹配和不匹配，并对照它们世界上的表现是否合适。在接收到信息的基础上，控制论系统可以计算出世界呈现的变迁、机遇和逆境。生物学家布莱恩·古德温（Brian Goodwin）说，在"紧急过程的动力学"中，"有机体不再仅仅是生存机器，而具有内在价值，具有自身的价值"（1994，第 XVI 页）。

树本身是有价值的（"能够赋值的"）。如果我们不能这样说，那么我们将不得不问，作为一个悬而未决的问题，"嗯，这棵树有它自己的优点，但它具备什么价值吗？""当麋鹿用鹿角摩擦树木，擦掉鹿角的嫩皮时，这棵树受伤了，那里分泌的单宁正在杀死入侵的细菌。但是这对这棵树有价值吗？"植物学家说，这种树在生物学意义上是会对外来刺激产生反应的；它的反应是修复伤害。这样的能力可能是"至关重要的"。这些都是对自然界价值的观察，就像它们是生物学事实一样，确定不移；这就是它们的本质：关于自然界中价值关系的事实。

　　人文主义者说，价值就像颜色，两者都是在互动中产生的。树木并不比它们本身的绿色更有价值。如果有人问某些价值观，比如我们喜欢的秋天的颜色，那么这个说法似乎是可信的。但更确切地说，要考虑使光合作用成为可能的信息。光合作用比绿色更客观。对树木有益的东西（氮气、二氧化碳、水）是不依赖于观察者而存在的。但是，树的好处（无论它是受伤的还是健康的）不是同样也不依赖于观察者而存在吗？基于 DNA 编码的树木应对是相当客观的。

　　毕竟，无论周围是否有人类在体验绿色，红杉树就在那里，已经存在了两千年了。北美红杉这个物种系已经有几百万年的历史了，它的每一棵红杉树都在捍卫着它们自身的优点。为什么这棵树不像它使用氮气和光合作用那样保护自己的生命呢？有机体有它们自己的标准，找到适合它们的地方，尽管这也是它们必须要做的。他们在环境中留下自己的足迹，同时也促进自身价值的实现。从这个意义上说，只要知道什么是红杉树，就知道什么是好的红杉树。人们知道，什么样的生物身份值得寻找和保护。

　　在这里，人们不能把这些有机体与人类相比较，因为人类有职业选择，而非人类则没有。"开膛手"杰克是一个很狡猾的杀人犯，因为他很聪明，从来没有被抓住过，但是作为一个杀人犯是应该受到谴责的。杰克有他自己的优点；作为一个有规范的系统，他主动选择去杀人。但是他的职业选择，他的标准，在道德上是错误的。在道德代理人中，人们不仅要问"甲"是不是一个规范系统，而且要判断这个规范是否道德。但是有机体，无论有没有知觉，都是没有道德标准的规范系统，没有职业选择，也没有有机体寻求自身利益的情况，这在道德上是应该受到谴责的。狼和荨麻并不是因为捍卫自身的优点，就都变成"坏东西"。如果想要寻找有机体的缺陷，那么，有机体具有同类的优点和有机体本身就属于一种好的类型，这两者之间就没有区别了。

哲学批评家们会回答说：情况的确如此，但是仅有生物学证据是不够的。诚然，植物寻求生命，避免死亡，从生物学上讲，这是它们自身的优势。但从哲学上讲，我们需要更多的理由来解释为什么这真的是一个优点。约翰·奥尼尔（John O'Neill）是这样说的：

> "Y"是"X"的优点，并不意味着"Y"应该被实现，除非我们有事先的理由相信"X"是那种其优点应该得到提升的东西。虽然事实和价值之间没有逻辑鸿沟，因为有些价值陈述是事实，但事实和应然之间存在逻辑鸿沟。"Y是一种优点"并不意味着"Y应该得到实现"。
>
> （1992，第132页）

> 罗宾·阿特菲尔德（Robin Attfield）也很纳闷："即使树木有需求，有它们自己的长处，它们可能仍然没有自己的价值"
>
> （1981，第35页）

现在有人认为：一些自然界的东西可能有它们自己的优点，但它们仍然是不好的——比如细菌（引起疟疾的疟原虫）、杂草、绿蝇、蚊子、臭鼬、响尾蛇、黄鼠狼。虽然它们可能有自己的优点，但他们没有独立的优势、真正的价值。诚然，每一种东西都有其同类的优点，但这并不意味着它们就是一种好的类型。它们可能不擅长与其他物种相处。到底跟谁呢？跟某个更了解实际价值的评价者不能很好相处。别忘了，不应该用道德善良与否去评判非人类有机体。但我们也可能会发现，有些有机体在按其规范表达的过程中，扰乱了生态系统，或者引起了广泛的疾病，我们发现它是一个坏的有机体。从这个意义上说，虽然肆虐东北方森林的云杉芽孢子虫，每个都有自己的长处，但它们可能会被认为是坏的种类。就他们所扮演的角色而言，它们是不好的一类。

不过，请记住，没有环境适应性，有机体就不可能是一种好的生物体。除了极少数例外,绝大多数有机体都能很好地适应它们所占据的生态位置。通过自然选择,它们的生态系统角色必须与它们基因编程造就的特长相适应。生态系统中存在一种永无止境的竞争,在其中,有机体的特长处于辩证的交换过程(我们将在下一章展开讨论),从工具意义上也很难说,任何有机体都是坏的。不合适的已经灭绝了,或者很快就会灭绝。在原生的自然界中,从其受害者或竞争者的狭隘角度来看,任何捕食、寄生、竞争或排挤另一个物种的物种,都可以叫作不好的物种。但是,如果我们放大这一视角,通常就很难说任何物种在整个生态系统中都是不好的物种。

这样的"敌人",也许对"受害的"物种个体有害,但可能对这个物种整体有利,因为捕食使鹿群保持健康,并随着进化时间的推移驱使它们跑得越来越快。除此之外,"坏物种"通常在控制种群数量、共生关系或为其他物种提供机会方面扮演着有用的角色。五月角莺通常非常罕见,但在芽孢虫爆发期间,它们成长很快;其他吃这种蠕虫的鸟类在一个季节可以筑巢两次,而通常情况下,它们完成一次筑巢都很难。

尽管如此,人们可能会发现某些有机体的例子,它们的环境适应性看起来安排得不好。在不断演变的环境中,存在着持续不断的斗争。也有意想不到的事情。虽然有错误的开始、尝试和错误,但也有很多聪明的基因,相互适应在一起,发现了积极的价值。地球上的生命历程需要一些四处寻找、探索失败的道路,或者有些探索会失败,而让位于那些探索得更好的。自然界中有畸形的有机体,它们是自己类型中的糟糕的那种,甚至是怪胎:它们没有天然的同类,不适合任何栖息地。如果要保证生命的持续性,虽然在实验突变的过程中它们的出现是必需的,但这样的个体会即刻遭到淘汰。进化的生态系统通过试错,来跟踪不断变化的环境,并获得新的生命形式,因此,即使是突变体和怪胎也是发挥了自己的作用的。

　　我们得知，真正的价值，真正的善，必须是与他者相关的。但这些关系很少判断生态系统中的不良安排。哲学家通常没有足够的经验知识来做出这样的判断。与谁有关？通常的答案是"与人类有关"，人类不喜欢鸡舍里的杂草、臭鼬和黄鼠狼，但喜欢作为外套穿在他们身上的黄鼠狼皮（貂皮）。一个更好的答案是"与所有丰富的自然历史中的生命有关"，因为这看起来更客观，并且不那么自私。

　　如果我们发现，生命体会珍视自己的生命，那我们有理由从道德上重视这一点吗？这个问题的本质是：我们应该尊重这种正在持续的生命吗？难道哲学家还会坚持：嗯，所有这些创造性、战略、非凡的效率、基因的智慧、完成精细任务的精巧组织，所有这些都证明了恰恰相反的东西，这里没有任何有价值的东西吗？诚然，细胞生物学家已经在基因组策略中发现了一些"奇妙"的东西，但哲学家们对语言的使用很明智，他们知道只有当细胞生物学家对蜻蜓、甲虫、蓝藻、珊瑚、红杉树感到好奇时，这些"奇妙"的东西才是真正的奇妙。否则，在有人感到震惊之前，至少没有什么是"令人震惊的"。我们认为这些基因组并没有一种奇思妙想或震惊的感觉。尽管如此，在我们获悉之前，那些生物学上的成就早就已经存在了。就像我们人类是世界上的评价者一样，这些是确定无疑的事实，面对这些，如果我们说，在我们对这些事件一无所知的情况下，在我们来到之前，那里没有任何有价值的东西，这样说，人类的傲慢似乎是"令人震惊的"。

　　传统主义哲学家坚持认为，在叶片气孔、基因组进化、蜻蜓翅膀或细菌时钟方面没有、也不存在真正的独立价值。这些精明的哲学家会坚持认为，那些从植物和昆虫中发现价值的环保主义者，当然就是那些从基因信息中发现价值的人，还没有意识到他们的认识论是天真的。他们坚持本体实在论，没有意识到，当代分析哲学或后现代哲学是如何使对任何客观本质的科学认识变得不可能,更不用说任何关于自然价值的实在论了。科学家们正在输出他们的人类经验,当他们建立这些理解框架时,他们用经验掩盖了自然的真实面目。虽然没有经验的生物学家用"价值"来形容植物,但仔细的分析会把这种"价值"放在吓人的引号里。这个所谓的价值其实不是哲学家们感兴趣的价值。因为它本身并不是一种让人感兴趣的价值。即使我们发现了这种让人感兴趣的价值(就像我们在高等动物中所做的那样),我们人类在知道是否存在任何"真正的"价值之前,仍然必须评估所有这样的动物价值。

生物学家可能会说,任何幸存下来的东西都比它所取代的东西适应得"更好"。但哲学家们会回答说,这只是生物学意义上的"更好"。这件事毫无道德可言。在野生自然界中,有机体根本不是道德代理人。新的生存技巧可能会比以前更卑鄙、更残酷,导致同一物种中的其他个体失利,或者其他物种灭绝。即使一个有机体进化到具有一定的环境适应性,但并不是所有这样的情况都是好的安排;有些情况可能是笨拙的,也可能是糟糕的。有些甚至可能是邪恶的。自然界是残忍的(牙齿和爪子都是红的),哲学家们最不愿意做的事就是模仿自然界。

哲学家更清楚什么才是真正的"更好"。但是,当我们追问这些哲学家,请他们具体说明什么是能进行全面筛选的超级价值,能合理认定或不认定地球上无数物种的各种生存优势时,哲学家们就开始结巴了。当要求说出好的(麋鹿、黑斑羚、红杉树、猴面包树)和坏的(响尾蛇和绿蝇),也许还有一些介于两者之间的(狼和黄鼠狼)的物种时,答案看起来大多是以人类为中心的偏见。哲学家可能会说,总体好的标准是快乐,或者是有效性(对谁有效?),或者什么是正确的,或者是某种柏拉图式的理想(完美的鹿?),或者是让社区保持繁荣的东西,或者是人类发现的奇妙的东西,或者诸如此类的。虽然我们在生物学上的描述越来越科学,这很好,但更深层次的问题是,自然界在哲学上被描绘成一个道德虚无的空间,内部没有价值，本身也没有价值。但我们这样做的时候，就得出了价值错位的谬论，这是一个人道主义的错误，认为价值完全通过满足我们的人类喜好而存在。

难道我们不能说，一般看来，地球上生命的进化和持续存在是一件好事吗？一般来说，答案可能是肯定的，但这不足以让我们在任何特定情况下得出结论，认为实现某个特定有机体的目标是一件好事。我们集体颂扬生命，把它作为一个整体来珍视，但我们尤其挑剔我们发现的有价值的东西——把那些蚊子和响尾蛇排除在外。我们不能总是从共性退回到细节。生活作为一个整体是好的，但具体的生活就乏善可陈了。

或者，也许我们需要从整体（集体）和特定物种（分布）的角度来考虑。"蚊子和响尾蛇应该存在吗？"这个问题只是"地球上的生命应该存在吗？"这一全球集体问题当中的一小部分，是一个分布的增量。特定问题的答案并不总是与整体问题的答案相同，由于地球上的生命是许多物种的集合，至少我们仍然可以说，两者有足够的关联性，举证的责任就在于那些想故意贬低某些物种价值、而同时从整体上很在意地球上生命的人。生物学家所说的生物多样性价值的整个概念，或者如哲学家们常说的"存在的丰富性"，都假定生命作为一个整体是一件好事，应该受到尊重。如果你说，"生命的生物多样性是好的，但蚊子是坏的"，这就需要你来解释原因了。

持怀疑态度的哲学家会说：不是的。不！你没听说过自然主义谬论吗？生命本来就是这样。每个人都应该尊重它。如果哲学家们曾经在某件事上有过定论，他们就会一致性地禁止转换看法，从实际情况（对生物事实的描述）转向应该是什么（对义务的规定）。任何这样做的人都犯了自然主义谬论。哲学家可能不太懂生物学，但他们懂逻辑。如果 X 有它自己的优点，那么 X 就是好的。如果 X 是好的，那么你应该保护它。一个反例将推翻这一前提,反例不胜枚举——细菌、野草、臭鼬、绿蝇、黄鼠狼（诺尔特，2006,2009）。

那么,即使有一些反例,我们肯定经常使用这种形式的论证:萨利有她自己的优点。萨利是好的,每个人都应该尊重萨利。人类有自己的优点。人类是好的,应该保护人类的生命。我们可以为工具性的好处而争辩;萨利是个好厨师。我们需要我们的邻居——商店店员和朋友。但我们经常争辩说,他者都有一些内在的优点。那些不同意这种观点,并伤害萨利,或谋杀其他人类的人,很快就会发现自己被关进了监狱。为什么不变得更加包容,并将这种想法扩展到非人类——至少经常这样（如果不是总是这样的话）? 这看起来是不是不符合逻辑,也不符合生物学? 即使是美德伦理学家也认为,当人们因为他人的内在价值而珍视他们时,人们就会实现一种通过其他方式无法实现的卓越。我们假设:如果自发的自然生命本身是有价值的,如果人类遇到并危及这种价值,似乎人类就不应该,至少在没有压倒一切的理由认为这么做能够产生更大价值的情况下,去破坏自然中的价值。

不,这不是一个合理的推断,答案也许来自具有复杂的理性、自觉和情绪化的人类,也可能来自那些没有这种能力的甲虫或红杉树。诚然,他们有他们捍卫的生活,这是他们自己的优点,但他们拥有的那种生活,他们的那种美好,对我们人类没有任何道德意义——细菌和绿蝇的反例就证明了这一点。环境伦理学家坚持认为,是的,全面的伦理是相当理性的;"人类是更好的评价者"这样的伦理与其说是理性的,不如说是短视的。环境伦理号召人类进行真正的自我超越,对地球上的生命给予更大的尊重。

这可能不是最好的世界,但地球是我们所知的唯一一个产生了生命的世界,它所产生的生命总体上是一件好事。这些关于好的种类的说法并不是说有机体是完美的种类,也不是说不可能有更好的了,只是说,在没有得到反证之前,自然的种类就是好的种类。至少,人类评价者有举证的责任,来说明为什么任何自然物种都是不好的物种,不应该得到人们的钦佩和尊重。

　　与其说人类在一个仅仅是有潜在价值的世界里点亮了价值,不如说他们在心理上成为正在发生的地球自然历史的一部分,在这个过程中,哪里有积极的创造力,哪里就有价值。虽然这种创造力可以存在于有兴趣和偏好的主体身上,但它也可以客观地存在于生命得到保护的活着的有机体中,以及存在于那些随着时间的推移不断捍卫自己身份并创造着自然历史上的传奇成就的物种身上。在一个原本毫无价值的世界里,做出评价的人类主体变成了一种不充分的前提,让那些深谙生物学的人得出了经验性结论。大自然将所有这些对个体的保护合在一起,形成了这个星球上美好的生命。生生死死,死死生生,生命不停消亡,也一直延续不断,这就是世界正在发生的。人类应该尊重这样的生命。

参考文献

Agar, Nicholas. 1997. "Biocentrism and the Concept of Life," *Ethics* 108 (《生态中心主义和生命的理念》,《伦理学》第 108 期):147 - 168.

——. 2001. *Life's Intrinsic Value: Science, Ethics, and Nature* (《生命的内在价值:科学、伦理和自然》). New York: Columbia University Press.

Attfield, Robin. 1981. "The Good of Trees," *Journal of Value Inquiry* 15 (《树木的优点》,《价值探索期刊》第 15 期):35 - 54.

Barinaga, Marcia. 1998. "New Timepiece Has a Familiar Ring," *Science* 281 (4 September) (《新时钟有一种熟悉的铃声》,《科学》第 281 期[9 月 4 日]): 1429 - 1431.

Blumenthal, Dana. 2005. "Interrelated Causes of Plant Invasion," *Science* 310 (《植物入侵的相关原因》,《科学》第 310 期):243 - 244.

Botkin, Daniel. B. 2001. "The Naturalness of Biological Invasions," *Western North American Naturalist* 61 (《生物入侵的自然性》,《北美西部的博物学家》 61 期):261 - 266.

Burdick, Alan. 2005. "The Truth about Invasive Species," *Discover* 25 (no. 5, May) (《入侵物种的真相》,《发现》第 25 期[5 月第 5 辑]):35 - 41.

Cafaro, Philip. 2002. "Thoreau's Environmental Ethics in *Walden*," *The*

Concord Saunterer, 10（2002）（《梭罗在〈瓦尔登湖〉中的环境伦理》,《康科德的漫步者》第 10 期［2002］）:17 - 63.

Cafaro, Philip, ed. 2010. *Environmental Virtue Ethics*, theme issue of *Journal of Agricultural and Environmental Ethics* 23（nos. 1 - 2）（《环境美德伦理》,《农业与环境伦理杂志》专刊第 23 期［第 1—2 辑］）:1 - 206.

Callicott, J. Baird. 1980. "Animal Liberation: A Triangular Affair," *Environmental Ethics* 2（《动物解放:一个三角关系》,《环境伦理》第 2 期）: 311 - 338.

——. 1984. "Non-anthropocentric Value Theory and Environmental Ethics," *American Philosophical Quarterly* 21（《非人类中心的价值理论和环境伦理学》,《美国哲学季刊》第 21 期）:299 - 309.

——. 1986. "On the Intrinsic Value of Nonhuman Species." Pages 138 - 172 in Bryan G. Norton, ed., *The Preservation of Species*（《论非人类物种的内在价值》,《物种保护》第 138 - 172 页）. Princeton, NJ: Princeton University Press.

——. 1992. "Rolston on Intrinsic Value: A Deconstruction," *Environmental Ethics* 14（《罗尔斯顿论内在价值:一种解构》,《环境伦理》第 14 期）: 129 - 143.

Campbell, John H. 1983. "Evolving Concepts of Multigene Families," *Isozymes: Current Topics in Biological and Medical Research*, *Volume 10: Genetics and Evolution*（《多基因家族概念的进化》,《同工酶:生物学和医学研究的当前主题,卷 10:遗传学和进化》）, 401 - 417.

Chapman, Robert L. 2002. "The Goat-stag and the Sphinx: The *Place* of the Virtues in Environmental Ethics," *Environmental Values* 11（《山羊—雄鹿和狮身人面像:环境伦理学中美德的地位》,《环境价值》第 11 期）:129 - 144.

Cox, George W. 1999. *Alien Species in North America and Hawaii: Impacts on Natural Ecosystems*（《北美和夏威夷的外来物种:对自然生态系统的影响》）. Washington, D. C.: Island Press.

Craine, Joseph M. 2009. *Resource Strategies of Wild Plants*（《野生植物的资源策略》）. Princeton, NJ: Princeton University Press.

Cram, Donald J. 1988. "The Design of Molecular Hosts, Guests, and Their Complexes," *Science* 240（《分子宿主、客体及其免疫物的设计》,《科学》第 240 期）:760 - 767.

Cronk, Quentin C. B., and Janice L. Fuller. 1995. *Plant Invaders: The Threat to Natural Ecosystems*（《植物入侵者:对自然生态系统的威胁》）. London: Chapman and Hall.

Dolan, R. J. 2002. "Emotion, Cognition, and Behavior," *Science* 298（《感情、认知和行为》,《科学》第 298 期）:1191 - 1194.

Elton, Charles S. 1958. *The Ecology of Invasions by Animals and Plants* (《动植物入侵的生态学》). London：Metheun and Co.

Eser, Uta. 1998. "Assessment of Plant Invasions：Theoretical and Philosophical Fundamentals." Pages 95 – 107 in Uwe Starfinger, K. Edwards, I. Kowarik, and M. Williamson, eds., *Plant Invasions：Ecological Mechanisms and Human Responses* (《植物入侵评估：理论和哲学基础》,《植物入侵：生态机制与人类反应》). Leiden, The Netherlands：Backhuys.

Friston, K. J., G. Tonoi, G. N. Reeke Jr., et al. 1991. "Value-Dependent Selection in the Brain：Simulation in a Synthetic Neural Model," *Neuroscience* 59 (《大脑中的价值依赖选择：合成神经模型中的模拟》,《神经科学》第 59 期)：229 – 243.

Giddens, Anthony. 2009. *The Politics of Global Climate Change* (《全球气候变化的政治》). Cambridge, UK：Polity Press.

Goodpaster, Kenneth E. 1978. "On Being Morally Considerable," *Journal of Philosophy* 75 (《论道德的可观》,《哲学杂志》第 75 期)：308 – 325.

Goodwin, Brian. 1994. *How the Leopard Changed Its Spots：The Evolution of Complexity* (《豹如何改变它的斑点：复杂性的进化》). Princeton, NJ：Princeton University Press.

Grill, Erwin, and Ziegler, Hubert. 1998. "A Plant's Dilemma," *Science* 282 (《一种植物的困境》,《科学》第 282 期) (9 October)：252 – 254.

Hepinstall, Jeffrey A., Marina Alberti, and John M. Marzluff. 2008. "Predicting Land Cover Change and Avian Community Responses in Rapidly Urbanizing Environments," *Landscape Ecology* 23 (《快速城市化环境下预测土地覆盖物变化和鸟类群落响应》,《景观生态学》第 23 期)：1257 – 1276.

Hölldobler, Bert, and Edward O. Wilson, 2009. *The Superorganism：The Beauty, Elegance, and Strangeness of Insect Societies* (《超有机体：昆虫社会的美丽、优雅和奇异》). New York：W. W. Norton.

Hutchinson, G. Evelyn. 1959. "Homage to Santa Rosalia, or Why Are There so Many Kinds of Animals." *American Naturalist* 93 (《向圣罗莎利亚致敬，为什么会有这么多种动物》,《美国博物学家》第 93 期)：145 – 159.

James, Simon P. 2006. "Human Virtues and Natural Values," *Environmental Ethics* 28：339 – 353. Johnson, Lawrence E. 1991. *A Morally Deep World* (《人类美德和自然美德》,《道德深奥的世界》). Cambridge, UK：Cambridge University Press.

——. 2011. *A Life-Centered Approach to Bioethics：Biocentric Ethics* (《以生命为中心的生命伦理学研究：生物中心伦理学》). Cambridge, UK：Cambridge University Press.

Keegan, Dawn R., Bruce E. Coblentz, and Clark S. Winchell. 1994.

"Feral Goat Eradication on San Clemente Island, California," *Wildlife Society Bulletin* 22 (《在加州圣克莱门特岛消灭野山羊》,《野生动物协会公告》第 22 期)(no. 1):56 – 61.

Keller, Evelyn Fox. 1983. *A Feeling for the Organism: The Life and Work of Barbara McClintock* (《对有机体的感情:芭芭拉·麦克林托克的生活和工作》). New York: W. W. Freeman.

Lee, Keekok, 1996. "The Source and Locus of Intrinsic Value: A Reexamination," *Environmental Ethics* 18 (《内在价值的来源和轨迹:再审视》,《环境伦理》第 18 期):297 – 309.

Leopold, Aldo. 1968. *A Sand County Almanac* (《沙乡年鉴》). New York: Oxford University Press.

Maynard Smith, John. 2000. "The Concept of Information in Biology," *Philosophy of Science* 67 (《生物学中的信息概念》,《科技哲学》第 67 期):177.

McKinney, Michael L. 2002. "Urbanization, Biodiversity, and Conservation," *BioScience* 52 (《城市化、生物多样性和保护》,《生物科学》第 52 期): 883 – 890.

McKnight, Bill N., ed., 1993. *Biological Pollution: The Control and Impact of Invasive Exotic Species* (《生物污染:外来入侵物种的控制和影响》). Indianapolis: Indiana Academy of Science.

McShane, Katie. 2007. "Why Environmental Ethics Shouldn't Give Up on Intrinsic Value," *Environmental Ethics* 29 (《为什么环境伦理不该放弃内在价值》,《环境伦理》第 29 期):43 – 61.

Mohlenbrock, Robert H. 1983. *Where Have All the Wildflowers Gone?* (《野花都到哪儿去了?》) New York: Macmillan.

Mooney, Harold A., Richard N. Mack, Jeffrey A. McNeeley, et al., eds. 2005. *Invasive Alien Species: A New Synthesis* (《入侵的外来物种:一种新的合成物》). Washington: Island Press.

Naess, Arne. 1989. *Ecology, Community and Lifestyle: Outline of an Ecosophy* (《生态学、社区和生活方式:生态哲学概述》). Cambridge, UK: Cambridge University Press.

Nolt, John. 2006. "The Move from *Good* to *Ought* in Environmental Ethics," *Environmental Ethics* 28 (《环境伦理学中从善到应该善的转变》,《环境伦理》第 28 期):355 – 374.

——. 2009. "The Move from *Is* to *Good* in Environmental Ethics," *Environmental Ethics* 31 (《环境伦理学中从现状到善的转变》,《环境伦理》第 31 期):135 – 154.

Norton, Bryan G. 1991. *Toward Unity Among Environmentalists* (《环保人士团结一致》). New York: Oxford University Press.

O'Neill, John. 1992. "The Varieties of Intrinsic Value," *The Monist* 75 (《内在价值的变化》,《一元论》第 75 期):119 – 137.

Orgel, Leslie E. 1994. "The Origin of Life on the Earth," *Scientific American* 271 (《地球生命的起源》,《科学美国人》第 271 期)(no. 4, October):4, 76 – 83.

Partridge, Ernest. 1998. "Values in Nature: Is Anybody There?" Pages 81 – 88 in Louis J. Pojman, ed., *Environmental Ethics: Readings in Theory and Application*, 2nd ed (《自然中的价值:有人在吗?》,《环境伦理学:理论与应用读物》第 2 版). Belmont, CA: Wadsworth.

Pennisi, Elizabeth. 1998. "How the Genome Readies Itself for Evolution," *Science* 281 (《基因组如何为进化做好准备》,《科学》第 281 期)(21 August):1131 – 1134.

Rolston, Holmes, III. 1983. "Values Gone Wild," *Inquiry* 26 (《价值变得狂野》,《探究》第 26 期):181 – 207.

——. 1994. "Value in Nature and the Nature of Value." Pages 13 – 30 in Robin Attfield and Andrew Belsey, eds., *Philosophy and the Natural Environment* (《自然的价值和价值的本质》,《哲学和自然环境》). Cambridge, UK: Cambridge University Press.

——. 2001. "Naturalizing Values: Organisms and Species." Pages 76 – 86 in Louis P. Pojman, ed., *Environmental Ethics: Readings in Theory and Application*, 3rd ed (《价值自然化:有机体和物种》,《环境伦理:理论与运用读物》第 3 版). Belmont, CA: Wadsworth.

Sagoff, Mark. 2005. "Do Non-Native Species Threaten The Natural Environment?" *Journal of Agricultural and Environmental Ethics* 18 (《非本土物种威胁到自然环境吗?》,《农业和环境伦理期刊》第 18 期):215 – 236.

Sandler, Ronald S. 2007. *Character and Environment: A Virtue-Oriented Approach to Environmental Ethics* (《品格与环境:一种以美德为导向的环境伦理方法》). New York: Columbia University Press

Sandler, Ronald, and Phillip Cafaro, eds. 2005. *Environmental Virtue Ethics* (《环境美德伦理》) Lanham, MD: Rowman and Littlefield.

Schlaepfer, M. A., D. F. Sax, and J. D. Olden. 2011. "The Potential Conservation Value of Non-Native Species," *Conservation Biology* (《非本地物种的潜在保护价值》,《保护生物学》), no. doi: 10.1111/j. 1523—1739. 2010. 01646. x

Schrödinger, Erwin. 1944. *What Is Life?* (《生命是什么?》) Cambridge, UK: Cambridge University Press.

Schull, Jonathan. 1990. "Are Species Intelligent?" *Behavioral and Brain Sciences* 13 (《物种有智慧吗?》,《行为与脑科学》第 13 期):63 – 75.

Schweitzer, Albert. 1949. *The Philosophy of Civilization*（《文明的哲学》）. New York：Macmillan.

Seeley, Thomas D. 2003. "What Studies of Communication Have Revealed about the Minds of Worker Honey Bees." Pages 21 - 33 in Tomonori Kikuchi, Noriko Azuma, and Seigo Higashi, eds., *Genes, Behaviors and Evolution of Social Insects*（《哪种沟通研究揭示了工蜂的思想》,《社会性昆虫的基因、行为和进化》）. Sapporo, Japan：Hokkaido Uni-versity Press.

——. 2010. *Honeybee Democracy*（《蜜蜂民主》）. Princeton, NJ：Princeton University Press.

Shapiro, James A. 2002. "Genome System Architecture and Natural Genetic Engineering." Pages 1 - 14 in Laura F. Landweber and Erik Winfree, eds., *Evolution as Computation*（《基因组系统结构和自然基因工程》,《进化即计算》）. New York：Springer-Verlag.

——. 2005. "A 21st Century View of Evolution：Genome System Architecture, Repetitive DNA, and Natural Genetic Engineering," *Gene* 345 (2005)（《21世纪的进化论：基因组系统架构、重复DNA和自然基因工程》,《基因》第345期[2005]）：91 - 100).

Simberloff, Daniel. 2005. "Non-native Species *Do* Threaten the Natural Environment!," *Journal of Agricultural and Environmental Ethics* 18(2005)（《非本土物种的确威胁自然环境》,《农业和环境伦理期刊》第18期[2005]）：595 - 607.

Soulé, Michael E. 1989. "Conservation Biology in the Twenty-first Century：Summary and Outlook." Pages 297 - 303 in David Western and Mary Pearl, eds., *Conservation for the Twenty-first Century*（《二十一世纪的保护生物学：综述与展望》,《为二十一世纪而保护》）. New York：Oxford University Press.

Sterba, James. 1995. "From Biocentric Individualism to Biocentric Pluralism," *Environmental Ethics* 17（《从生物中心的个人主义到生物中心的多元主义》,《环境伦理学》第17期）：191 - 207.

——. 2001. *Three Challenges to Ethics：Environmentalism, Feminism, and Multiculturalism*（《伦理学的三大挑战：环境保护主义、女权主义和多元文化主义》）. New York：Oxford University Press.

Sterelny, Kim, and Paul E. Griffiths. 1999. *Sex and Death：An Introduction to Philosophy of Biology*（《性与死亡：生物学哲学导论》）. Chicago：University of Chicago Press.

Taylor, Paul. 1981a. "Frankena on Environmental Ethics," *Monist* 64（《弗兰科纳论环境伦理》,《一元论》第64期）：313 - 324.

——. 1981b. "The Ethics of Respect for Nature," *Environmental Ethics* 3（《尊重自然的伦理》,《环境伦理学》第3期）：197 - 218.

——. 1983. "In Defense of Biocentrism," *Environmental Ethics* 5 (《为生物中心主义辩护》,《环境伦理学》第 5 期):237 - 243.

——. 1986. *Respect for Nature:A Theory of Environmental Ethics* (《尊重自然:环境伦理学理论》). Princeton, NJ:Princeton University Press.

Thaler, David S. 1994. "The Evolution of Genetic Intelligence," *Science* 264 (《遗传智力的进化》,《科学》第 264 期):224 - 225.

Thomas, Lewis. 1975. *The Lives of a Cell* (《细胞的多种生命形式》). New York:Bantam Books.

Vogel, Gretchen. 1998. "Insect Wings Point to Early Sophistication," *Science* 282 (《昆虫的翅膀表明它们很早就成熟了》,《科学》第 282 期) (23 October):599 - 601.

Wheeler, Quentin D. 1990. "Insect Diversity and Cladistic Constraints," *Annals of the Entomological Society of America* 83 (《昆虫多样性和分支限制》,《美国昆虫学会年报》第 83 期):1031 - 1047.

Whitlock, Cathy, and Sarah H. Millspaugh. 2001. "A Paleoecologic Perspective on Past Plant Invasions in Yellowstone," *Western North American Naturalist* 61 (《黄石公园过往植物入侵的古生态学观点》,《北美西部的博物学家》第 61 期):316 - 327.

Wills, Christopher. 1989. *The Wisdom of the Genes:New Pathways in Evolution* (《基因的智慧:进化的新途径》). New York:Basic Books.

Wilson, Edward O. 1987. "The Little Things that Run the World (The Importance and Conservation of Invertebrates)," *Conservation Biology* 1(4) (《统治世界的小东西(无脊椎动物的重要性及其保护)》,《保护生物学》第 1[4]期):344 - 346.

Wootton, R. J., J. Kuikalová, D. J. S. Newman, and J. Muzón. 1998. "Smart Engineering in the Mid-Carboniferous:How Well Could Palaeozoic Dragonflies Fly?" *Science* 282 (《石炭纪中期的智能工程:古生代蜻蜓的飞行能力》,《科学》第 282 期)(23 October):749 - 751.

第五章

物种与生物多样性：生命线岌岌可危

正如我们在前两章中介绍的那样，每个物种个体都有自己的优点。这些优点它们同类（物种）都具备。许多物种正面临着灭绝的威胁。当哺乳动物、鸟类和植物从地球景观中消失时，就引起了公众的关注。《千年生态系统评估》报告了多个国家的数百名专家的共识，其结论是："跟地球历史上的灭绝率相比，在过去的几百年里，人类使物种灭绝率增加了 1 000 倍。"（2005a，第 3 页；另见 2005b）。物种的丧失从直觉上看似乎很糟糕，但为什么呢？物种有什么价值？我们为什么要救他们呢？在物种层面上，保护的责任似乎增加了。保护物种责任的智慧挑战也同样增强了。什么是物种？这个问题是科学性的，需要生物学家来回答。人类对它们有责任吗？这个问题是伦理学的，由哲学家来回答。

1. 科学——"是"的问题：物种是什么？

首先要考虑的是一个科学问题。我们稍后会发现，从"是"（一个物种存在）到"应该"（一个物种应该存在）的争论是具有挑战性的。但我们首先必须越过生物学家的肩膀，看看他们是否知道什么是物种。在这一点上，我们发现生物学家有些不确定。有人说，物种这个概念是武断的、传统的，只是一种理论的映射机制。对物种的认识就像对等高线或经纬线的认识一样是想象中的。鸟类学家曾经重新评估过濒临灭绝的墨西哥鸭子（Anas Diazi），并将其与普通绿头鸭（A. platyrinchos）归为一类，认为它是鸭子的一个亚种。这也是美国鱼类和野生动物管理局将其从濒危物种名单中删除的部分原因。一个物种是不是灭绝了？这似乎与我们是否对这个物种负有责任有关。

生物学家有一个系统的分类方案，通常是一个层次体系：界、门、纲、目、科、属、种。如果一个物种只有一个类别或一个纲，界线就可能划定的比较随意，而这个纲只不过是其成员的一个便宜分组。个体有机体是存在的，但如果物种仅仅是纲，它们就是人类的发明，以这样或那样的方式聚集有机体成员。没有人会对属、科、目、门承担责任；每个人都承认这些分类在自然界中是不存在的。

达尔文曾经写道，"我认为'物种'这个术语是为了方便一组彼此相似的个体而任意赋予的"（1968，第108页）。使用一些自然属性来区分——生殖结构、骨骼、牙齿。但是，决定选择哪些属性以及在哪里划界线，不同的分类学家有不同看法。事实上，生物学家经常用"作者"的名字来命名一个物种，他们说，"作者"是"建立"分类单元的人。

然而，大多数生物学家（包括达尔文）倾向于对物种持现实主义态度，因为他们不是关于科、目、门的。物种是自然类别，在世界上繁衍生息。熊（灰熊）是一种持续不断的动态熊—熊—熊序列，是一种历史上延续了几千年的特定生命形式。母猪把她的一生献给了她的幼崽。在生—死—生—死系统中，需要一系列的替代。繁殖通常被认为是个体的一种需要，但由于任何特定的个体都可以在没有繁殖的情况下苗壮成长，按照另一种逻辑，我们可以将繁殖解释为物种通过其替代保持自己的存在，通过持续的表现来再造自己。实际上它们可能会受到胁迫，冒着风险或花费大量精力进行繁殖。

雌性动物没有乳腺，雄性动物也没有睾丸，因为它们的功能是保护自己的生命；这些器官保卫的是比躯体个体更大的生命线。世世代代捍卫的价值轨迹同样以生命的形式存在，因为个体在基因上被迫为了繁衍同类而牺牲自己。物种谱系也很有价值，它能够保存生物特性。事实上，它比个体更真实、更有价值，尽管个体是延续这一血统所必需的（罗尔斯顿，1988）。

生物上的"物种"不仅仅是一个纲。物种是一种活的历史形式（拉丁语单词 species），在单个有机体中繁殖，并在世代之间动态流动。G. G. 辛普森总结道："进化物种是一种谱系（种群的祖先——后代序列），它独立于其他物种，并具有自己单一的进化角色和趋势。"（1961，第 153 页）恩斯特·迈尔认为："物种是一组杂交的自然种群，它们在生殖上与其他此类种群隔绝开来。"（1969a，第 26页）他甚至可以强调"物种是进化的真正单位，它们是专门化的、有适应性的或能够转换适应的实体"（1969b，第 318 页）。

一些哲学家声称，物种是完整的个体，物种名称实际上是专有名称，与其物种相关的有机体是整体的一部分（盖斯林，1974；赫尔，1978）。奈尔斯·埃尔德雷奇和乔尔·克拉克拉夫特发现："物种是一群可诊断的个体，其中有亲本的血统和血统模式，只存在于这个物种之内，并且在同类个体中表现出系统发育的祖先和血统模式。"他们强调，物种"在时间和空间上都是离散的实体"（埃尔德雷奇和克拉克拉夫特，1980，第 92 页）。

生物学家和哲学家确实发现很难准确地确定一个物种是什么，而且可能没有单一合适的方法来定义物种。可以从四个主要方面来界定。（1）根据形态描述，分类学家考虑标本的形态，包括标本的形状、花、器官，并将其与其他形态相似的标本分为一组。这样的分类学家不需要对被检查个体的历史有所了解，也不需要看到活着的个体。（2）根据系统发生学描述，分类学家将具有相同或几乎相同的进化史的有机体放在一起，因此他们需要证据证明有机体的过去。如果他们不能在化石记录中记录到这一点，也许他们可以检查基因库。(3)按照"生物学"的说法(这个术语有些误导性),系统主义者把所有进行或可能进行杂交的个体放在一起。因此,他们观察它们是否交配,以及后代是否有生育能力。(4)我们早些时候注意到,有些人认为物种更像是经过专有名词命名的个体(亚伯拉罕·林肯,或英格兰),而不是像自然类型(人类或岛屿)。

事实证明,考虑到进化的自然历史,这四种说法虽然原理不同,但都差不多挑选出了同一组个体有机体,这并不令人惊讶。我们不得不说"差不多",因为也有例外(一些杂交物种是可育的;不同的系统发育系发展成了相同的形态)。但这不仅不足为奇,而且从物种形成的过程来看,这也不是什么问题。在物种形成过程中,一个物种进化成另一个物种,有时还处于过渡阶段。

可能没有单一的、典型的方式来定义物种;相反,有几个相似的维度,更像是家族相似。可能需要一种多型性的格式塔特征,用不同但相关的方式来识别一个物种。然而,我们需要提出的责任问题是,物种作为进化生态系统中的生命进程客观地存在于那里;定义它们的不同标准(血统、生殖隔离、形态学、基因库)至少在提供物种确实存在的证据方面是一致的。从这个意义上说,物种不是共同的个体,而是动态的自然类型。物种是一种在有机体中表达、以基因流编码、由环境塑造的连贯的、持续不断的生命形式。

特定的生命形式存在于特定的历史环境中,这种说法看起来一点也不武断或虚构,相反,就像我们对经验世界的任何其他信仰一样,虽然科学家有时会修改他们绘制这些形式所用的理论和分类单位,但这一说法似乎比较确定。物种与其说像经纬线,不如说像山和河,客观地存在着,有待绘制出来。所以这些自然种类的边缘有时会是模糊的,在某种程度上是随意的。我们可以预期,随着进化时间的推移,一个物种将演化为另一个物种。但这并不是因为物种形成有时正在进行,物种只是组成而不是被发现,因为进化线路被表达成不同的形式,每一种都或多或少地具有不同的完整性、繁殖种群、基因库和在其生态系统中的作用。

许多物种在它们的属中与其他物种密切相关,比如说,如果某一特定物种的85%的生命形式继续存在于该属的其他地方,那么该物种的丧失就不那么悲惨了。然而,每个物种都有独特的元素。每一个都实现了一些其他物种无法企及的自然界潜力。有时,有人建议在物种层面上,拯救哺乳动物和鸟类,但对于非捕猎性的和非商业性鱼类和许多植物(除非人类特别感兴趣),在属的层面上拯救就足够了。那些即使像属一样差别不大的自然物种(一些昆虫、线虫、微生物)可能会在科的层面上得到保存——至少这是法律应该要求的全部。当一个物种爬上生态系统金字塔时,内在价值就会增加,因此更细致地保存高级形态就更有意义。在更低级的层面,动物和植物主要由于它们的有用性而得以保存,而只有当在生态系统中的作用至关重要的情况下,才能得到细致的保存。

这项建议有几个问题。首先,物种是真实的历史实体,是杂交种群,而科、目和属不是。应该拯救的东西将在很大程度上丧失——会繁殖的种群。此外,物种最相似的地方在于,物种形成过程是动态的和多产的;那里的动态谱系是丰富的和繁衍的。试图在孤立的栖息地碎片中保存科或目的代表,就像是保存从整个格式塔中取出的拼图碎片。一个物种,一旦不能与竞争对手和邻居进行全套互动,很快就不会再像以前那样,在生物群落中存在。因此,我们得出结论,物种是动态的生命形式,保存在历史谱系中,在遗传上持续了数百万年,超越了短命的个体。物种绝不是武断定义出来的,而是真正的生存单位。

2. 伦理学——"应该"的问题:我们应该挽救物种吗?

国际自然保护联盟(IUCN)持有一份濒危物种红色清单,其中记录了 47 677 个物种（目前的数量）的灭绝风险，其中 17 291 个物种受到威胁，包括 12% 的鸟类，21% 的哺乳动物，30% 的两栖动物，27% 的造礁珊瑚，以及 35% 的针叶树和苏铁植物（2010）。"活着的星球"指数记录显示，自 1970 年以来，野生物种的数量已经减少了30%。美国的濒危物种名单包含大约 1 250 种动物和 800 种植物，但列出物种的程序很复杂，所有保护主义者都意识到这个数字要高得多。在美国，"受到灭绝威胁的已知物种的实际数量比濒危物种法案保护的数量高出十倍"（威尔科夫和马斯特，2005，第414 页）。

据推测，物种是很有益处的。但是我们需要一些论据（罗尔斯顿，1985）。第一条论据是物种对某些东西有好处。我们甚至不需要问物种本身是否有自己的优点，或者是否有益处。它们对我们有什么好处？我们问的是它们是否具有医疗、工业、农业、科学或娱乐用途（奇韦安和伯恩斯坦，2008；马顿-勒菲弗，2010）。

仅举几个例子：从马达加斯加长春花（长春花属）中提取的长春新碱和长春碱被用来治疗霍奇金氏病和白血病。在秘鲁发现的各种野生番茄被培育改良成了适合美国工厂式生产的番茄，使番茄更结实，可用于机械加工，产生了数百万美元的利润。人们发现黄石公园一种鲜为人知的嗜热微生物——水生嗜热菌（Thermophus Aquaticus）含有一种热稳定酶，这种酶可用于驱动基因复制技术中的聚合酶链式反应（PCR）。1991 年，这一加工过程的版权以 3 亿美元的价格出售，现在这一加工过程每年可赚取 1 亿美元。诺曼·迈尔斯（Norman Myers）敦促"保护我们的全球库存"（1979）。奥尔多·利奥波德（1970，第 190 页）警告说："保留每一个齿轮和轮子是智能修补的第一个预防措施。"保存所有零件。谁知道什么可能会有用呢？

野生物种可能在生态系统中起间接的重要作用。它们是我们人类乘坐的地球飞船（埃尔利希和埃尔利希，1981）这个飞行物上的"铆钉"。现在,少数物种的丧失可能没有明显的结果,但许多物种的丧失危及人类赖以生存的生态系统的弹性和稳定性。迈尔斯的比喻是一个下沉的方舟,这可以追溯到诺亚的故事。但是,担心方舟下沉似乎是这个故事的一个奇怪的转折。诺亚建造方舟是为了保护每一个物种,小心翼翼地带上船,每种类型带两个。在埃尔利希/迈尔斯的描述中,物种"铆钉"被保存下来,以防止方舟沉没!倒过来的证明很能说明问题。

批评人士回应说,很难证明每一个物种都是铆钉;罕见的物种不太可能是铆钉。这个比喻是错误的;地球不是一台需要所有部件的精心设计的机器。生态系统比这更多元,结构更松散。然而,有可靠的科学证据表明,许多物种的丧失会扰乱人类赖以生存的生态系统(还记得第四章中给作物授粉的蜜蜂吗)(世界卫生组织,2005)。

另一个论点是,物种,现在尤其是稀有物种,往往是自然历史的线索。任何明智的人都不会破坏罗塞塔石碑(1799 年在埃及罗塞塔发现的方尖碑[编者注:原文如此],它使人们能够破译古老的、被遗忘的语言)。任何有自尊的人类都不会毁灭鼠狐猴。鼠狐猴在马达加斯加濒临灭绝,被认为是最接近灵长类动物的现代动物,人类是从灵长类进化而来的。毁灭物种就像从一本未读的书上撕下几页,这本书是用人类几乎不懂的语言写成的,是关于我们生活的地方的。

有些物种是资源、铆钉或罗塞塔石碑,但有些不是。这些东西有没有值得拯救的价值呢?一个常见的论点是,在这里,我们可以扩展美德伦理学家和其他人在前一章中已经使用的关于关爱个体的各种论点。大多数伦理学家说,一个人不应该不必要地破坏濒危物种;善良的人不是破坏者。在更开明的观点看来,人类的福祉不仅取决于与其他人的关系,也取决于与地球上生命的关系。大卫·施密茨解释说:"只关心我们自己是一种利己主义,是一种失败。我们必须关心一些超越我们自己的事情。否则,我们将没有足够的东西去关心了,结果将是不健康的"(2008,第3页)。即使人类生活在仙境地球上,只要他们不珍惜自己丰富的环境——即使他们从未为这些其他物种找到任何资源性的用途,他们也会破落贫穷。

一个人如果改变了他或她对野生物种的评价,就会受益,因为他现在与自然的关系更丰富、更和谐。慷慨的人拯救了鲸鱼和蝴蝶,因为他们的美德增加,他们变得更富有了。地位高则责任重。从根本上说,在没有狼的情况下,与自然和谐相处,健康和多产的生活是很有可能的。但更根本的是,布莱恩·诺顿(Bryan Norton,1999)认为,考虑到狼的政策(在挪威、蒙大拿州也是如此),需要立法迫使牧羊人接受狼;伴随而来的是,需要说服他们认识到,狼对他们有好处。"我会认为,在这种情况下,当地人……应该受到一些压力,在朝着保护狼的方向上有所改变。"(第398页)

否则,那些牧羊人将"为几只羊牺牲它们与生俱来的野性"。人们应该希望土地上有狼,以免子孙后代"深切地感受到荒野体验的丧失"。"很多时候,当地社区是基于短期利益而采取行动的,结果却发现他们已经无可挽回地剥夺了他们的孩子一些非常有价值的东西。"(诺顿,1999,第397—398页)让狼和其他濒临灭绝的物种留下来,这样我们和我们的孩子就可以在敬畏中感到激动。这可能是对人类有益的,但它似乎也承认了敬畏狼的一些价值。

位于蒙古国乌兰巴托以西的胡斯泰国家公园(Hustai National Park)被设立为避难所,将野生的蒙古普氏野马重新引入野外。这种马有66条染色体,而所有其他马的染色体都较没有这么多。这被认为是世界上唯一活着的真正的野马,其他的都已经被驯化了。1992年,从荷兰和乌克兰圈养的马群中带走16匹马,放养在公园避难所里。马的数量已经增加到大约260匹,这是蒙古族巨大民族自豪感的来源。目标是让马繁殖到500匹(威尔福德,2005)。

从更务实的角度看,关于与生物多样性相关的价值归属还存在争议。历史上,野生植物物种、种子和种质一直被认为是公共领域的,或者是"人类共同遗产"的一部分。但越来越多的第三世界国家声称,其边界内的物种是他们的国家财产。《生物多样性公约》一开始就规定"各国对其自身的生物资源拥有主权权利"(《序言》),并继续规定"承认各国对其自然资源的主权权利,决定获得遗传资源的权力属于各国政府,并受国家法律的制约"(第15条)(《1992年联合国环境与发展会议》)。这些国家越来越坚持,必须通过专利和其他知识产权的形式,才能分享基于其土地上发现的遗传资源开发的利益(诺迈尔,2010)。如果这种植物是当地使用的,可能是为了增加产量而经过几代人培育的,这似乎还比较可行,但如果这些植物只是在野外发现的,就不那么令人信服了。

一些自然资源,如矿石和树木,可以成为国家资源,但目前还不清楚国家是否可以或应该拥有物种,这更像是拥有黄金的结构,而不是拥有黄金矿藏。秘鲁政府、秘鲁人民或当地土著居民是否拥有在他们的森林中发现的野生西红柿品种?遗传学家从中提取出一种有用的基因,并培育出可以进行农业种植的西红柿。这种植物是野生的,与其说是西红柿,不如说是球蓴麻;当地人从来没有培育过它并用作任何用途,他们甚至不知道这是西红柿。即使是在农业上有价值的作物(小麦、香蕉、玉米、苹果、土豆、西红柿、咖啡)也被转移到世界各地,并不被认为属于原产国,而这个原产国可能甚至不为人所知。

《生物多样性公约》虽然坚持"开发自然资源的主权权利",但回避了所有权的措辞。它说的不是"获得遗传资源"。这可以解释为所有权,但不一定是。专利持有者确实拥有他们获得的东西。同样,民族国家可能拥有他们可以获取的物种。但相比之下,土地所有者即使并不拥有那里的野生动物,他们也可能会控制对其财产的访问。主权国家即使并不拥有其景观上的野生物种,它们也可能控制着进入其领土的通道。

1991 年,默克制药公司与哥斯达黎加国家生物多样性研究所(一家政府机构)签署了一项协议。该研究所一直在试图识别该国所有的野生植物物种,进行初步筛选,并与制药公司就进一步使用有利用价值的植物达成协议。默克公司在几年内提供了 100 万美元,作为回报,获得了筛选物种中有用的植物化学物质的独家权利。这里的逻辑不是说哥斯达黎加人拥有这些植物,而是他们有权给予或拒绝在他们的土地上的"采集许可",而且他们可以通过这种许可获得费用。在默克的案例中,这笔钱是用来资助物种收藏的。在其他情况下,它可以用来资助地面保护。

根据某项协议,将利用野生资源的行业利润用于确保对剩余资源的保护,那这项协议就是非常有意义的,而且不受国界的限制,因为这些都是全球保护的问题和机会。所有权和开采权问题应该被视为一种共同权益,我们所有人都有义务保护。不论北方国家和南方国家,以及政府和工业界,都首先有义务拯救共同的物种遗产,然后才可以分享。这些物种是丰富的生物多样性的一部分,属于我们所有人。

经过进一步的思考,许多人声称无论物种是否对任何事情有好处,它们本身都是有益的。《联合国世界自然宪章》规定,"任何形式的生命都是独一无二的,无论其对人类的价值如何,都值得尊重"(联合国大会,1982)。许多人会说,是的,但那份文件在很大程度上是雄心勃勃的一个崇高的理想,没有人期望这样的文件具有约束力。也许吧。但是,至少具有"软法"地位的《生物多样性公约》肯定了"生物多样性的内在价值"(1992,《序言》)。评估发现物种作为同类商品的价值面临着生物学和哲学两方面的挑战,从另一个角度来看,这为扩大传统价值框架提供了机会。

对物种的考虑为关注个体提供了一个基于生物学的反例,这是西方伦理学的特点。在进化的生态系统中,重要的不仅仅是个体。在随后的每一代中,个体代表或重新呈现一个物种。它是一种类型的标记,类型比标记更重要。虽然物种不是道德代理人,但生物身份———一种价值———在这里得到了捍卫。物种线是生命系统的重要组成部分,是生命系统的整体,个体有机体是生命系统的重要组成部分。物种保护着一种特殊的生命形式,追求一条穿越世界的道路,抵抗死亡(灭绝),通过再生,随着时间的推移保持一种规范性的身份。价值驻留在动态形式中;个体继承它、展示它并将其传递。如果是这样的话,是什么阻止了价值存在于该层面上呢?生物特征不需要仅仅依附于以个体为中心或模块化的有机体、动物或植物。在世代遗传上重新确立一种生物身份对物种和对个体都是正确的———随着时间的推移,这种身份作为一种离散的、重要的模式持续存在。个体拥有的生命既是通过个体传递的,也是个体本身内在拥有的,出于对生命的全面尊重,人们认为动态地将责任赋予特定的生命形式是合适的。

虽然物种总是在个体上得以体现,但物种比个体更重要。生物保护也是在这个层面上进行的;而且,这个层面确实更适合道德关怀,这是一个比个体有机体更全面的生存单位。例如,如果捕食者被赶走,土地的承载能力超限了,野生动物管理者可能不得不通过扑杀成员个体来使物种受益。

就像植物一样,传统伦理学家会认为,把物种作为直接道德关注的对象会不够清晰。物种,虽然它们可能濒临灭绝,但不能"发出关心"———所以回应了我们以前听到的反对意见。他们只是来来去去。即使物种在生物学上是真实的,它们也没有哲学意义上的价值,因为它们没有利益可言。尼古拉斯·雷舍尔说:"道德义务总是以利益为导向的。但是,只有个体才可以说是有利益的;一个人只对特定的个体或其特定的群体负有道义上的义务。因此,拯救一个物种的责任不是对它的道德责任,因为道德责任只针对个人。这样的物种不是道德义务的目标"(1980,第83页)。斯图尔特·汉普希尔报道，按照通常的功利主义说法，"只有在人类感兴趣或将在情感上和感情上有兴趣的情况下，物种的保护才会得到关注和发起"（1972，第3—4页）。

乔尔·范伯格说："我们确实有责任保护受威胁的物种，而不是对物种本身负有责任，而是对未来的人类负有责任，这些责任源于我们作为这个星球的临时居民所扮演的管家角色。"（1974，第56页）这种关系是三边的。甲对乙有责任，乙涉及物种丙，但对丙没有责任。但是，对物种的关注可能会超越传统伦理体系的坐标。

诚然，一个物种没有保护其生命的能力。这与个体有机体特有的神经连接或新陈代谢没有相似之处，也没有感官上的兴趣。但也许这种独特的躯体身份，即自身的特点，在个体有机体中受到尊重，特别是那些有感觉的有机体，并不是唯一有价值的过程。生物学是多层次的，有分子、细胞、新陈代谢、有机体、物种、生态系统甚至全球水平的过程。

救救母灰熊！1984年春天，一只母灰熊和她的三只幼崽穿过黄石湖的冰面，来到离海岸两英里的法兰克岛。他们逗留了几天，享用了两只麋鹿的尸体，在此期间，冰桥融化了。不久之后，他们就挨饿了，因为岛太小，没有足够的食物养活他们。如果大自然顺其自然的话，被困的熊就只能挨饿了。母亲可以游到大陆，但没有幼崽她是不会游到大陆的。这一次，公园当局营救了这只母熊和她的幼崽（奥兹门特，1984）。相关的区别是对生态系统中的濒危物种的考虑，生态系统中的濒危物种经常受到人类的干扰，人类对灰熊的迫害太久了。一只繁殖的母亲和三只幼崽是繁殖种群的重要组成部分。拯救这些熊不是为了避免它们受苦，而是为了避免物种受到威胁。

现在看来，我们似乎反复无常地拒绝顺其自然。黄石公园的伦理学家让野牛淹死，对它的苦难无动于衷；他们让失明的大角兽死去。但是黄石公园的伦理学家与其说是在拯救单个熊，不如说是在拯救物种。他们认为人类已经在其他地方危及了灰熊,他们应该拯救这种形式的生命。对野生动物的责任不仅仅是对个体层面的责任,它们也是对物种的责任,对生态系统中的这些物种的责任。有时,这意味着,就像对母灰熊和她的幼崽一样,我们拯救陷入困境的单个动物,因为它们是一种类型的最后象征。

灭绝关闭了繁殖过程,这是一种超级杀戮。灭绝杀死个体以外的形式(物种),集体杀戮,而不仅仅是分散地杀死。杀死一种特定的动物,就是停止了几年或几十年的生命,而同种类型的其他生命却没有减少;大规模杀死一种特殊的物种,就是中断一个几千年的故事,而不给未来留下任何的可能性。

3. 严格执行拯救物种:濒危物种法案

对于拯救物种,我们多大程度的关注需要写入法律?关心环境质量需要民主共识,但这也需要相当大的执行力。并非所有的义务都是法律问题,但很多都是法律问题。如果你怀疑这一点,那就试试偷窃吧,或者杀人,或者射杀一只秃鹰。关于挽救生物多样性有相当多的立法(就像关于动物福利的立法,见第三章)。如第一章所述,美国国会通过了《濒危物种法案》(美国国会,1973)。国会还通过了 1972 年的《海洋哺乳动物保护法》。我们还注意到有《濒危野生动植物种国际贸易公约》(CITES,1973)。如果你被抓到试图携带雪豹皮进入美国,你会发现自己被关进监狱,并罚款数万美元。

在政治上,"命令和控制"的解决方案已经过时;相反,许多人喊着,我们需要的是"激励"。条例通过限制进入,禁止捕获物种来起到保护作用。更好的做法是让土地所有者遵守(减税的保护地役权)。即使是污染许可等激励措施,也是在要求遵守相关条例的背景下才能运作的。他们降低了对环境法的遵守程度,并引入了

一些自愿选择,但必须坚持的命令仍然存在。我们在前面挂着胡
萝卜,但在后面我们拿着一根棍子。类似法律的伦理形式也有些
过时了;相反,我们需要的是,生态女权主义者所说的"关怀"。美
德伦理学家强调他们的"美德",他们观察到,无论有没有命令,有
美德的人都会遵纪守法。有爱心、有道德的人不需要规则。在个
人道德发展的后期阶段,这可能是正确的;但在公共生活中,协调
一致的关怀需要监管和激励。前面的正直的人可能不需要法律,
但后面的人,以及我们中的大多数人,需要强制执行和加强——这
有助于我们前进。规则引导关爱和约束善良的意图。

受影响的各方必须合作、谈判和协作;往往存在复杂而并不总
是一致的规定,这些规定可以追溯到几十年前。找到可行的解决
方案需要一些毅力。但不要忘记,这也需要一项没有妥协的《濒危
物种法案》,这项法案有意义地推动了这一讨论。例如,普拉特河
流域的水管理涉及四个被列入名单的物种,高鸣鹤、燕鸥、笛鸻和
白鲟,对这些物种的关注必须与美国落基山脉西部开发一个世纪
以来实施的水法和权利相结合。

环境作为一种公共产品,不能只是一个私人问题;我们行动的
方式必须是集体的、制度的、协调的、企业的。在一个社区里,有些
事情我们不能做,除非我们大家一起去做。公共利益是相互的,需
要在环境政策上达成广泛的社会共识。但这也需要得到执行。在
没有执行的情况下,很少有社会问题能以正确的方式得到解
决——奴隶制、童工、妇女选举权、工作场所安全、最低工资、公民
权利都如此。

即使有了环境立法,一些人也会受到诱惑,而超出政策规定的
限制。这就是"骗子"的问题,即那些为了自身利益而利用与他人
合作的人。这也不总是有意识的企图;个人可能会像他们几十年
来习惯的那样行事(从河里取水来浇灌牧场),而没有意识到这些
习惯性的个人商品是如何聚集在一起,带来我们不习惯的公共邪

恶的(促使白鲟鱼灭绝)。需要环境法来遏制盛行的做法。社会契约必须得到规范。民法保护自然价值。这将需要推动人们向前,去他们不想去的地方——至少现在还不想,但将来他们回首看的时候,他们觉得到达那里是相当高兴的。狼群被送回黄石公园,牧羊人喃喃地说,"开枪,铲除,闭嘴。"但这些牧场主(至少是他们的孩子)越来越为他们土地上的生物多样性感到自豪。

即使99%的市民乐于这样做(假设他们这么做),也可能会有1%的市民不劳而获,这便会引发不守信的情况。一只烂苹果坏了一桶。腐败是会传染的。如果一个社会对污染者不采取管制措施,那么腐烂将会蔓延。加勒特·哈丁(Garrett Hardin)有点挑衅地称这是"相互胁迫,相互同意"(哈丁,1968,第1 247页)。通常具有很大惰性的既得利益集团必须被剥离。习惯必须改掉。在旧的理论基础下,自利是很容易合理化的。这是我们几十年来的做法,昨天是对的明天就会是错的吗?"我的水权可以追溯到1890年?你是什么意思?我不能像以前那样灌溉了吗?这不公平!"但是,当新的信息出现时(对高鸣鹤的影响),我们不能让旧的决定保持不变,而实际上需要做出新的和不同的决定。推动人们摆脱旧习惯和特权,在不同规模和范围的水平上改变对错模式,需要强制执行。公共政策可以而且应该比私人市场利益看得更长远。少数群体权利和持不同政见者的权利也必须得到考虑——并予以执行。但任何人都没有权利在没有正当理由的情况下伤害他人。在一些破坏与生物群落交织在一起的公共产品的地方,比如濒危物种,强制执行是合理的。需要法律来保护那些不能安全地留给公开市场的价值领域。

正如我们在第一章中提到的那样,美国国会与《濒危物种法案》的关系一直不太融洽,授权成立了一个可以允许物种灭绝的"上帝委员会"。一些阐释者认为,在该法案中,物种实际上具有道德地位和事实上的法律权利(瓦尔纳,1987;卡利考特和格罗夫-范宁,2009)。有点反常的是,该法案在技术上已经失效,但实际上仍然处于一种永久的悬而未决的状态,仍然有效,尽管没有人知道如何在政治上处理它——其中涉及的价值观很深远,跨度很大,从尊重创造到经济发展,到国民性和抱负,再到下一次选举的政治。

最近,由北极熊被列入名单引发的一个问题是,《濒危物种法案》是否可以扩大到全球变暖。美国环境保护署开始争辩说,因为全球变暖正在将熊置于危险之中,可以根据《濒危物种法案》来解决。但布什和奥巴马政府都裁定,应对全球变暖问题过于复杂,不属于该法案的适用范围,该法案从未打算用于此类目的。该法案的执行被指派给美国鱼类和野生动物管理局(U. S. Fish and Wildlife Service),虽然鱼类和野生动物专家可能会试图找出帮助受到气候威胁的熊适应气候变暖的方法,但该机构并不是应对全球变暖的合适机构。与此同时,两届政府都未能通过其他方式或机构解决全球变暖问题。

另一个问题围绕着"take"这个单词的两个法律含义(征用、取得)展开,分别见于"征用财产"和"取得物种"。美国宪法第五修正案禁止政府"征用"私人财产,除非它是供公共使用的,而且所有者得到了公正的补偿。在《濒危物种法》及其修正案中,"取得"一词也出现在较新的法律背景中。人们经常被禁止"取得"动物,也经常被禁止"取得"属于被列入名单的植物物种,因为如果导致它们进一步濒危,这就等同于带走这个物种。随之而来的"取得"的双重问题是:禁止在私人土地上"取得"濒危动植物物种,是否也涉及"取得"需要公正补偿的财产?

在 1973 年法案中,"术语'take'是指骚扰、伤害、追逐、狩猎、射击、伤害、杀害、诱捕、捕获或收集,或企图参与任何此类阴谋"(第三章,第 14 条)。这以动物为焦点。1988 年关于植物保护的修正案规定,明知违反任何州的任何法律或法规,在联邦法律管辖的土地上"以占有为目的的移除并减少"或"恶意损害或摧毁"名单上的植物,以及"移除、砍伐、挖掘或损害和销毁任何其他地区的任何此类物种"都是非法的(102 法案,第 2 306 款,第 1 006 章)。

联邦政府如果愿意,可以像法案第七章所规定的那样,禁止其机构从动植物物种存在的地方"取得"这些物种,无论这些机构是在公共土地上还是在私人土地上运作。它可能在国外和国内都能做到这一点。但是,联邦政府是否可以禁止私人土地所有者取得自己的土地上的植物,或者阻止公民在征得土地所有者同意的情况下,在他人的私人土地上取得植物?国会将这个问题延展到州法律管辖,这也许是务实的,也许是因为传统上认为,财产权和法规在州一级比在联邦一级更合适。

各州法律差异很大,一些州确实禁止任何人,无论是不是土地所有者,在没有州许可的情况下在私人土地上取得濒危植物。大多数州要求非土地所有者必须获得许可才能收集或销毁濒危植物,但允许土地所有者做他们想做的事情。与此同时,对用法律形式确实禁止这种取得方式的州,国会给予支持,支持的方式是联邦法律惩罚,这表明州政府可以合法地拥有这种权力,联邦政府将支持这一权力。

因此,我们面临着"取得"的双重用途——"取得"生命和物种与夺取财产是对立的——在努力解决问题的过程中,我们对私有财产制度及其经济价值的道德和法律信念在与濒危物种的生物学和生态学的遭遇中不断演变。主要的论点是,虽然土地所有者可能拥有土地,但他们并不拥有野生动物,狩猎法规就证明了这一点。虽然他们可能在自己的土地上拥有单独的植物,但他们不拥有物种。野生动物和物种是一种公共产品,不归私人所有,因此它们的"取得"可以受到监管(罗尔斯顿,1990)。

4. 自然的和人为的灭绝

对人类来说,时不时地灭绝物种似乎是很自然的。一直以来,物种都在灭绝。生存在地球上的物种中有 98% 已经灭绝。但是,自然灭绝和人为(人制造的)灭绝之间存在着重要的理论和实践差异。在自然灭绝中,当一个物种在其栖息地变得不适合时就会死亡,而其他物种会出现在它的位置上,这是正常的更替。相比之下,人为灭绝会关闭物种形成的路径。这并不完全正确,因为一些新的微生物可能会因为抗生素的医学使用而进化。或者当人类灭绝一个物种时,它的竞争对手可能会改变它的进化路线。但与自然物种再生形成对比,在人类主导的土地景观上,物种再生基本上是受阻的。自然灭绝打开了大门,人为灭绝关闭了大门。人类不会产生和再生任何东西;他们给这些生命线画上最后期限。相关的区别使得两者在道德上是截然不同的,就像自然死亡与谋杀一样。

古生物学评论家可能会回答,不。虽然在整个典型的进化史中确实有稳定的物种更替速率,但在过去有几次(也许是五次)罕见的但毁灭性的灾难性灭绝。于是自然历史的多样性就被摧毁了。二叠纪末期和白垩纪末期的灭绝是最令人震惊的。每一次灾难性的灭绝之后,先前的多样性就会跟着恢复(劳普和塞普克斯基,1982)。

虽然是自然事件,但这些灭绝与许多古生物学家寻找进化生态系统外部原因的趋势如此背道而驰。如果是由超新星、与小行星的碰撞或其他地外扰动引起的,这些事件对进化的生态系统来说是偶然的。如果原因更多的是源自陆地的——气候的周期性变化或大陆漂移——那么,地球典型的生物过程因它们的恢复能力,仍然值得钦佩。它们没有被意外打断,甚至没有中断,它们稳步增加了物种的数量。

多样性的挫折对复杂性有什么影响？大卫·M. 劳普很好地记录了这些灾难性的灭绝，也对此进行了哲学上的反思。这些周期性的削减为以后更复杂的多样性铺平了道路。我们首先认为，灾难性的物种灭绝是一件相当糟糕的事情，是一场不幸的灾难。但事实上，它们是好事情。事实上，如果没有它们，我们人类就不会在这里，也许任何其他哺乳动物的复杂性也不会出现。地球上的生命是如此具有弹性，以至于正常的地质过程缺乏在主要群体中造成大范围灭绝的力量。但这样的重置是需要的——次数很少，但定期进行。在判断这些灾难性的灭绝是一件坏事之前，我们应该三思而后行。

劳普解释说：

> 如果没有物种灭绝，生物多样性将会增加，达到一定的饱和水平，之后物种形成将被迫停止。在饱和状态下，自然选择将继续运作，改进的适应能力将继续发展。但进化中的许多创新，如新的躯体建构或生活模式，可能不会出现。其结果将是进化速度减慢，并接近某种稳定状态。根据这一观点，物种灭绝在进化中的主要作用是消除物种，从而减少生物多样性，从而使创新空间——生态的和地理的——出现。　　　　　　　　　　（1991，第 187 页）

这是一场巨大的变革；如果你愿意，你会发现这是随机的；我们必须说，这是灾难性的，但这种随机性整合到创新系统中了。多样性的丧失会导致复杂性的增加。灾难性的灭绝"一直是我们在化石记录中看到的生命历史的基本成分"（劳普，1991，第 189 页）。自然历史的故事性增加了。曾经，"我们认为稳定的行星环境最有利于高级生命的进化"，但现在我们认为，这种进化需要"具有足够的环境干扰，足以导致物种灭绝，从而促进物种形成的行星"（第 188 页）。

有人可能会说："嗯，如果灾难性的灭绝是如此创新，我们就不需要担心人为灭绝了。"但这未能理解自然灭绝和人为灭绝之间的根本区别。人为灭绝与物种进化没有任何关系。成千上万的物种将因人为改变的环境而灭绝，这些环境与自然环境完全不同，在自然环境中，这些物种是自然选择的，有时它们会灭绝。在自然灭绝中，当生命变得不适合栖息地时，或者当栖息地改变时，大自然就会夺走生命，并在其位置上提供其他生命。不仅物种会灭亡，它们还会随其生态系统一起灭亡，取而代之的是非自然景观。有毒土壤上几乎没有物种再生，沃尔玛停车场上也根本不可能有。

正如我们经常在环境问题中发现的那样，情况变得复杂，界限有时会变得模糊。人为原因可以加速自然原因。安肯帕格里豹纹蝶是一种蝴蝶，栖息在科罗拉多州西南部的安肯帕格里山脉的高处。人们于 1978 年发现安肯帕格里豹纹蝶，1984 年将之描述为一个新物种，并被列为濒危物种。它即将灭绝。它只能生活在高山上，以卵的形式度过第一个冬天，成为一种幼虫，以低矮的柳树为食生活数年，并在随后的几个冬天里冬眠。然后它结茧，以成虫的身份出现，寿命只有几天。为什么它要灭绝了？大多数生物学家认为这是由于气候逐渐变暖，甚至先于全球变暖发生之前，但全球变暖使之变得更糟。

作为一种残遗物种，豹纹蝶在这些高山上被捕获到，无法再向北迁移（到怀俄明州），那里有更合适的栖息地。一些生物学家认为，它濒临灭绝也是因为绵羊在吃草，因为徒步旅行者践踏了它，甚至是不分青红皂白地采集。这是一个自然灭绝的物种吗？我们应该顺其自然吗？或者，保护生物学家是否应该将一些豹纹蝶迁移到更北的地方？生物学家对此意见不一（布里顿、布鲁萨德、墨菲，1994）。

对于将受到全球气候变化威胁的物种转移到新的地点是否明智，环保人士存在分歧。他们一致认为，我们应该尽我们所能通过保护栖息地、支撑生态系统、协助它们生存等方法来救助陷入困境的物种。但是"辅助殖民"呢？把它们转移到更北的新栖息地，或者可能更潮湿，或者更少受到气候变暖的威胁？有人说，我们必须这样做，至少是作为最后的手段。物种自然迁徙，如果在全球变暖的威胁下，它们需要帮助，为什么不帮助它们呢？其他人说，无论用意多么好，但都还不够聪明，我们不能在不扰乱生态系统的情况下转移物种。这么做可能弊大于利（里恰尔迪和辛贝洛夫，2009）。如果它奏效了，被转移的物种会不会是非自然的，价值会降低？

二十世纪的前几十年，栗子从美国东部的森林中消失，死于意外从亚洲传入的板栗枯萎病。美国榆树受到荷兰榆病的严重威胁。生物学家已经试图培育出能抵抗这些疾病的栗子和榆树，目前正在努力将这两种美国大树恢复到曾经的原生森林。如果成功，这些恢复和转基因的栗子和榆子会不会是非天然的，价值也会降低呢？

为了拯救濒临灭绝的加州秃鹰，人们付出了很大的努力。在化石记录中，秃鹰曾经的分布范围要大得多（从亚拉巴马州到加利福尼亚州），一些生物学家认为它将自然灭绝，在过去的两个世纪里，由于大量的牛的尸体的出现，它的灭绝被推迟了，牛是欧洲定居者带进来的。但这些都是非典型案例，主要问题仍然存在：人类在全球范围内广泛威胁着生物多样性。

虽然人们一度认为，许多生物多样性在灾难性的灭绝中消失了，但最近的研究表明，情况并非如此。肖恩·尼和罗伯特·M.梅在对化石灭绝进行数学分析的基础上发现："大量的进化史可以在一次灭绝事件中幸存下来……即使发生了二叠纪晚期那样的大规模灭绝，也有相当大比例的生命之树可以幸存下来。"虽然现在认为这个估计过高，一些古生物学家估计，多达95%的海洋物种

(尽管不是陆地物种)在这次灭绝中灭绝。但即便如此,"在大约95%的物种消失的情况下,大约80%的'生命之树'仍能存活"(尼和梅,1997,第692—693页)。

这是因为几乎所有主要种群的一些物种都存活了下来,并被释放出来重新繁殖。这样想吧。大规模灭绝更多地砍掉了生命之树(可以说是物种)的树枝,而不是主要的分支(科、目、纲),后者在幸存下来的物种中保留了足够的芽。"即使大力修剪,生命树的大部分也可能幸存下来。"(尼和梅,1997,第694页;另见迈尔斯,1997)

但没有证据表明,由于当代人类活动造成的物种灭绝,生命会同样繁衍生息。恰恰相反。我们将在最后一章更广泛地讨论全球变暖问题。但这里我们来考虑一下它对野生物种的影响。根据政府间气候变化专门委员会(IPCC)的《第四次评估报告》:

> 我们带着中等信心认为,如果全球平均变暖增加超过1.5—2.5摄氏度(相对于1980—1999年),到目前为止评估的大约20%—30%的物种可能面临更大的灭绝风险。随着全球平均气温超过约3.5摄氏度,模型预测显示,全球范围内(评估物种的40%—70%)将会出现重大灭绝。
> (2007,第13—14页)

政府间气候变化专门委员会(IPCC)的评估发现,亚马孙雨林的东半部是地球上生物多样性最丰富的几个地区之一,很容易遭受大范围的崩塌,并为退化的热带稀树草原所取代:

> 在未来的气候变化下,拉丁美洲热带许多地区存在重大物种灭绝的风险(高度自信)。亚马孙东部热带森林有望逐渐被热带稀树草原取代……世界上25个特有物

种密度最高的关键地区中,有 7 个在拉丁美洲,这些地区正在经历栖息地丧失。

(帕里等,2007,第 54 页)

美国内政部发布了一份来自政府和非政府组织的保护生物学家共同完成的研究报告:《鸟类状况:2010 年气候变化报告》。他们发现,美国 800 种鸟类中有近三分之一濒临灭绝、受到威胁或大幅下降,全球变暖正在使栖息地丧失(特别是森林和湿地)、使用杀虫剂、狩猎、迁徙障碍和入侵物种带来的压力变得更加严重,这些已经给本土鸟类造成了沉重的损失。

珊瑚礁是海洋生物多样性的热点,处于危险之中,很容易受到海洋温度小幅上升的影响。在澳大利亚,"预计到 2020 年,包括大堡礁在内的一些生态丰富的地点将出现生物多样性的严重丧失"(帕里等,2007,第 50 页)。这种损失很可能接近古生物学家所说的地球生命历史上灾难性灭绝的水平,但由于是全球人为的,它们也是截然不同的,因为它们极大地降低了物种再生的环境。

我们可以把北极狐作为这种悲剧的象征。北极狐是地球上最能适应极端寒冷环境的动物之一。但它体型较小,无法与体型较大的赤狐竞争,后者更加善于找寻食物,也可以捕杀和吃掉前者。由于全球变暖,赤狐正在向北扩展它们的活动范围,而北极狐正在消失。是的,物种可以适应不断变化的气候,但对于这么突然的气候变化却无法适应,这超过了它们进化的能力。

5. 生物多样性:不仅仅是物种

对濒危物种的关注已经扩大到对生物多样性的关注。这意味着承认了存在于多个生物层面上的价值:基因、生物、物种、生态系统、区域生物群、景观、海洋(威尔逊,1992;卡法罗和普里马克,

2001;佩雷拉等,2010)。地球的多样性包括地质和矿物多样性,不同的气候,无数不同的岛屿、山脉、海湾、洞穴等等。没有两个景观是相同的,每个峡谷或湖泊都有其独有的特征。而且一切都在不断地变化:季节、河流,甚至是山脉。我们重视这种地域多样性。但地球上的生物多样性尤其引人注目。生物多样性跨越了从基因到生物群落的组织层次。环境伦理学关注拯救物种,但也关注拯救栖息地和生态系统,以及拥有健康和强大的环境——累积起来,我们可以称之为生物丰富性。

美国《国家森林管理法》要求美国林业局管理森林,以便"为动植物群落的多样性提供保障"(美国国会,1976,第6[G][3][B]章)。我们已经注意到《联合国生物多样性公约》(1992)。缔约方"担心生物多样性正因某些人类活动而显著减少","意识到生物多样性的内在价值以及生物多样性的生态、遗传、社会、经济、科学、教育、文化、娱乐和美学价值","同时还意识到生物多样性对进化和维持生物圈生命维持系统的重要性"(联合国,1992,《序言》)。

《公约》将保护与可持续地使用生物多样性资源同公平和公正地分享这些资源带来的利益(特别是在商业用途上)联系起来。可持续发展和维持生物多样性是两个相互交织的目标(萨克斯等,2009)。2010年10月,公约组织在日本名古屋举行会议,评估进展情况并制定未来目标。研究发现,在一些领域取得了进展,但总体上生物多样性正在下降,目标没有实现(《全球生物多样性展望3》,2010;兰兹等,2010;诺迈尔,2010;霍夫曼等,2010)。在此之前不久,联合国大会首次在辩论中讨论了生物多样性危机,但最后没有采取有效行动(沃波尔等,2009)。

多样性的程度有多大?风险有多大?我们需要衡量多样性——现有的、受到威胁的或丧失的——以便了解存在争议的价值,确定哪些是优先保护项。如果我们不能定量地衡量多样性,我们至少可以描述性地叙述多样性,并对其质量做出一些评估。无论从科学意义上还是从哲学意义上来说,生物多样性的范围都不是一个容易回答的问题。困难在于它的丰富性,可以说是多样性的多样性(布鲁克斯等,2006)。

第一个多样性指数是物种数量(α 多样性)。地球上有 500 万到 3 000 万种物种(有人说是 1 亿种),这还不包括细菌和病毒。数字间的巨大差距立即表明,我们确信这些数字很大,但我们不确定有多大(皮特,1974;克里斯特,2002)。系统学家已经描述了大约 170 万个物种,并且每年描述大约 15 000 个新物种。在北极、温带和热带的生态系统中都有物种,因此地球是一个更加多样化的星球,一般来说,从极地旅行到赤道,物种的数量会增加。不久前,我们还认为地球上大约有 300 万种物种,其中约有一半已被确认——4 100 种哺乳动物,8 700 种鸟类,6 300 只爬行动物,3 000种两栖动物,23 000 种鱼,80 万种昆虫,超过 30 万种绿色植物和真菌,还有成千上万的单细胞生物。近几十年来,由于新的发现和分类的更加合理,这些估计的数量一直在稳步上升,主要是在无脊椎动物中(梅,2010、1988;迈尔斯,1979;威尔逊,1992)。2005 年,在新几内亚的福加山脉,生物学家发现了 40 多个新物种,包括几种新鸟类和 1 种新的针鼹鼠(比勒,2007)。

另一个多样性指数是物种的相对丰富度,可以称之为均匀度。一个物种在特定地区出现的频率是多少? 在野生自然界,相对丰富度受到生态控制;生态系统是热带金字塔,这使得典型的植物物种比动物物种多,一些动物物种比其他动物物种多。生态系统是如此的结构化,以至于大多数物种都是稀有的。不幸的是,与常见或丰富的物种相比,不常见和稀有物种更容易受到人类引发的压力的影响。稀有物种往往容易灭绝。

另一个层面的多样性是指一个区域内的生态系统及其物种有多大的差异(β 多样性)。社区的多样性有多大? 由于海拔和随之而来的气候变化,在一个地区,可能有沙漠、草原平原、山地森林和北极冻土带,这些都在 30 英里以内,而在其他地方,除了草原平原,什么都没有。哥斯达黎加,一个不比西弗吉尼亚州大的小国,拥有比美国大陆更多的不同物种。这是因为它的栖息地多样性:海拔变化剧烈,地貌灌溉良好,而且位于两大洲的十字路口。巴拿马的植物种类和整个欧洲一样多。

关于生物多样性的指数有近 24 个种类(默古兰,1988;皮卢,1975;布鲁克斯等,2006)。我们需要一些关于这些物种是否属于不同的属、科、纲、目、门——等级多样性的说明。不同门中的两个物种(甲虫和黑猩猩)比同一属内的两个物种提供了更多的多样性。我们需要一些地区性或全球性的尺度。如果一个系统中的一些物种是地方性的,这不会影响当地的多样性指数,但这样的地方社区及其地区性增加了区域多样性(有时称为 γ 多样性)。偏远岛屿的多样性很低,但地方性很高。

与世隔绝使得岛屿上为数不多的物种得以生存,新的生态位经常由于竞争模式的改变而得到填补。正是这种孤立的生存,虽然当地的多样性很低,但往往产生了高度的地方性,增加了全球的多样性。夏威夷和其他太平洋岛屿尤其如此。灯塔看守人有一只名叫“提布尔斯(Tibbles)”的猫,它在一年(1894 年)内几乎灭绝了斯蒂芬岛上所有微小而不会飞的乌鸦,这种乌鸦是那个海洋岛屿上的一种古老的特有物种,在毛利人灭绝它之前,它也曾生活在新西兰。(有几只似乎没有被提布尔斯吃掉的,后来都死掉了。)

物种之间的相互联系是如何的多样化？食物链可能是简单的,也可能是相当复杂的,后者可能会带来冗余和弹性,也可能会放大干扰。如果物种在位置上分布不均匀,就会带来更多的多样性。绘制分布图对植物覆盖的地区相当有效,但对四处走动的动物则不起作用——除非动物倾向于聚集在某些植物周围。测绘后,我们可以测量面积,并生成一些新的多样性统计数据。接下来,我们会想知道是什么决定了分布图,这些因素可能或多或少地简单或复杂(土壤类型、露出地面的岩石、火灾历史、物种竞争、竞争排除)。对于捕食者和猎物来说,藏身之处、角落和缝隙的多样性,部分是地貌(岩壁)的问题,部分是植被(空心树)的问题。该系统是气候多样性(夏季炎热,冬季寒冷;冬季潮湿,夏季干燥)还是地貌多样性(山脉、平原、湖泊、海岸线、沙漠、苔原),这会不会可能反映在动植物的多样性上呢(可能影响生态位的多样性)?

多样性在很大程度上是关于生态系统的客观事实,但也会有一些主观的决定。关于集合和分拆,我们可能会有分歧。我们将不得不做出一些决定,在哪里划定边界线或区域,或者监视系统多长时间。如果我们只观察两个社区十分钟,会发现这两者不一样,但如果我们观察十个十年,那么至少一个社区中会有更多的多样性变化。如果生态系统规模很大,我们不能对其中的一切进行普查,所以我们将不得不抽样,但是会担心抽样的方式。如果有机体排列成一块块的(不是随机的),随机的空间样本不会给出可靠的估计。因此,我们开始意识到多样性是复杂的,衡量它和欣赏它,决定我们可以和应该挽救什么,并不是一件简单的事情。

此外,我们可能会发现一些多样性没有意义,或者是多余的。折扣药店已经提供了这么多种类的洗发水,再多一种,没有更好或更差,只是不同,几乎不会有什么好处。商店里也没有另一种口味的冰激凌比已经卖出的 57 种口味更好。有人可能会认为,大自然在甲虫身上的繁殖力要比美国的洗发水工业多得多,不知道什么时候该说"够了"。但有一个相关的区别:每种甲虫都是一种自主的生物学成就。

发现更多的我们没有想到的寄生虫病有机体,我们不会太重视——至少在人类医学方面是这样。我们已经在哀叹流感病毒的毒株太多了。我们费心尽力地(几乎)消灭了天花病毒(严格地说,天花病毒可能不是活的)(奥尔特曼,1996;凯泽,2011)。我们希望对脊髓灰质炎病毒做同样的事情。如果唯一的区别是几个斑点和刷毛的位置不同，我们可能不会重视两种甲虫。我们是否应该重视自然界中畸形的怪胎（如双头小牛），尽管这些都是人们出于好奇，花钱在杂耍中看到的，或者科学家做研究去了解哪里出了问题，这是值得怀疑的。我们已经说过，引进的外来物种增加了我们不想要的多样性——荒野中的蒲公英。这减去了全国范围内的多样性，因为几乎到处都有蒲公英，原始的蒲公英很少，没有蒲公英的地区也很少。我们重视在大范围内促进自然丰富性的多样性。

　　自然界的多样性不是简单的多元化。自然界的多样性可能就是一片混乱。有时候，大自然看起来就是这样，只不过是一种十足的充满嗡嗡声的混乱。但生态学家更了解实际情况。多样性与整合和统一相辅相成，生态系统是整体，是共同体，它将许多有机体组成相互连通的金字塔。生态系统中的多样性不是紧密的、有机的统一；在一个互补的社区内，整合是更加开放的。每个物种在其生态位中都有自己的完整性，并且每个物种都与更大的群落息息相关。

　　也许要说明的主要观点是，必须在生态系统中拯救物种（第六章的主题）。一个物种与它所生存的地方密不可分。特定物种可能不是必需的，因为生态系统可以在单个物种丧失的情况下生存下来。但栖息地对物种来说是必不可少的，而濒危物种往往意味着濒危的栖息地。物种和群落是互补的有综合关系的物类，与物种和个体有机体拥有可区分但相互交织的物类的方式平行，但高于这一水平。起到保护相关价值的，不是保存物种，而是保存系统中的物种。人们必须正确评价的不仅仅是它们是什么，而是它们在哪里。

　　然后，这限制了动物园和植物园在物种保护方面发挥的其他重要作用。它们可以提供研究、物种的避难所、繁育计划、帮助公共教育等等，但它们不能模拟野生生物群在自然选择压力下，随着时间的推移基因流动的动态。它们只锁住一群个体；它们将物种从其栖息地截取出来。物种只能在原地保护；物种应该在原地保护。从科学事实到伦理责任来讲，都应如此，但应该的必须建立在可能的之上（罗尔斯顿，2004）。

无论是个体还是物种都不是孤立的，它们都植根于一个生态系统中。植物是自养生物，具有一定的独立性，这是动物和其他异养生物所没有的。植物只需要水、阳光、土壤、养分、当地的生长条件；动物，通常是流动的，位于营养金字塔的更高位置，可能范围更广，但在这种替代的独立形式下，依赖于植物的初级生产。即使物种获得一种适应性，使它们能够生长到不同的环境，但每一种自然形式的生命，在它的栖息地成长到现在的样子，都是取决于它们的适应性能力。我们在第四章中注意到，由人类引入的外来入侵物种通常不太适合他们的外来生态系统。在野生自然界中，当整个种群或物种被环境中的自然力量选中，以获得它可以占据的生态位时，整个种群或物种就会生存下来。

除了将物种放在自然历史的生态系统中，在环境政策中，保护濒危物种的立法也经常被用来保护它们所属的生态系统（如太平洋西北部的古老森林，其中有斑点猫头鹰）。越来越多的人认为生态系统的方法比单一物种的方法更有效。但是，对是否应该使用有非凡魅力的物种（斑点猫头鹰或狼）作为森林管理的工具，人们仍存在争议，这需要充分考虑到广泛的价值观。这是一个小尺度的问题，有点类似于试图利用北极熊来阻止全球变暖。

哲学家有时会做"思维实验"来检验他们的论点和直觉。一个与生物多样性价值相关的争论被称为"最后一个人的争论"（劳特利和劳特利，1980）。想象一下，人类通过具有破坏神经元的辐射的核武器，摧毁了自己，只剩下最后一个人。他只剩下一天的生命了，他坐在一个控制室里，在那里他可以按下更多的按钮，释放更多的核武器，这可能会在一刹那间摧毁地球上的所有生命。他会不会在临终前以毁灭地球上所有的生命来消遣呢？几乎任何人都会说他不应该这样做。这似乎表明,离开人类的生命是有价值的,因为最后一个人应该尊重在所有人类都死后继续存在的生命。(这必须是最后一个男人的论点,因为对于生态女权主义者来说,想到最后一个女人做这样的事情是荒谬的,只有男人才能想象自己的行为如此傲慢。)

反对者可以回答说,最后一个人应该尊重有知觉的生命,因为在人类消失后,继续存在的动物仍然可以享受它们的快乐。人们可以修改这个论点,假设神经元退化的辐射很快就会摧毁所有有知觉的生命。尽管如此,似乎最后一个人不应该为了他的临别娱乐而破坏整个非神经生命(例如,单细胞生物)和花卉世界。这里还存在着巨大的进化创造力;事实上,大多数活着的有机体都是非神经性的。它们也捍卫和珍视自己的生命。

哲学家善于摆脱他们的思想实验,这里的批评者可能会说,最后一个人所犯的错误,应该聚焦在他的行为上,而不是在几千年和亿万年后出现的贫瘠星球上。他已经在想象中经历了这些闪电式的状态,这对他来说是一种损失——甚至规定不再有后来的人类或神经动物(埃利奥特,1985)。但这是纸上谈兵的哲学,并不太可信——至少对任何接近生物世界的人来说是不可信的。生物学家会记得,自然历史进化的世界在地球上已经持续了 35 亿年,人类假设,在智人到来之前没有任何有价值的东西,这似乎很傲慢。同样,这最后一个人假设他死后不再有任何有价值的东西,或者认为任何剩下的东西的价值,都以某种方式永远与他和他的琐碎思想联系在一起,这似乎更加傲慢。诚然,最后一个人的性格将是可悲的;但是,如果他心血来潮地摧毁了耗时数十亿年才演变出来的东西,那么更多有价值的东西就会岌岌可危。

6. 生物多样性与人类：双赢？一输一赢？双输？

自然资源保护者可能会提倡一种"双赢的生态"，这样"地球上的物种才能在人类事业活动中生存"（罗森茨魏希，2003）。在这里，希望造福穷人的经济学家可能会说：野生动物也可以让穷人获利。留出一些"后备保护区"。利用它们进行生态旅游，穷人就可以从他们土地上的野生动物保护区中受益。物种价值必须与人类的价值相辅相成。当人与自然和谐相处时，每个人都是赢家，人、犀牛和老虎都是如此。

对两种看法可能都会有怀疑者。那些渴望更多保护的人会说，双赢的快乐假设，即保护可以免费进行，十有八九是与野生动物的损失相矛盾的。每一类游客愿意花钱去看的有魅力的物种中，都有几十种游客永远不会关心的昆虫、无脊椎动物和植物。相反，那些自称实用主义者的自然资源保护者，也会对能否取得更多成果持怀疑态度。如果你能挽救的只是游客付钱去看的东西，那么，至少这样做吧。你所能做的最多就是启发自我利益。这在政治上、经济上、社会上、生物上都是可行的，甚至是可以想象的。

但话又说回来，我们经常维护自己的利益，结果却发现，我们的许多利益不是零和游戏，我们不是处在一种人与人争夺利益的议会中。我们可以在人与自然的利益议会中再次了解到这一点。布莱恩·诺顿声称："从长远来看，对我们人类有利的东西同样也会对其他物种有利。"（诺顿等，1995，第115页）大卫·施密茨说得很有吸引力："如果我们不去追求对自然有益的东西，我们也就不会去追求对人类有益的东西……我们需要以人为中心，才能真正以自然为中心，因为如果我们不倾向于对人类有益的东西，我们也就不会倾向于对自然有益的东西。"（2008，第235—236页）

当然，这有时是正确的，部分是真实的，但如果从整体上看，这可能是那些半真半假的事实之一，是危险的。正如我们早先注意到的，生物多样性有医疗、工业、农业、科学和娱乐用途。人类和其他物种需要空气、水、土壤、稳定的生态系统和健康的环境。据估计，美国每年的生物多样性收益为 3000 亿美元（皮门特尔等，1997）。但在这里，我们需要突出的是，如果人类失去生物多样性，人类将面临严峻的后果——双输的一面。根据《生态系统和生物多样性经济学》的研究，世界上 11 亿最贫穷的人的福利有一半直接来自自然，通过野生收获、作物授粉、减灾、提供清洁水和维护传统文化等获益。据估计，每年全球生物多样性损失的总成本在 1.35 万亿美元到 3.1 万亿美元之间（取决于贴现率）（苏克德夫，2008）。

但是，如果你真的试图把这种经济利益带给穷人（同时还有富人），并使其成为全部现实，那会怎样呢？如果我们只把拯救所有那些有经济价值的物种作为政策，结果会怎么样呢？大卫·施米茨说，在非洲，"濒危物种如果要想有任何生存的希望，就必须为当地经济做出贡献"（2008，第 231 页）。他追随布莱恩·查尔德的思想，"在非洲，只有那些在经济上有竞争空间的野生动物，才能生存"（1993，第 60 页）。同样，也更加直言不讳的是诺曼·迈尔斯，他说："在情况比较紧迫的非洲，你要么使用野生动物，要么失去它。如果非洲能够在拯救物种方面进行一些投入，其中一些动物会幸存下来"（1981，第 36 页）。

这样的描述始于呼吁。他们主张现实的妥协。他们也可以变得明目张胆地务实。只有在活着的物种比死亡的物种更值钱的情况下，它们才能拯救濒临灭绝的物种。令人遗憾的是，许多人会争辩说，即使这样的物种评估在非洲和其他发展中国家是不可避免的，在发达国家不应该认为这种评估在道德上是值得称赞的。非常贫穷的非洲人在谈到他们的大象时可能会说"只有当它们活着比死了更值钱的时候才能拯救它们"。但是，如果美国人或欧洲人对他们的野生动物说同样的话呢？如果他们对挣扎求生的非洲人这么说呢？"我们会帮助你们发展，但前提是你们的发展能让我们受益。我们会救你的，因为你活着比死了对我们更有价值。"

只有极具魅力的大型动物才能带来旅游收入；大多数濒危物种无法依靠自己存活下来，将会消失。诚然，穷人（和富人）需要生态系统服务，但稀有物种在这种服务中提供的服务很少，甚至什么都没有。当然，更包容地尊重大大小小的濒危动植物现有和濒危的价值观，在道德上是优越的。也许只尊重有现金价值或为我们提供某种服务的物种，就像只以这种方式尊重人类一样，这么做是完全不道德的。

但这些问题变得复杂起来。1973 年的《濒危物种国际贸易公约》（CITES）禁止象牙销售以阻止偷猎者，并取得了成效。较贫穷的国家愿意出售一些合法的象牙，这些象牙取自自然死亡或被扑杀的大象。他们声称可以用这笔钱来保护大象；这也给了当地人一些保护大象的动力。1997 年，《濒危物种国际贸易公约》允许纳米比亚、博茨瓦纳和津巴布韦 3 个国家出售 50 吨象牙。环保人士担心，市场上出现合法的象牙会鼓励偷猎现象；象牙一旦进入市场，很难区分合法和非法。这些国家加上南非在 2002 年售出了106 吨象牙。反对者说，如果没有严厉的监管，这样的销售就不能持续下去，因为这么做鼓励了非法贸易。我们应该做些什么呢？（斯托克斯塔德，2010a、2010b；瓦塞尔等，2010）。同样是这 3 个国家希望销售更多。《濒危物种国际贸易公约》支持象牙禁令，禁止进一步销售。大象赢了，贫穷国家输了吗？

即使在发达国家，也存在权衡取舍的问题。双赢的说法，如果有时是正确的，在面对相互冲突的事项的时候，看起来显得天真。那只爱花的德里金沙苍蝇阻碍了加州医院的建设，阻碍了可能有20 000 个工作岗位的工业发展（布思，1997）。加利福尼亚州的一位参议员惊呼道："我是支持人的，不是支持苍蝇的。"在这样的背景下,人们可能会试图找到苍蝇的有用之处,就像铆钉、资源或罗塞塔石碑。这很可能失败。最有说服力的论点是敦促尊重一个独特的物种,这是一种捍卫自身利益的聪明的生命形式。这种苍蝇和其他有趣的物种一起,只栖息在几百英亩的古老内陆沙丘上,而最初的栖息地为 40 平方英里。它不能移动,但医院和其他开发项目可以建在其他地方。当地开发商在 2007 年提出了一个折中方案;他们将在一半的栖息地上建造,并留出一半给苍蝇。这仍然可能导致苍蝇的灭亡;97% 的苍蝇原始栖息地已经消失。最终怎么办还没有确定。加州蚋莺是一种濒危物种,生活在加利福尼亚州南部一些未开发但价格昂贵的房地产中。开发商不情愿地同意了棋盘式的开发模式,为这种小鸟和其他令人担忧的物种预留了土地。有些出乎他们意料的是,他们发现,因为保护区把住宅小区分割开来,房主们非常爱护保护区附近的房屋,他们开发的地块确实有了相当大的增值(曼和普卢默,1995)。

令他们惊讶的是,也许开发者可以凭借蚋莺取胜;但对于那种罕见的苍蝇,也许人类应该做短期的失败者。有时,至少为了我们目前所珍视的,我们必须做出牺牲才能保护物种。此外,如果我们保护物种,人类会变得更快乐或更好,这是一种经验性的、统计的说法——平均而言是正确的,没有意外的话就是正确的。也许在某些情况下,一个物种的价值,加上尊重它所带来的人类利益,并不能凌驾于通过牺牲它而获得的其他人类利益之上。那么,虽然人类仍然会因为做了正确的事情而成为赢家,但就价值牺牲而言,他们可能由于责任而成为失败者。

彼得·温兹(Peter Wenz)倡导一种双赢的立场,他称之为环境协同效应。"环境协同论者认为,尊重人和尊重自然之间存在的协同效应。总体而言,从长远来看,同时尊重人和自然会改善两者的结果…尊重自然促进了对人的尊重,因此,作为一个群体为人们服务的最好方式就是关心自然本身。"(2001,第 169 页)所以,我们需要一种对自然的彻底关爱,但是如果我们去寻找更深层次的原因,我们仍然会发现我们自己的理性的利己主义。温茨强调总结道:"总而言之,人们作为一个群体,通过关心自然本身而从环境中获得更多,这限制了控制自然的企图,而不是试图为了人类的最大利益而操纵自然"(2001,第172页)。这是一种适得其反的论调:你们人类中心主义者应该爱护自然,以免过于咄咄逼人。爱护自然对我们有好处,它减少了我们的贪婪。如果想最大限度地发挥大自然的作用,那么索取越少,所获反而越多。这听起来也是对的——直到我们问,自然界中是否有任何"本身"值得关心的东西,是否有任何有价值的东西可以证明这种关心是合理的。如果没有,这样的关心即使它能让我们保持健康,也只是一种伪装。

做正确事情的人是否会失败的问题和苏格拉底一样古老,苏格拉底令人费解地宣称:"好人不会遭遇邪恶。"(《苏格拉底的申辩》,41d)做错事会毁掉灵魂,这是可以想象到的最坏结果。做正确的事使人品格高尚。但我们能将其转化为环境伦理吗?环境美德伦理学家是这样认为的。兼容并包的道德美德,全面的优良品格,要求我们对自然的流动及其对我们生活习惯的影响保持适当的敏感。否则,生活就缺乏礼仪;我们不知道自己在阳光下应该处于什么样的位置。华莱士·斯特纳(Wallace Stegner)令人难忘地概括了这一点:"如果我们让残存的荒野被摧毁,我们作为一个民族将会失去一些东西……那个狂野的乡村……是这样的一种方式,它可能让我们确信,作为生物,我们心智依然健全,我们还是希望地理的一部分。"(1961,第97—102页)

人的价值观(以人类为中心的价值观)和自然界的价值观(非以人类为中心的价值观)复合在一起,会使得人性变得更加丰富——但前提是,价值轨迹不会混淆。我们在保护濒危物种时,说真正追求的是更健康或更优秀的人类性格,这似乎是不好的——廉价的和庸俗的。只有当人类美德珍视和颂扬大自然中的价值时,人性的卓越才会真正产生。

想要取胜,那需要你的目标正确无误。我的一些祖先是奴隶主。他们在内战中失败了;他们失去了奴隶,他们输掉了战争。但话又说回来,他们并没有真正失败。如果没有这一失败,南方就不会有今天的繁荣社会,在这个社会里,白人和黑人拥有更真实、更富有成效的关系,贸易繁荣,人民自治,人权得到捍卫,等等。南方可能输掉了这场战争,但它并没有真正失败,因为捍卫奴隶制的战争是错误的。从长远来看,做了正确的事情,就会有双赢。

但我不会对奴隶主白人说:解放你们的奴隶,因为你们会从中受益。这可能是真的,那也可能会为我们避免一场内战。政治可以结合多种动机,但哲学试图区分和评价它们。南方(或北方)从那一天到现在,总是而且只受自身利益的驱使,永远不会理解奴隶制的邪恶,也不会理解所有人的自由权利。

对于男性来说,给予女性平等也是类似的经历。我的一些朋友没有得到他们想要的职位,因为资历很好的女性得到了优先录用。这些人失去了这些工作;也许他们后来从事了其他他们不喜欢的工作。但在更广泛的意义上,他们也取得了胜利,因为女性哲学家的贡献,哲学得到了极大的丰富。尽管如此,作为一个男人,我认为不会为了增加我的机会而不对女性一视同仁。

将这一点应用于环境伦理学。以太平洋西北部为例。为了拯救斑点猫头鹰,一些伐木者将不得不更换工作,从这个意义上说,他们是失败者。与此同时,他们将居住在一个与其所在的森林关系稳定的社区中,这又使他们成为赢家。他们曾经生活的社区,人们有着这样的世界观:将西北地区的大森林视为一种可以占有、开发的资源。但这不是一种恰当的世界观;它仅仅将自然视为满足人类的商品,而非其他。获胜的理念是消费,消费的越多越好。当规则改变后,这些开发游戏中的"输家"将生活在一个具有新世界观的社区里,与森林景观建立可持续的关系,这是一种新的"赢"的想法。他们真正失去的是值得失去的东西:对森林的剥削性态度。他们获得的是一件好东西:一种土地伦理。那么,我们是否应该对他们说:树立土地伦理;这对你有好处——就像我们可能对南方奴隶主说的那样:解放你的奴隶;这对你有好处。或者对男人:更公平地对待女人;你会成为一个更有道德的男人。

如果有人抗议说这是作弊,通过改变规则来重新定义胜利,一个回答是,这个类比很糟糕。如果这样的人错了,因为他们被误解了,规则将不得不改变。这不是为了赢而作弊,而是面对事实:以前被认为是赢的东西现在是输了。但我们确实想要确保我们知道规则在哪里,以及胜利对所有相关的人意味着什么。这需要重建一种伦理,其中人类中心主义者,"我们人类",就像"我们白人"和"我们男人",把注意力从我们自己身上移开,把重点放在我们外部价值的包容性守恒上,不亚于我们和我们群体内部的价值。

人类会输吗?应该输吗?世界是一个复杂的地方。没有简单的答案;答案首先是肯定的,后来是否定的;有时候是肯定的,有时不是;在某些方面和地方是,在另一些方面不是;表面上是,深入地说不是;对于自我夸大的人类来说是,对于社群主义的人类来说不是,如果他们的道德共同体意识变成包括地球上的生命的话。做正确的事情会让我们获益良多;而且,即使做正确的事情似乎会让我们蒙受损失,我们通常也不会这样做:如果我们规则改变得当,我们就不会损失,如果我们能将目标从狭隘的自我身上移开,重新聚焦并将其扩大到我们居住的社区,我们就不会有损失,总是有一种更深层次的哲学意义,在这种意义上,似乎不可能失败;那就更有动力去做正确的事情了(罗尔斯顿,1994)。

这些动植物有其自身的优点,它们处在一个好的地方,它们因为自身原因而被人们需要,欣赏它们有助于人类的繁荣。这是一个双赢的局面。相反,失去他们就是失去了基于它们的生活质量,也失去了它们自己的权利。这是一种双输的局面。当我们承担起保护对比我们自身更伟大的遗产的责任时,我们就赢了。有些事情必须一起赢。人类能够而且应该继承地球,我们凭借这一遗产变得富有,当也只当我们看到那些拥抱并超越我们的丰富的地球生物多样性时,我们才变得富有。我们选择这份遗产并不是为了我们的幸福,而是我们的幸福与它息息相关。把规则改变成现在的样子,我们在很大程度上,是由我们的土地生态构成的。幸福包含必要的文化因素,但否定我们所居住的自然世界,否定我们的生态,本身就不是令人满意的。因此,不选择这些生态产品来获得真正的幸福,在逻辑上、经验上、心理上都是不可能的。

物种形成经历了 35 亿年的沧桑,几乎和地球存在的时间一样长,并且产生了地球上基本的生命价值观。人类正在做的事情,或由于粗心大意而允许发生的事情,正在关闭生命之流,这是可能发生的最具破坏性的事件。在进化的时间尺度上,人类出现得晚而突然。甚至在最近和突然之间,他们戏剧性地增加了物种的灭绝率。这种行为的攻击性不仅仅是毫无意义的资源损失,而是杀戮的旋涡和对生命形式的麻木不仁。我们需要的不仅是谨慎,而且要承担对地球生物圈的原则性责任。只有人类物种有道德主体,但良心不应该被用来把所有其他形式的生命排除在外,由此产生的悖论是,唯一的道德物种在面对所有其他物种行事时,必须采取有利于集体利益的方式。

过去的哲学家甚至很少提出物种责任的问题,更不用说回答这个问题了。现在,这种责任变得越来越明确。如果说声称一个人不应该在没有正当理由的情况下杀害另外一个人是有意义的,那么声称一个人不应该在没有特殊理由的情况下灭绝物种谱系就更有意义了。地球上生命线的终止是可能发生的最具破坏性的事件。在威胁地球生物多样性方面,人类所犯的错误是阻止了生命的历史活力。

参考文献

Altman, Lawrence K. 1996. "Stocks of Smallpox Virus Edge Nearer to Extinction," *New York Times*(《现存的天花病毒接近灭绝》,《纽约时报》), January 25, p. A1, A9.

Beeler, Bruce M. 2007. "The Foja Mountains of Indonesia: Exploring the Lost World."(《印度尼西亚的福贾山脉：探索失落的世界》) Online at: http://www. actionbioscience. org/biodiversity/beehler. html

Booth, William. 1997. "Developers Wish Rare Fly Would Buzz Off," *Washington Post*(《开发商希望珍稀苍蝇能够飞走》,《华盛顿邮报》), April 4, p. A01.

Britten, H. B., P. F. Brussard, and D. D. Murphy. 1994. "The Pending Extinction of the Uncompahgre Fritillary Butterfly," *Conservation Biology* 8 (《濒临灭绝的安肯帕格里豹纹蝶》,《保护生物学》第 8 期)：86 - 94.

Brooks, T. M., R. A. Mittermeier, G. A. B. da Fonseca, et al. 2006. "Global Conservation Priorities," *Science* 313 (《全球优先保护项》,《科学》第 313 期)：58 - 61.

Cafaro, Philip J., and Richard B. Primack. 2001. "Ethical Issues in Biodiversity Protection." Volume 2, pages 593 - 607 in Simon Asher Levin, ed., *Encyclopedia of Biodiversity*(《生物多样性保护中的伦理问题》第 2 卷第 593—607 页，出自《生物多样性百科全书》). San Diego, CA：Academic Press.

Callicott, J. Baird, and William Grove-Fanning. 2009. "Should Endangered Species Have Standing? Toward Legal Rights for Listed Species," *Social Philosophy and Policy* 26 (《濒危物种应该有地位吗？保护被列入名录物种的合法权利》,《社会哲学与政策》第 26 期)(no. 2)：317 - 352.

Child, Brian. 1993. "The Elephant as a Natural Resource," *Wildlife Conservation* 96 (《作为自然资源的大象》,《野生生物保护》第 96 期)(no. 2)：60 - 61.

Chivian, Eric, and Aaron Bernstein, eds. 2008. *Sustaining Life：How Human Health Depends on Biodiversity*(《维持生命：人类健康如何依赖生物多样性》). New York：Oxford University Press.

CITES, Convention on International Trade in Endangered Species of Wild Fauna and Flora. (《濒危野生动植物种国际贸易公约》) 1973. Prepared and adopted by the Plenipotentiary Conference to Conclude an International Convention on Trade in Certain Species of Wildlife, Washington, D. C., February 12-March 2, 1973, 27 U. S. T, 1088, T. I. A. S 8249.

Convention on Biological Diversity. 2010. *Global Diversity Outlook* 3 (《全球

多样性展望 3》). Online at:http://gbo3. cbd. int/

Crist, Eileen. 2002. "Quantifying the Biodiversity Crisis," *Wild Earth* 12 (《量化生物多样性危机》,《狂野地球》第 12 期)(no. 1, Spring 2002):16 − 19.

Darwin, Charles. 1968. *The Origin of Species* (《物种起源》). Baltimore: Penguin Books.

Ehrlich, Paul, and Anne Ehrlich. 1981. *Extinction* (《灭绝》). New York: Random House.

Eldredge, Niles, and Joel Cracraft. 1980. *Phylogenetic Patterns and the Evolutionary Process* (《系统发育模式和进化过程》). New York: Columbia University Press.

Elliot, Robert. 1985. "Metaethics and Environmental Ethics," *Metaphilosophy* 16 (《元伦理学和环境伦理学》,《元哲学》第 16 期):103 − 117.

Feinberg, Joel, 1974. "The Rights of Animals and Unborn Generations. " Pages 43 − 68 in W. T. Blackstone, ed., *Philosophy and Environmental Crisis* (《动物和未出生后代的权利》,《哲学与环境危机》). Athens:University of Georgia Press.

Ghiselin, Michael. 1974. "A Radical Solution to the Species Problem," *Systematic Zoology* 23 (《一个彻底解决物种问题的方法》,《系统动物学》第 23 期):536 − 544.

Hampshire, Stuart. 1972. *Morality and Pessimism* (《道德和悲观》). New York:Cambridge University Press.

Hardin, Garrett. 1968. "The Tragedy of the Commons," *Science* 162 (《公地悲剧》,《科学》第 162 期):1243 − 1248.

Hoffman, Michael, Craig Hilton-Taylor, Ariadne Angulo, et al. 2010. "The Impact of Conservation on the Status of the World's Vertebrates," *Science* 330 (《保护对世界脊椎动物地位的影响》,《科学》第 330 期):1503 − 1509.

Hull, David, 1978. "A Matter of Individuality," *Philosophy of Science* 45 (《个性问题》,《科技哲学》第 45 期):335 − 360.

Intergovernmental Panel on Climate Change (IPCC). 2007. *Summary for Policymakers of the Synthesis Report* (《为决策者提供的综合报告摘要》). http://www. ipcc. ch/pdf/assessment-report/ar4/syr/ar4_syr_spm. pdf

International Union for the Conservation of Nature (IUCN). 2010. *Summary Statistics*, *Red List of Endangered Species* (《统计概要,濒危物种红色名单》). Online at: http://www. iucnredlist. org/about/ summary-statistics # How _ many _threatened

Kaiser, Jocelyn. 2011. "Pressure Growing to Set a Date to Destroy Remaining Smallpox Stocks," *Science* 331 (《设定一个日期销毁剩余的天花库存的压力越来越大》,《科学》第 331 期):389.

Leopold, Aldo. 1970. "The Round River," in *A Sand County Almanac* (《弯弯的河》,《沙乡年鉴》). New York: Oxford University Press.

Magurran, Anne E. 1988. *Ecological Diversity and Its Measurement* (《生态多样性及其测量》). Princeton, NJ: Princeton University Press.

Mann, Charles C., and Mark L. Plummer. 1995. California vs. Gnatcatcher, *Audubon* 97 (《加利福尼亚或者蚋莺》,《奥杜邦》第 97 期) (no. 1):38 – 48, 100 – 104.

Marton-Lefèvre, Julia. 2010. "Biodiversity is Our Life," *Science* 327 (《我们生活中的生物多样性》,《科学》第 327 期):1179.

May, Robert M. 1988. "How Many Species Are There on Earth?" *Science* 241 (《地球上有多少物种?》,《科学》第 241 期):1441 – 1449.

——. 2010. "Tropical Arthopod Species, More or Less?" *Science* 329 (《热带节肢动物物种,更多还是更少?》,《科学》第 329 期):41 – 42.

Mayr, Ernst. 1969a. *Principles of Systematic Zoology* (《系统动物学原理》). New York: McGraw-Hill.

——. 1969b. "The Biological Meaning of Species," *Biological Journal of the Linnean Society* 1 (《物种的生物意义》,《林奈学会生物学杂志》第 1 期):311 – 320.

Millennium Ecosystem Assessment. 2005a. *Ecosystems and Human Well-being: Biodiversity Synthesis* (《生态系统和人类福祉:生物多样性综合》). Washington, D. C. : World Resources Institute.

——. 2005b. *Living Beyond our Means: Natural Assets and Human Well-Being: Statement from the Board* (《入不敷出:自然资产和人类福祉:理事会的声明》). Washington, D. C. : World Resources Institute.

Myers, Norman. 1979. "Conserving Our Global Stock," *Environment* 21 (《保护全球库存》,《环境》第 21 期) (no. 9):25 – 33.

——. 1981. "A Farewell to Africa," *International Wildlife* 11 (《告别非洲》,《国际野生生物》第 11 期) (no. 4):36 – 47.

——. 1997. "Mass Extinction and Evolution," *Science* 278 (《大规模灭绝与进化》,《科学》第 278 期):597 – 598.

Nee, Sean, and Robert M. May. 1997. "Extinction and the Loss of Evolutionary History," *Science* 278 (《物种灭绝和进化史的失去》,《科学》第 278 期):692 – 694.

Normile, Dennis. 2010. "U. N. Biodiversity Summit Yields Welcome and Unexpected Progress," *Science* 330 (《联合国生物多样性峰会取得了令人欢迎和意想不到的进展》,《科学》第 330 期):742 – 743.

Norton, Bryan G. 1999. "Convergence Corroborated: A Comment on Arne Naess on Wolf Policies." Pages 394 – 401 in Nina Witoszek and Andrew Brennan, eds., *Philosophical Dialogues*: *Arne Naess and the Progress of Ecophilosophy*(《趋同确证:对阿恩·内斯的狼群管理政策的评论》,《哲学对话:阿恩·内斯与生态哲学的发展》). Lanham, MD: Rowman and Littlefield.

Norton, Bryan G., Michael Hutchins, Elizabeth F. Stevens, and Terry L. Maple. 1995. *Ethics on the Ark*: *Zoos*, *Animal Welfare*, *and Wildlife Conservation*(《方舟上的伦理:动物园、动物福利和野生动物保护》). Washington, D. C. : Smithsonian Institution Press.

Ozment, Pat. 1984. *Case Incident Record* # 843601, Yellowstone National Park, filed August 18(《黄石国家公园 843601 号事件记录,记录日期 8 月 18 日》). Yellowstone National Park, Wyoming, Library.

Parry, M. L., O. F. Canziani, J P. Palutikof, P. J. van der Linden, C. E. Hanson, and IPPC, eds. . 2007. "Technical Summary" in *Contribution of Working Group II to the Fourth Assessment Report of the Intergovernmental Panel on Climate Change*(《技术总结》,《第二工作组对政府间气候变化专门委员会第四次评估报告的贡献》). Cambridge, UK: Cambridge University Press. http://www. ipcc. ch/publications_and_data/publications_ipcc_fourth_assess- ment_report _wg2_report_impacts_adaptation_and_vulnerability. htm

Peet, Robert K. 1974. "The Measurement of Species Diversity," *Annual Review of Ecology and Systematics* 5(《物种多样性的测量》,《生态学和系统学年度回顾》第 5 期):285 – 307.

Pereira, Henrique M., Paul W. Leadley, Vânia Proença, et al. 2010. "Scenarios for Global Biodiversity in the 21st Century," *Science* 330(《21 世纪全球生物多样性的情景》,《科学》第 330 期):1496 – 1501.

Pielou, E. C. 1975. *Ecological Diversity*(《生态多样性》). New York: Wiley.

Pimentel, David, Christa Wilson, Christine McCullum, et al. 1997. "Economic and Environ- mental Benefits of Biodiversity," *BioScience* 47(《生物多样性的经济和环境效益》,《生物科学》第 47 期):747 – 757.

Rands, Michael R. W., William M. Adams. Leon Bennum, et al. 2010. "Biodiversity Conservation: Challenges Beyond 2010," *Science* 329(《生物多样性保护:2010 后的挑战》,《科学》第 329 期):1298 – 1303.

Raup, David M. 1991. *Extinction*: *Bad Genes or Bad Luck?*(《灭绝:坏基因还是坏运气?》)New York: W. W. Norton.

Raup, David M., and J. J. Sepkoski, Jr. 1982. "Mass Extinctions in the Marine Fossil Record," *Science* 215(《海洋化石记录中的大规模灭绝》,《科学》第 215 期):1501 – 1503.

Rescher, Nicholas. 1980. "Why Save Endangered Species." Pages 79 – 92 in *Unpopular Essays on Technological Progress*(《为何挽救濒危物种》第 79—92

页,见《关于技术进步的不受欢迎的文章》）. Pittsburgh, PA：University of Pittsburgh Press.

Ricciardi, Anthony, and Daniel Simberloff. 2009. "Assisted Colonization Is Not a Viable Conservation Strategy," *Trends in Ecology and Evolution* 24 （《协助殖民不是一个可行的保护策略》,《生态学和进化趋势》第 24 期）:248 - 253.

Risser, Paul G., Jane Lubchenco, and Samuel A. Levin. 1991. "Biological Research Priorities—A Sustainable Biosphere," *BioScience* 47 （《生物研究的优先事项———一个可持续的生物圈》,《生物科学》第 42 期）:625 - 627.

Rolston, Holmes, III. 1985. "Duties to Endangered Species," *BioScience* 35 （《对濒危物种的责任》,《生物科学》第 35 期）:718 - 726.

——. 1988. "Life in Jeopardy：Duties to Endangered Species," Chapter 4 in *Environmental Ethics* （《受到威胁的生命:对濒危物种的责任》,《环境伦理学》第 4 章）. Philadelphia：Temple University Press.

——. 1990. "Property Rights and Endangered Species," *University of Colorado Law Review* 61 （《财产权和濒危物种》,《科罗拉多大学法律评论》第 61 期）:283 - 306.

——. 1994. "Winning and Losing in Environmental Ethics." Pages 217 - 234 in Frederick Ferré and Peter G. Hartel, eds., *Ethics and Environmental Policy* （《环境伦理学中的输与赢》,《伦理学和环境政策:理论遭遇实践》）: *Theory Meets Practice*. Athens：University of Georgia Press.

——. 2004. "In Situ and Ex Situ Conservation：Philosophical and Ethical Concerns." Pages 21 - 39 in Edward O. Guerrant, Jr., Kathy Havens, and Mike Maunder, eds. *Ex Situ Plant Conservation*：*Supporting Species in the Wild* （《就地和迁地保护:哲学和伦理问题》,《植物迁地保护:支持野生物种》）. Washington, D. C.：Island Press.

Rosenzweig, Michael L. 2003. *Win-Win Ecology*：*How the Earth's Species Can Survive in the Midst of Human Enterprise* （《双赢的生态:地球物种如何在人类活动中生存》）. New York：Oxford University Press.

Routley, Richard, and Val Routley. 1980. "Human Chauvinism and Environmental Ethics." Pages 96 - 189 in Don Mannison, Michael McRobbie, and Richard Routley, eds., *Environmental Philosophy* （《人类沙文主义与环境伦理》,《环境哲学》）. Canberra：Research School of Social Sciences, Australian National University.

Sachs, Jeffrey D., Jonathan E. M. Baillie, William J. Sutherland, et al. 2009. "Biodiversity Conservation and the Millennium Development Goals," *Science* 325 （《生物多样性保护与千年发展目标》,《科学》第 325 期）:1502 - 1503.

Schmidtz, David. 2008. *Person, Polis, Planet*：*Essays in Applied Philosophy* （《人、城邦、星球:应用哲学论文集》）. New York：Oxford University Press.

Simpson, George G. 1961. *Principles of Animal Taxonomy* (《动物分类学原理》). New York: Columbia University Press.

Stegner, Wallace. 1961. "The Wilderness Idea." Pages 97 – 102 in David Brower, ed., *Wilderness: America's Living Heritage* (《保护自然环境的想法》,《荒野:美国鲜活的遗产》). San Francisco: Sierra Club Books.

Stokstad, Erik. 2010a. "Big Battle Brewing Over Elephants At Up Coming CITES Meeting," *Science* 237 (《在即将召开的濒危野生动植物种国际贸易公约会议上,一场关于大象的大战正在酝酿之中》,《科学》第 237 期) (5 February):327.

———. 2010b. "Trade Trumps Science for Marine Species at International Meeting," *Science* 328 (《在国际会议上,海洋物种贸易胜过科学》,《科学》第 328 期) (2 April):26 – 27.

Sukhdev, Pavan. 2008. *The Economics of Ecosystems and Biodiversity.* Intergovernmental Panel on Biodiversity and Ecosystem Services (IPBES) (《生态系统和多样性的经济学》,源自"政府间生物多样性和生态系统服务小组") http://www.eurekalert.org/pub_ releases/2008 – 05/haog-teo052908. php#

United Nations Conference on Environment and Development. 1992. *Convention on Biological Diversity* (《生物多样性公约》). Online at: http://www.cbd.int/convention/convention.shtml

United Nations General Assembly. 1982. *World Charter for Nature.* New York: UN General Assembly Resolution No. 37/7 (《世界自然宪章》,《联合国大会 37/7 号决议》) of 28 October.

U. S. Congress, 1972. Marine Mammal Protection Act. Public Law (《海洋哺乳动物保护法案》) 92 – 522. 86 Stat. 1027.

———. 1973. Endangered Species Act of 1973. Public Law 93 – 205 (《1973 年濒危物种法案》). 87 Stat. 884.

———. 1976. National Forest Management Act of 1976. Public Law (《1976 年国家森林管理法》) 94 – 588. 90 Stat. 2949.

U. S. Department of Interior, 2010. State of the Birds: 2010 Report on Global Climate Change (《鸟类状况:2010 年全球气候变化报告》). Online at: http://www.fws.gov/migratorybirds/NewReportsPublications/StateoftheBirds/　The% 20State% 20of20% the% 20Birds% 202010% 20key% 20messages. pdf

Varner, Gary E., 1987. "Do Species Have Standing," *Environmental Ethics* 9 (《物种有立场吗?》,《环境伦理学》第 9 期):57 – 72.

Walpole, Matt, Rosemunde E. A. Almond, Charles Besançon, et al. 2009. "Tracking Progress Toward the 2010 Biodiversity Target and Beyond," *Science* 325 (《追踪 2010 年生物多样性目标及其后的进展》,《科学》第 325 期): 1503 – 1504.

Wasser, Samuel, Joyce Poole, Phyllis Lee, et al. 2010. "Elephants, Ivory, and Trade," *Science* 327 (《大象、象牙和贸易》,《科学》第 327 期)(12 March): 1331 – 1332.

Wenz, Peter S. 2001. *Environmental Ethics Today* (《当今的环境伦理学》). New York: Oxford University Press.

Wilcove, David S. , and Lawrence L. Master. 2005. "How Many Endangered Species Are There in the United States?" *Frontiers in Ecology and the Environment* 3 (《美国有多少濒危物种?》,《生态和环境科学前沿》第 3 期):414 – 420.

Wilford, John Noble. 2005. "Foal by Foal, the Wildest of Horses is Coming Back," *New York Times* (《小马驹一个接一个,最具野性的马回来了》,《纽约时报》), October 11, Sec. F, p. 1.

Wilson, Edward O. 1992. *The Diversity of Life* (《生命多样性》). Boston: Harvard University Press.

World Health Organization. 2005. *Ecosystems and Human Well-Being: Health Synthesis* (《生态系统和人类福祉:健康综合》). Geneva, Switzerland: World Health Organization (and Millennium Ecosystem Assessment).

第六章

生态系统：土地伦理

　　森林生态学家和环境伦理学预言家奥尔多·利奥波德（Aldo Leopold）有句著名的话："当一件事倾向于维护生物群落的完整性、稳定性和美感的时候，它就是正确的。如果它倾向于造成相反的情况，那就是错误的。""土地是一个共同体，这是生态学的基本概念，但要热爱和尊重土地是伦理学的延伸。"（1949/1968，第224—225、viii—ix 页）我们一直在转变关注的层面：人类、动物、有机体、物种线、生物多样性。下一步，我们必须把重点放在包括人类在内的所有有机体所在的生态系统层面上。人仍然很重要，但也许人和所有其他有机体所处的生态系统层面在道德上也很重要。

　　另外，将会有"是"和"应该"的问题。什么是生态系统？人类应该如何与它们联系。从词源上讲，"生态学"是生物家园的逻辑。这个词来源于希腊语"Oikos"，意为"家庭"，指有人居住的世界。在过去的四十年里，生态学被推到了公共舞台上。随着生态危机的到来，时任内政部长斯图尔特·尤德尔（Stewart Udall）在美国国会作证说："我们必须开始遵守，而不是反对，我们赖以生存的星球的规则……这就要求我们开始服从生态学的规定，使这门主干科学在联邦科学机构中有一个新的中心位置。"（1968，第12、14 页）

　　土地伦理可能看起来是自然主义伦理，但人们生活在这片土地上，因此自然和文化很快就融合在一起了。生态伦理将自然界应该怎么样与人类在自然界中应该怎么做结合在一起，将科学和良知混合在一起,通常还建议人类应该找到一种更尊重自然或与自然更和谐相处的生活方式。这很可能与可持续发展的希望结合在一起。也许生态系统将被证明比任何组成部分的有机体都更重要,因为系统过程已经产生、继续支持和整合了数万个有机体成员。适当的道德关怀单元是发展和生存的基本单元。

当然,如果没有最好的生态科学提供信息,环境伦理显然是愚蠢的。环境政策的成功不仅仅取决于文化价值观、政策偏好或推动人类行为者的社会制度。成功取决于将这些规定性价值观与描述准确且可操作性强的环境科学结合起来。另一方面,也有很多陷阱,我们必须谨慎行事。

1. 生态系统:"是"的问题

生物学的发展主要有两个层次:(1)生物层面,俗称为"内在"生物学;(2)进化—生态系统层面,后者是"外在"生物学。机体生物学,特别是在细胞和分子水平上,已经达到了50年来的最高水平,在医学、破解遗传密码、创造生物技术等方面取得了惊人的成功。自达尔文以来的一个半世纪里,进化生物学深刻地重新描述了世界,并将人类的位置进行了重新定位。相比之下,尽管生态学很重要,它通常被认为是一门不太成熟的科学。生态系统既复杂又杂乱,很难进行实验。它们是开放系统,不能进行分析。

英国生态学会向其成员询问生态学中最重要的观点(切莱特,1989)。来自近650名生态学家的看法给人的感觉是,他们只是传递了基本概念,同时看法还多种多样,即使对那些不熟悉细节的人来说,感觉也是如此。他们对大约50个概念进行了排名,发现排名前12位的是:

1. 生态系统

2. 演替

3. 能量流动

4. 资源保护

5. 竞争

6. 生态位

7. 物质循环

8. 群落

9. 生活史—策略

10. 生态系统脆弱性

11. 食物网

12. 生态适应

　　早期的生态学家，至少在他们分析的时间框架内，通常是几年或几十年，偏爱稳定、动态平衡、平衡等观点。生态系统有各种各样的反馈和前馈循环；当兔子年景好、食物充足时，更多的狐狸幼崽存活下来；增多的狐狸减少了兔子的数量。这种制衡往往是自我调节的。种群密度由降雨量（为兔子生产食物）或寄生虫（在狐狸窝中传播的蠕虫或螳螂）控制。捕食者与被捕食者之间的关系是可以统计分析的。不同的动植物有它们的生态位，也就是它们在生态系统中扮演的角色。这些都叠加在演替（生态系统发展的不同阶段）上，在火灾或风暴之后重复着。

　　也许这是生态系统特有的。一些生态系统可以是恒定的，也就是说，在某些维度上几乎没有变化。一些热带森林的温度变化很小，物种丰富度或均匀度可能保持不变。一些生态系统可能是持久的，也就是说，持续很长一段时间，物种及物种间相互关系几乎没有变化。生态系统可能具有惯性，即抵抗外部干扰；这可能是因为抑制变化的负反馈环的原因，例如受食物供应或竞争或寄生虫和疾病所调节的依赖密度的繁殖。

生态系统可能是有弹性的;如果是这样的话,它们在受到扰动后会迅速恢复到以前的状态。这可能取决于扰动的幅度、扰动的面积和生态更替的程度。生态系统有时具有循环稳定性,即围绕某个中心均值周期性振荡,或者它们可能具有轨迹稳定性,即沿着演替路线稳步移动,或者更像矢量,具有历史趋势(奥里恩斯,1975)。生态系统可能是近在咫尺的循环,但在更长的时间里,可能成为螺旋,朝着某个方向延伸或者搜索系统,该系统选择可以探索新的生态位的有机体。虽然存在一些长久不变的条件——风和雨、土壤和光合作用、竞争、捕食、共生、营养金字塔和网络,但生态系统的稳定性是一种动态稳定性,而不是固定的一成不变。

生态系统可以经历演替,并定期恢复活力。生态系统演替——干扰、早期演替、中期演替、后期演替和顶峰演替——是一个被广泛接受的理论。但是,根据这些中断的频率和范围,演替可能比实际情况更理想。生态系统在受到干扰后有发展的趋势;但是,如果受到的干扰太过频繁,它们在稳定发展的同时,也会发生偶发事件。这样的生态系统可能会在一定范围内振荡。或者,它们可能在一定范围内是稳定的,但是,当不寻常的干扰到来时,以足够的幅度将它们击出边界,它们就会偏离原来的模式。然后一直振荡,直到他们稳定下来,达到某种新的平衡状态。生态系统没有一个一成不变的稳定状态。生态系统始终处于历史变化的轨道上。

可能因为研究的时间长了,后来的生态学家认为,生态系统是更加开放和不稳定的。斯图尔德·皮克特、托马斯·帕克和佩吉·菲德勒认为:"生态学中的经典范式强调稳定状态,认为自然系统是封闭的和自我调节的,与非科学的自然平衡思想产生共鸣,因此不能再作为保护的充分基础。新的范式,承认偶发事件的存在、生态系统的开放性、场所和种类的多样性,实际上是一个更现实的基础。"(1992,第84页)迈克尔·索莱(Michael Soulé)虽然热衷于保护生物学,但他说:"当然,物种生活在综合群落中的想法是一个神话……有生命的自然不是均衡的……在当地生物组合层面上的自然从来都不是动态平衡的。""所谓的生物群落"是"一个误导性的术语"(1995,第 143 页)。

如果是这样的话,也许保护生物群落的土地伦理也是一个神话。自然历史被分割成无法定义的、不确定的组合,这些组合在杂乱、混乱的流变中无法概括,无法形成松散的联系。这些随机的、混乱的生物集合,更不会因为它们可能拥有的任何美丽、完整性或稳定性而值得保存了。但这把我们的解释带进了太过无序的区域了。

问及生态系统的组合规则时,埃文·韦伊尔(Evan Weiher)说,生态学家发现,在竞争、合作、捕食、干扰(如火灾、虫害流行、龙卷风)、随机因素、可预测性和不可预测性这些因素中存在某种组合。"我认为我们将要发现的是,组合规则是模糊的、温和的约束。"(韦伊尔,引自斯托克斯塔德,2009,第 34 页)这里既有秩序,也有无序;秩序使生态科学成为可能;无序保留了一些投机的元素。

有序的规律(季节回归,水文循环,橡子成为橡树,松鼠以橡子为食)和间歇性的不规则(干旱,火灾,闪电杀死一棵橡树,橡子的突变)混合在一起。雨水来了;树叶进行了光合作用;昆虫和鸟类走了;蚯蚓在土壤里劳作;细菌分解了回收利用的废物;狐狸找到了巢穴,生下了它们的幼崽,猎杀了兔子;不胜枚举。许多物种的平均半衰期约为 500 万年。狮子已经在塞伦盖蒂平原上生活了很长时间,它们捕食的斑马也是如此。从更长的时间尺度上来看,会有气候变化、新物种形成、新的生态位产生并被占据。这种动态稳定性并不排除,而是包括变异和变化。有变异,但选择需要相对稳定的环境。如果没有狐狸能够肯定地把速度较慢的兔子吃掉,那么即使有幸运的基因突变,跑得更快的兔子也没有生存优势可供选择。

有些事件比较少见：极端干旱或暴风雨，产生大火。前黄石公园主管鲍勃·巴比（Bob Barbee）反思道："直到今天，我仍然相信，1988年的黄石公园大火是不可预测、无法预防、无法控制的，当然，也是不可想象的。"（2009，第10页）但是，如果认为生态系统历史只不过是随机游走，而忘记了它们也有稳定的动力，那就错了。同样毋庸置疑的是，生态系统充满了控制论子系统：例如，随着时间的推移，一代又一代地传递信息的物种谱系。生态系统在遗传学中被编码，并在其成员物种的应对行为中表现出来，生态系统将有能力调整以适应经常出现的干扰，这些干扰足以在遗传记忆中被记住。例如，为了应对不经常发生的火灾，黄石公园的寄宿杆松可以形成浆液性的球果，而森林也会自我更新。一些物种变得适合在受干扰的栖息地中快速繁殖（r-选择），一些物种适应在固定的栖息地持续替换（k-选择），因为这些物种的合适栖息地会再次出现。如果发生气候变化或新物种不够强大，长期存在的生态系统可能会持续更长时间。即使鲍勃·巴比所说的火灾是不可预测的，黄石公园的森林也已经在那里存在了数百万年。

自然系统在过去常常维持很长一段时间，甚至在它们逐渐发生变化的时候也是如此。平衡论和非平衡论代表了光谱的两端，真实的生态系统介于两者之间，人们看到的是平衡还是不平衡，这取决于分析的水平和规模。如果把密度或群落结构作为一个整体来研究，可能看起来永远达不到平衡。然而，在种群水平、物种多样性或群落组成上，生态系统可以表现出更可预测的模式，甚至在有限的范围内接近稳定状态（克齐尔等，1990）。R. V. 奥尼尔总结了他的研究团队的结论：那些看到稳定的人和那些看到变化的人看的是一枚硬币的两面，"事实上，这两种印象都是正确的，这取决于我们观察的目的和时空尺度"（奥尼尔等，1986，第3页）。克劳迪亚·帕尔-沃斯托总结道，"生态系统的动态本质是混乱与秩序相互交织的"（帕尔-沃斯托，1995）。

　　也许没有平衡是能够永久保持的，但生态系统是由共同进化的有机体组成的平衡系统，制衡随着时间的推移而脉动。例如，种群数量增长经常受到食物供应、捕食、疾病或可用性栖息地的制约。生态系统中有自养、异养、捕食者和猎物、草食动物、杂食动物、肉食动物、营养金字塔。也有演替（通常中断）、竞争、共生、能量流动、承载能力、生态位、共同进化，以及经常依赖密度的调节，以及与密度无关的因素。许多一般特征是重复的；许多局部细节是不同的。增长和发展的模式是有序和可预测的，足以使生态科学成为可能，也使尊重这些动态的、创造性的、重要的过程的环境伦理成为可能。许多生物学家倾向于将进化本质视为一个自组织系统。温贝托·R. 马图拉纳和弗朗西斯科·J. 瓦雷拉创造的一个词是"Autopoiesis"（自动、自我和生产）（马图拉纳和瓦雷拉，1980）。斯图尔特·考夫曼总结了一项关于秩序起源的长期研究："我们可能已经开始将进化理解为选择和自组织的结合。"（考夫曼，1991、1993）"自动"假设了秩序或起源的先天原则，在词源上类似于"自然"中现在的原则，源自希腊语"Natans"，"生育"的意思。

　　许多生态学家喜欢的另一个术语是"整体论"。种群不仅仅是个体的集合。"整体论"持这样一种观点，即系统作为一个整体的属性决定了各部分的行为方式。部件的特性并不能解释所有正在发生的事情。这个想法可以追溯到亚里士多德："整体不同于部分之和"（《形而上学》，1045a10）。当一位看过所有树木的徒步旅行者接着问"带我看看森林"时，一些人会回答说，森林只不过是树木的集合。只有树是真实的。但这种看法可能是危险的开始：群落是虚构的，它们的有机体是真实的；有机体是虚构的，它们的器官是真实的；器官是虚构的，它们的细胞是真实的；以此类推，一直到原子和夸克。但是后来我们发现夸克只是一种波型，没有任何东西看起来是真实的。也许所有这些事情都是真实的，每件事情都在不同的层面上。树木看起来就像原子一样真实。

森林也是如此。似乎没有什么理由认为一种模式(有机体)是真实的,而另一种模式(生态系统)是不真实的。如果有重大的下行因果关系,任何水平都是真实的。因此原子是真实的,因为那种模式塑造了电子的行为;细胞是真实的,因为那种模式塑造了氨基酸的行为;有机体是真实的,因为那种模式协调了心脏和肺的行为;群落是真实的,因为生态位塑造了其中狐狸的形态和行为。群落层面的真实不需要锋利的边缘或复杂的中心,更不需要永久性;它只需要一种组织,它可以塑造成员/部分的行为,也许是自由地塑造。虽然模式被个体层面的突变和革新所产生的"自下而上"的创造力所改变,但有机体"调整"的模式(能量流动、营养循环、演替、历史趋势)必须设定为"向上"。

当许多自我实现的单位争先恐后地寻找自己的方案,各自做自己的事情,被迫与其他单位进行知情互动时,一种秩序就会自发地和系统地产生。在文化方面,语言的逻辑或市场的综合联系就是例子。科学是种群事业,太庞大了,任何一个人都无法理解;许多人都为它的建设做出了贡献。没有人会给语言、市场、科学或宗教下命令。个人在这四个方面都追求自己的利益,但这些过程都不能完全解释为个人利益的总和。政府也体现在不同的层面:联邦、州、县和市各级的立法、行政和司法制衡。

文化遗产通常是这样的,我们可以合法地尊重犹太教或基督教、民主或科学,这些都不是中央控制的过程,所有这些都将完整性和可靠性的元素与动态变化,甚至是令人惊讶和不可预测的元素混合在一起。我们可能希望民主或科学的美丽、完整和稳定,但不否认多元化、历史发展和新奇发现的因素。生态系统也是包含但超越其成员组成部分的整体。(这场辩论的两个技术关键词是唯名论和还原论)。

跨越进化史的混沌元素的融合已经发生了有趣的转折。当代生物学中的一个主要论调是,秩序是从偶然中产生的。现在的论断可能是自然选择可以将有序系统推向混乱的边缘,因为这里才是自组织和在不断变化环境中保持生存最有可能发生的地方。"进化已经将适应性基因调控系统调整到有序区域,或许接近有序和混沌之间的边界。""在秩序和混沌之间的网络可能具有迅速和成功适应的灵活性"(考夫曼,1991,第82、84页)。在这些"平衡系统"中,创造性与机遇和混乱交织在一起。秩序的构建最有可能出现在无序的边缘。"这样的秩序具有美和优雅,在生物学上投射出永恒和潜在规律的形象。进化不只是'机缘巧合'。这不仅仅是对临时的、错乱的、巧妙的装置的修修补补。它是一种紧急秩序,经历过选择的磨炼而获得的"(考夫曼,1993,第644页)。

还存在动态的变化,动态变化产生历史发展。生态系统的完整性包括进化的能力。稳定、而非其他会消除这种创造性。在足够大的规模上,生态学确实与进化相遇。或者,也许有人应该说,一直在进行的进化变得显而易见。支持变异的稳定性使历史性变化成为可能。

生态系统是如何工作的,生态学家对此确实有基本的想法。但似乎是因为生态系统的这种变化和开放,他们没有太多宏大的理论,没有在地球上任何地方都适用的定律。乔纳森·拉夫加登说:"很难想象在生态学中,什么才算得上是一条'定律'。"(1983,第597页)许多科学哲学家认为,生物学或社会科学中没有硬性的"定律",只有有用的概括。生态学家有什么样的宏伟理论? 例如洛特卡-沃尔特拉方程,它将种群大小、环境能够支持的有机体的数量与时间、生长率和承载力联系起来。最初看起来这个方程很重要,但事实证明它们是如此粗略和简化,以至于它们对理解实际的情况几乎没有帮助。

它们是真实的,但从细节中进行了太多的抽象,以至于它们把"魔鬼"留在了细节中。用任何这样的生态定律来理解切萨皮克湾,就像试图用万有引力定律或优胜劣汰来解释总统选举的结果一样。也许大多数生态学家能做的就是拥有拉夫加登所说的"一系列工具"（如湖泊富营养化、关键物种、营养循环、生态位、演替或其他五十个概念），并将其中一些应用于手头的特定环境（拉夫加登，1983，第 597 页；另见施雷德-弗雷谢特和麦考伊，1994；彼得斯，1991）。

与此同时，越来越多的事实表明，曾经独立于人类而繁荣发展的生态系统自然，如今由于人类的破坏而受到威胁。对于许多人来说，如果要考虑到生态/环境经济学，那最需要关注的问题（我们很快就会谈到）就是对生态系统的威胁，这个生态系统给人类提供着服务。如果人们更直接地关注生态系统本身，这种威胁可以被描述为对生态系统功能、健康、完整性或质量的威胁。生物完整性是指生态系统支持和维持"平衡、综合、适应性生物群落的能力，还包含物种组成、多样性和与该地区自然栖息地相当的功能组织"（卡尔和达德利，1981，第 56 页）。

生态系统健康是一个有点隐喻性的术语，从个体有机体的健康中推断出来，但这是一个人们很容易联想到的术语，给人一种欣欣向荣的感觉。生态健康是指随着有机体在其生态位中的良好表现，生态系统成员物种的遗传潜力正在实现的状态，这些相互关联的方式是：系统状况是动态的和稳定的，系统在受到干扰时具有自我修复的能力，并且只需要最小的外部管理。"如果一个生态系统是稳定和可持续的——也就是说，如果它是活跃的，并随着时间的推移保持其组织和自主性，并对压力有弹性，那么它就是健康的，没有'窘迫综合征'。"（科斯坦萨、诺顿和哈斯克尔，1992，第 9 页；米斯特雷塔，2002；麦克沙恩，2004）生物完整性以最初在那里的生态系统、自然历史作为基准指数，而生物健康可能但不总是需要原来在那里的所有物种。可能会有人为引入的替代物种。如果运行状况良好，这些替代物种将在管理干预最少的情况下正常运行。没有人在身边，生态系统似乎通常运行良好，基本保持稳定，或繁荣,并有其完整性。最初独立于人类的过程和产品将很有可能自然而然地选择适合它们的物种,因为不适合的物种会灭绝,不稳定的生态系统崩溃,并被更稳定的生态系统取而代之。生态系统在几千年的时间里经受了弹性的考验。尽管在过去,自然系统有时会被破坏(火山爆发,或者海啸摧毁它们,或者灾难性的流行病爆发),然后生态系统的完整性不得不重新进化,这是事实。正如进化论和生态学理论所教导的那样,自然系统通常是适应生存的地方。

2. 生态系统："应该"的问题

在我们对什么是生态系统有了一个令人满意的解释之后,下一个问题是我们人类应该如何与这些系统联系起来。例如,唐纳德·沃斯特(Donald Worster)说:"大自然的模式确实、也应该为我们的生活设定一条路线——不是唯一的路线,也不是唯一可能的路线,而是一种相当清晰的模式,明智的社会过去一直遵循的这种模式,愚蠢的社会则对此嗤之以鼻。"(1990,第1 145—1 146页)美国国会通过了《国家环境政策法案》,以帮助国家"创造和维持人与自然和谐共处的条件"(美国国会,1969,第101节)。

批评人士现在会说:"不。"当然,我们必须关注支持人类生命的自然环境状况,但这并不意味着我们对生态系统负有任何责任,也不意味着我们在道德上应该遵循生态系统过程(卡恩,1988)。这些批评家现在会说,生态系统的存在方式过于松散,道德上无法衡量。持怀疑态度的伦理学家,有时在生物学家的鼓励下,可能认为生态系统只不过是它们更真实成员的表象集合体,就像上面我们听到的徒步旅行者所说的那样,森林只不过是树木的集合。伦理学家很难评估那些并不真正存在的东西。

我们关注生态系统,想知道它们到底是什么样的,而现在的伦理学家将却为此而困扰。生态系统看起来只不过是随机过程。一个海滨、一个冻土带，只是外部相关部分的松散集合体。很多环境根本不是有机的(雨水、地下水、岩石、非生物土壤颗粒、空气)。有些是死亡和腐烂的碎片(倒下的树木、粪便、腐殖质)。生态系统没有大脑，没有基因组，没有皮肤，没有自我认同，没有目的，没有统一的程序。它不会保护自己免受伤害或死亡。它不会发怒。局部(狐狸、莎草)比整体(森林、草原)更集中。因此，似乎生态系统的组织层次太低，不能成为道德关注的直接焦点。生态系统不会主动关心，也不可能主动关心；它们不包含它们或我们可能会关心的兴趣点。

但现在我们更应该站在那些整体主义者一边，支持他们的主张，即了解生态系统的组成部分并不能完全解释其整体。因为种群不是有机体个体，然后就去怀疑它们，这就相当于在一个层面上寻找适合另一个层面的东西。人们应该寻找中心之间相互联系的矩阵，以获得创造性的刺激和开放的潜力。每一个东西都将连接到许多其他东西，有时是通过强制关联，更多的是通过部分和灵活的依赖关系；而且，在其他组件中，将不会有重要的交互。将会有分流和纵横交错的通道，控制子系统和反馈回路。出现的特质是集体的或整体的(如营养金字塔或继承倾向)，而不是任何个别部分的特质(如新陈代谢或死亡)。人们寻找的是选择压力和适应能力，不是寻找应激性或伤害修复，人们寻找的是物种形成和生命维持，而不是为了抵抗死亡。我们必须更系统地思考，而不是从生物有机层面思考。

有机体只保护它们自己或种类，但这个系统编造了一个更大的故事。有机体为它们的持续生存辩护；生态系统促进新移民的到来。物种增加了种类，但生态系统增加了种类，更增加了种类的集成度。该系统是一种场域，其特征与特定有机体中包含的任何属性一样，对生命至关重要。有机体的创造力(再生一个物种，推动增长到一个覆盖世界的最大值）被用来生产另一种创造力，并受到另一种创造力的制约（专门生产新的种类，用适应能力锁定物种种类，增强个体和开放性以适应未来的发展）。集体秩序可以比任何单个部分的行为更复杂。生态系统秩序是一个全面、复杂、有效的秩序，因为它整合了许多不同有机体和物种的专门知识（具有一定的开放性）。它不是建立在任何一种事物成就之上的秩序。因此，这里有多样性、统一性、动态性、稳定性、新颖性、自发性，是一个生命支持系统，是自然历史的仙境。从系统的角度看，人类应该尊重和保护这种系统性。

如果我们关心什么是有价值的，并且能够维持我们地球上的价值，为什么不说，这价值就是这生态系统的生产力呢？这些产品是有价值的，能够为演化过程中来得较晚的人类所重视；但为什么不说这个过程才是真正有价值的，也就是说，能够在生物多样性中产生这些价值呢？看重金蛋，贬低产金蛋的鹅的价值，这是愚蠢的。如果只从工具上而不是从鹅本身的角度来评价鹅，那就大错特错了。一只会生金蛋的鹅具有系统价值（艾凡赫，2010）。更何况是一个产生无数物种的生态系统，甚至是一个产生数十亿物种的地球，包括我们人类在内。进化史已经过去了，我们对此不负责任。但由此产生的生命共同体仍在继续，它们已经成为我们的责任。深入地看，这些生态系统今天仍然是个体和物种的来源和支持。这样的观点开始使伦理学自然化，为利奥波德所说的"土地"产生了一种伦理学。

这里有系统价值，也有工具价值和内在价值。价值在于过程，也在于产品。一个产生无数物种的生态系统，甚至正如我们在下一章总结的那样，甚至是一个产生数十亿物种（包括我们自己）的地球，是多么有价值啊！

一些解释人员利用生态系统中的偶然性因素得出结论，人类的环境政策不能从尊重或遵循自然中得出；我们人类将不得不介入我们的管理目标,并相应地重塑我们居住的生态系统,使它们与我们的文化目标达到某种新的平衡。但是,当然,这是假设生态系统有足够的规律性和可预测性来管理的。

丹尼尔·博特金(Daniel Botkin)在生态系统中几乎找不到稳定性,但他找到了充分的秩序:"不受人类影响的自然似乎更像一首交响乐,它的协调源于每隔一段时间的变化和改变。我们看到的景观总是在变化,在许多时间和空间尺度上都是在变化。"生态系统是"由许多不同物种的个体组成的某种系统……它们与它们的环境一起,构成了一个由有生命和无生命部分组成的网络,可以维持能量流动和化学元素的循环,从而支持生命"(1990,第62、7页)。博特金通常能够对这些系统进行计算机建模,否则生态系统管理是不可能的。

即使自然生态系统在特征上已经进入了相当可预测的模式,只是随着进化时间的推移而缓慢修改,但这些已经相当复杂的系统似乎很可能会因为人类的修改而变得不稳定,因为这些系统与人类的系统往往截然不同(推土机推土、合成杀虫剂、来自另一个大陆的外来杂草、酸雨)。动植物对这种干扰没有遗传记忆。要想可靠地预测这些新的颠覆,将超出生态系统科学目前可用的模型和理论的能力。一个生态系统可能已经自然地进化出了某些制衡和反馈循环,但人类引入的创新(例如,当欧洲人搬到夏威夷时,那里的不会飞的鸟类没有应对地面捕食者的进化经验)将会导致发生什么,几乎没有人知道。就人类在生态保护、生态保持和土地利用规划的职责层面而言,我们可能仍然会发现,利奥波德的土地伦理,尊重动态的种群稳定,仍然是明智的建议。

3. 生态/环境经济学

想知道我们应该在环境/生态伦理学方面做些什么,我们可能会认为,经济学家可以帮助我们做出决定。将经济学引入生态系统的两个领域是生态经济学和环境经济学。乍一看,人们可能会认为这是同一事物的两个名称(生态伦理学和环境伦理学可能是这样),但事实证明,它们的侧重点是不同的。生态经济学是一个多学科的学术领域,致力于解决人类经济学和自然生态系统之间的相互依存关系。有一个国际生态经济学会,大约有 2 500 名会员。环境经济学不同于生态经济学,是应用于自然系统的传统经济学。生态经济学是绿色经济学,"绿色"指的是自然系统;环境经济学的"绿色"是指美元的颜色,绿色是指有盈利,而不是亏本。

至少从工业时代开始,传统经济学就把重点放在劳动力和资本上,把"土地"和"自然资源"解释为没有任何独立的价值,只是作为劳动力和资本可以发挥作用的给定条件。与此分不开的是增长是好的,人类生产是为了增加消费,更好的劳动力组织和更大的市场使其更有效率。一项主要的技术,特别是处理自然资源的技术,是成本效益分析,几乎总是以货币单位(美元)表示。目标是比以往任何时候都能为更多的人提供更多的商品和服务 : 更智能地利用自然。是的,存在市场失灵,即资源被低效或不公平地使用(考恩,1988),但这些问题可以通过环境监管、税收、修改财产权、改变所有者/生产者激励等方式得到修复。"看不见的手"并不总是有效的。尽管如此,人们仍然可以有效和公平地使用真实的公共财产(奥斯特罗姆,1990)。任何贫困问题的解决都需要发展,需要可持续发展。

生态经济学家发现,这种永远给予人们越来越多的东西的目标,无论看起来多么人性化,都会导致自然环境不断恶化,破坏生态系统服务,减少生物多样性,污染空气、水和土壤,让富人变得更富有,让穷人变得更穷。他们发现自然环境至关重要,而忽视自然环境是造成环境危机的主要原因。经济与生物过程密不可分,这是一种生物经济学(科斯坦萨等,1997;斯帕什,1999;科尔斯塔德,

2000；戴利和法利，2004；康芒和施塔格尔，2005；千年生态系统评估，2005a）。

生态经济学认为，进入和退出经济的能量和物质流动是一种新陈代谢，需要消耗生命养分，但需要环境的来源和出口，类似于环境中的有机体。他们可能会担心推高作物产量的同时会失去土壤的自然肥力，因此，为了增加产量，他们用越来越多的合成农业化肥取代自然肥力。也许他们可能会担心大量使用杀虫剂会对河流和地下水造成什么影响。承载能力应该控制资源的使用，而不是最大限度地开发资源。环境完整性和质量与生产、增长和利润一样重要。

那些庆祝我们进入人类世时代的人会在这里指出，人类正在创造新的生态系统。新的生态系统是在新的非生物条件下，由新的物种组合组成的，并且越来越普遍。这些批评家可能会说，适应性生态系统管理方法必须明确承认这些系统的现状并预测未来的条件。旧的管理方式侧重于将不受欢迎的物种或条件从生态系统中移除，以使它们恢复到先前的状态，这种管理方式已不再足够。我们需要考虑和试验新的结果或轨迹，而不是简单地采取预防或治疗措施（西斯代德、霍布斯和苏金，2008）。但生态经济学家对所有这些扩大规模的、聪明的管理表示怀疑。

经济学家需要不断地考虑现在所谓的"生态系统服务"，这是自然过程的贡献，没有自然过程，任何经济（或文化）都不能蓬勃发展，但从传统观点来看，生态系统服务不会进入经济学家的核算。这些服务包括初级生产力、养分扩散和循环、授粉、食物、燃料、净化空气和水、土壤更新以及宜居的生活空间。例如，野生传粉者提供免费授粉；在一些地区，必须提供蜜蜂群来取代失去的野生传粉者，费用高达数十亿美元。罗伯特·科斯坦萨领导了一项活动，十几名同事参与评估了此类生态系统服务的价值。他发现很难用美元对它们进行估值，但得出的价值约为33万亿美元，范围在16万亿至 54 万亿美元之间（科斯坦萨等，1998；皮姆，1988）。1997 年，也就是这项研究进行的年份，全球 GDP 为 27 万亿美元。因此，自然生态系统服务超过了全球人类经济的总产出。不出所料，尽管批评人士一致认为，这样的估计对于让经济学家认识到生态系统服务的价值具有积极的潜力，他们还是批评了这项研究。（见《生态经济学》第 25 期［1998］，第 1 辑；整辑都是关于科斯坦萨研究的。）环境"外部性"（传统经济学家称其为"外部性"）——大自然母亲带来的利益并不属于任何人，因此所有人都可以免费享受——这一利益是巨大的，需要纳入环境法规。这些共同的利益确实迫使我们重新思考我们应该做什么。这也可以被称为"转化生态学"，将生态学家作为科学家所知道的与人们作为公民选民在环境政策中的愿望联系起来。

经济学家认为"资本"是一个必不可少的概念。资本是生产商品和服务的物质能力，被认为是一种存量，如货币、建筑、机械、专利，在生产过程中持续进行（可能随着时间贬值），区别于劳动力和土地。传统经济学家对资本有不同的思考方式。生态经济学家现在可能会同时考虑人造（制造）资本和自然资本（皮尔斯、玛康迪亚和巴比尔，1989，第 3 页）。自然资本是资本概念向环境商品和服务的延伸。

广义地说，资本是一种能够产生有价值的商品或服务并流向未来的股票。自然资本是指产生有价值的生态系统商品或服务流向未来的自然生态系统的股票。森林提供了树木，河流提供了可以无限期持续的水或鱼。自然资本还提供废物回收或集水和侵蚀控制等服务。这种来自生态系统的服务要求它们作为整体系统发挥作用，因此系统的结构和多样性是自然资本的重要组成部分。在"商业资本"中加上"自然资本"将使我们的道德义务更加具体。

我们将从一种高层次的道德关切，即我们应该为自己和他人保留发展机会，转向更具操作性的层面。保护你的资本。我们采取了一个开发人员非常熟悉的观点、资本,并对其进行了修改。还要维持自然资本。这个经济术语似乎很好地替代了"发展机遇"。我们想知道我们可以花多少钱,而不会让我们自己或我们的后代变得贫穷。虽然较低的自然资本存量可能是可持续的,但考虑到巨大的不确定性和猜测错误的可怕后果,社会将是明智的,不允许自然资本进一步下降。保持自然资本总量不变应作为环境政策,让它成为确保可持续发展的审慎的最低条件,只有在有证据确凿无误的情况下才能放松(科斯坦萨和戴利,1992)。

在保护生态系统方面,这似乎是明智的预防措施。《千年生态系统评估》总结了有史以来研究这些问题的最大自然和社会科学家群体的研究结果。作者更加直言不讳:"这项评估的核心是一个严酷的警告。人类活动正在给地球的自然功能带来如此大的压力,以至于地球生态系统养活子孙后代的能力不再被认为是理所当然的。"(《千年生态系统评估》,2005b,第 5 页)这份报告的标题说明了一切:自然资产和人类福祉入不敷出。评估得出的结论是,全球 24 项基本生态系统服务中,有 60% 在过去 50 年里已经退化。一项主要的生态系统服务是充足的水。《千年生态系统评估》发展目标的 30% 依赖于清洁水的获取。地球上三分之一的人缺乏现成的安全饮用水。

生态系统服务是人类福祉所必需的,但两者之间的联系并不总是能够得到很好地理解,引入变化的结果是不可预测的,那些遭受痛苦的人最有可能是穷人。考虑一下这项评估的一些主要作者的结论,他们特别担心非线性变化。当达到某个临界值时就会发生这种情况,在临界点进一步引入的少量变化就会在气候系统中产生较大且相对较快的不利变化。

> 我们缺乏强有力的理论基础来将生态多样性与生态
> 系统动力学联系起来,进而与人类福祉背后的生态系统

服务联系起来……在千年评估中确定的生态系统服务
里，最灾难性的变化涉及非线性变化或突变。无论这种
变化是否可逆，以及个人和社会将如何应对，我们缺乏预
测这种变化门槛的能力……人们对生态系统服务和人类
福祉之间的关系知之甚少。了解的一个入口是生态系统
服务变化与消除贫困的后果有关。穷人最依赖生态系统
服务，容易受到生态系统服务退化的影响。

（卡彭特等，2006）

在无视结果的情况下推动发展，冒着突然转变到未知门槛的
风险，超过这一门槛，穷人将遭受更严重的环境退化，从而使富人
以牺牲穷人的利益为代价变得更加富有。道德上的当务之急是保
持穷人所需的生态系统服务，甚至比富人所需的服务还要多。由
于生态系统服务涉及与自然直接接触的人，这种保护既可能侧重
于可持续的生物圈，又可能侧重于可持续的发展。例如，千年评估
发现，旱地受到严重威胁；在农地上，过多的养分负荷正在扰乱和
降低农业的生态系统服务。

一些人认为，把自然视为"自然资本"仍然过于货币化，"出卖
了自然"，而且不足以思考生态系统服务或自然本身的价值（麦考
利，2006）。这种模式的一个问题是，"资本"通常是某人的财产：拥
有的财产。虽然这可能适用于商业资本，但从所有权的角度考虑，
我们希望保护的自然价值可能是误导性的。我们需要一种公有模
式（共同持有的商品），而不是一种自有资本模式（属于个人的经济
财富）。我们希望在自然界中保持的许多价值（荒野地区、尖叫的
鹤或臭氧层），并没有被很好地描述为我们的人类或自然"资本"
（奥康纳，1993）。扩大产权制度对经济学家有一定的吸引力，但在
这里，什么是正确的，最好的决定是通过对自然资本的某种扩大的
产权进行裁决，对此，伦理学家表示怀疑。

大多数天然产品都退出了市场;市场计算的是资本回报、投资增长和支付的股息。自然资本有哪些回报?这些退货给了哪些"所有者"?这些商品中的许多东西都是经济学家所说的"非竞争性",因为一个人使用它们并不会剥夺其他人的竞争力。我们都呼吸空气(吹遍全球),享受雨水(落在你的土地和我的土地上),去公园徒步旅行(这一天是为了逃避我们对股息的市场担忧)。也许这是共同的遗产,但如果我们将其转化为自然资本,类似的模式是如何运作的?商品化自然不是解决问题的办法,也许这只会使问题复杂化。

赫尔曼·戴利有力地辩称,从本质上讲,经济学还没有面对在有限资源基础上实现增长的问题。E. F. 舒马赫在他的书名《小即美》(1975)中提出了这一点,颇具挑衅性和影响力。虽然有一些增长形式可以无限持续(如艺术、文学、人文、科学知识、计算机技术),但工厂和田野生产的无休止产出是不可能的(戴利,1977、1996;戴利和科布,1994)。但包括经济学家和伦理学家在内的人类不愿承认这一点,更不用说将其纳入他们的经济学中了。正如我们在第二章中看到的,人类想要无休止的增长。

也许,在诚实面对极限的情况下,环境经济学和生态经济学这两个领域可能会相互融合,或者至少发现,各自都把对方拉向了某种妥协的立场。肯尼思·阿罗领导了一组杰出的经济学家和生态学家,他们使用扩大的传统经济学方法来衡量"包容性财富,其中包括自然和社会(经济和文化)资本"(阿罗等,2004)。另一种方法使用"生态足迹"的比喻。如果我们考虑一座城市或一个国家必须从哪个地区汲取资源来满足其生活方式的需求,而不是傲慢地吹嘘进入人类世时代,我们就会得出结论,人类需要减少而不是扩大他们在地球上的足迹(瓦克纳格尔和里斯,1996;桑德森等,2002)。

文化仍然与生物系统联系在一起,建筑环境中的选择,无论如何扩大,都不能从大自然中释放出来,大自然仍然是一个生命维持系统。今天的人类依赖于空气流动、水循环、阳光、固氮、分解细菌、真菌、臭氧层、食物链、昆虫授粉、土壤、蚯蚓、气候、海洋和遗传物质。生态仍然存在于文化的背景中,自然赋予所有其他一切的基础。在我们目前所能设想的任何未来,即使是最先进的文化也需要某种包容性的环境适应性。

测试一下自己,看看空白处可以填什么介词:"生态学家不应该寻求客观地理解自然本身是如何工作的;他们应该寻求一种知识,它帮助社会保护环境_____有效使用和_____压榨。(they should seek a knowledge that will help society to protect the environment _____ efficient use and _____ exploitation.)"无论你插入的是"for(为了)"还是"from(以防)",决定都不取决于科学,而取决于你的价值承诺。如果你在两个空白处都加上"for(为了)",你很可能是一位传统经济学家。如果你在第一个中插入"for(为了)",在第二个中插入"from(以防)",你很可能会走向生态经济学。如果你在两个空白处都填上"from(以防)",你可能是一位深奥的生态学家。

4. 荒野:自运转的世界

美国国会划出了数百个荒野区域:野生的、无人管理的生态系统。最初的《荒野法案》定义了国会打算保护的土地:"与那些人类及其成果主宰土地景观的地区相比,荒野在此被承认为地球及其生命共同体不受人类约束的区域,在那里,人类只是游客,不会滞留。"(美国国会,1964,第二2[C]节)这似乎很直接明了。虽然荒野的面积正在减少,但仍有以野生为主的地区,即未开发的地区,在这些地区,人类不管理自然,但一切都是自发的野生自然的过程。在地球上,大多数有人定居的大陆(不包括欧洲)都有四分之一到三分之一的荒野(麦克洛斯基和斯波尔丁,1989)。

当然,法律意义上的荒野确实必须要明确指定,就像美国国会所做的那样。一个社会必须决定荒野意味着什么,以及他们将在何处拥有荒野。他们将不得不有管理人员来监督保护这样的荒地。但是法律上的荒野指的是原始荒野。我们的"环境"可能是我们的人类自然环境,得到管理的生态系统。我们大部分的景观都有"多种用途"。但是,当我们把"野生"这个重要的前缀放在自然之前时,这应该非常清楚地表明,我们是在用词来指代一个人类部门之外的世界。

"国家公园管理局"自成立以来就有双重的、有时甚至是相互冲突的目标:既要保护自然作为供人们娱乐的风景资源,又要为子孙后代保护自然免受损害(1916年《国家公园局组织法》,第 16 条,美国法典,第 1—4 款及以下)。不出所料,立法将考虑各种动机。黄石公园曾被描述为"国家和人民的欢乐之地"。根据后来的描述,格伦·科尔(Glen Cole)说,"黄石国家公园的主要目的是保护自然生态系统,让游客有机会看到和欣赏原始美洲的风景和当地的动植物生活"(科尔,1969,第 2 页)。黄石公园应该是一个生物的整体,一个不受人类约束的"自然社区",在那里自然顺其自然,人类学会享受它。

当 1964 年最初的《荒野法案》得到通过时,13 个州的 54 个地区(910 万英亩)被制定为荒野。从那时起,国会已经通过了 100 次的增加,荒野系统几乎每年都在增长,现在包括 44 个州和波多黎各的 756 个地区(109 494 508 英亩)都有荒野。1980 年,《阿拉斯加国家利益土地保护法》(Alaska National Interest Lands Protection Act)的通过为该系统增加了 5 600 万英亩的荒野,这是新增面积最大的一年。最新的荒野面积是在 1984 年增加的。总体而言,整个美国约有 5% 的面积受到保护——这个面积大约相当于加利福尼亚州的大小。但由于阿拉斯加拥有刚刚超过美国一半的荒野,只有大约 2.7% 的美国本土面积受到保护——大约是明尼苏达州的面积大小。

有多种原因解释了为什么要建立荒野系统。一个共同的原因是，我们需要基准的自然生态系统，将我们居住的高度改变的农业和城市景观与之进行比较。另一个是生物多样性的保护（米特迈尔等，2003）。正如我们刚才看到的，娱乐是一个常见的原因，既是户外剧院，也是户外健身房。徒步旅行者希望看到大自然的表演，并展示他们的能力。人们往往尊重野生的自然生态系统。这样的自然应该继续存在，超越我们人类培育的、作为风景欣赏的或我们自己需要的任何自然。

不管是什么原因，美国人对他们的荒野命名相当自豪；其他国家已经复制了这个想法（做了许多修改），但没有其他国家能接近拥有类似规模和重要性的荒野系统。世界上剩余的大部分荒野都没有得到保护。美国人为自己留出了很大一部分风景作为一个自运转的世界而感到庆幸。

然而，在这一点上，批评家们却提出抗议：人类在很大程度上混入了荒野，混入了荒野土地本身（克罗农，1995）。罗德里克·纳什（Roderick Nash）追溯了荒野的历史和美国人的思想，得出了一个令人震惊的结论："荒野是不存在的。从来没有存在过。这是一种对某个地方的感觉……荒野是一种精神状态"（纳什，1979，第39—40 页）。"荒野"是一种陪衬，是我们建构出来的，与二十世纪后期出现的、在二十一世纪盛行的西方科技文化形成鲜明对比。纳什总结道："文明创造了荒野"（纳什，1982，第 13 页）。大卫·洛温塔尔（David Lowenthal）说："事实上，荒野根本不是一种景观，而是对人与自然的感情的集合，对不同的时代、文化和个人具有不同的重要性"（1964，第 35 页）。

文明创造了荒野？最近是这样的，但原本不是的。文明指定了荒野；更具体地说，美国国会代表其公民指定荒野，其他立法机构也可以、也应该这样做。这是"创造"的立法意义,而不是生物学意义。早在文明之前,荒野就已经诞生了;每个人都知道这一点,包括纳什在内,这么做只是在设置难题来引起别人的重视,"文明创造了荒野。""荒野是一种精神状态。"荒野中的背包客确实有自己的心态。一种常见的想法是,荒野是有精神状态之前的那种东西。对于地理学家洛温塔尔来说,区分两种荒野应该不是那么困难,一种是荒野的概念,它在人类头脑中有其变迁,而自然界中的荒野是没有人类的荒野。虽然我们对荒野的主观想法可能会随着时间的推移而改变,但荒野是客观存在的。语言哲学家所说的"参照"(一个术语指的是它所指的、所代表的东西)可以通过意义的变化(称为"内涵")保持不变,就像"水""金""星"和"荒野"所发生的那样(克里普克,1980,第 115 页)。

批评家们继续说:事实并非如此。他们可能会激动得大喊。一些人声称,荒野的概念是"以民族为中心的、以男性为中心的、不科学的、非哲学的、非政治的、过时的,甚至是种族灭绝的"(卡利考特和内尔森,1998,第 2 页)。这样的指控开始听起来更像是修辞上的咆哮,而不是有理有据的论点。但批评者确实有一些论据。他们的攻击既有理论上的,也有实践上的,既有对荒野观念的攻击,也有对荒野事实的攻击。我们可以说,一个是精神问题,另一个是实际问题。我们将在这里考虑理论攻击,在下一节考虑实际攻击。我们被告知,从概念上讲,被视为"荒野"的自然只是我们西方的、男性的、现代的看待自然的方式,我们的心态,这使得野生自然与开发过的风景形成了强烈的对比。不同的民族和宗教看待自然的方式不同,基督徒有一种,佛教徒有另一种。德鲁伊的自然观是这样的;爱因斯坦的是那样的。自然是一个负载丰富的词,就像已经被用来描述它的隐喻所揭示的那样:上帝的创造,存在的伟大链条,发条机器,混沌,进化的生态系统,自然母亲,盖亚,宇宙之蛋,婆罗门之上旋转的"玛雅"(外观、幻觉),或者"轮回"(流动、转弯),即"空",伟大的空,或者一直在重组"道"的"阳"和"阴"。"自然"与其说是什么,不如说是我们发明的一个可以放东西的类别;我们用我们不断变化的模型来描述这个被称为"自然"的集合,这取决于观察者的心态。精辟地说,"环境哲学应该完全避开自然的概念……'自然的尽头'……可能是'已经发生的事情'"(沃格尔,2002,第23—24页,作者自己强调;另见沃格尔,1996)。"自然"难道不总是一种社会建构吗?(汉尼根,1995;齐默尔曼,1994;史密斯,1995)

当代西方人喜欢把自然看成"荒野"。但是许多民族根本没有看到任何荒野。这些人也生活在他们的风景中,他们中的许多人认为自己是自然的,觉得自然和文化的融合更加和谐,也许看不出自然和文化的区别。他们以不同的心态看待自然。自然与文化的对比观是社会建构的缩影,它是在一个自觉的技术社会中形成的。事实上,并不存在自然—文化二元论;这是西方人看待自然时,戴上了一副人为的眼镜。

"荒野"是一个温文尔雅的、主要是城市思维有关的神话——所以这个论点还要继续讨论。荒野是另一个过滤词,我们用它来修饰我们所看到的自然。这些批评家说,事实是,我们作为人,不可能知道任何这样一个没有人的世界,那只是一种伪装。表面上看起来很危险,但实际上是在澄清我们的语言,我们不得不说,在荒野中没有荒野,就像一天中没有日期和时间一样,所有这些对荒野的定义和拯救的决心,都"构成"了我们现代西方人看待自然的荒野镜头;"荒野"和"西方"一样都是建构的,这些聪明的知识分子看到了这一点。

贝尔德·卡利考特声称,荒野的概念是"天生有缺陷的",的确如此。它形而上地、不科学地将人与自然分开。它是以种族为中心的,因为它没有意识到世界上几乎所有的生态系统都被土著人民改变了。它是静态的,忽略了随时间而发生的变化。在有缺陷的想法和理想中,荒野尊重野生社区,在那里,人是不滞留下来的访客。在修正的观念(1)中,人类本身完全是自然的,居住在野生自然中,有能力而且也应该改善野生自然(卡利考特,1991)。大卫·罗森伯格说:"荒野只是一种文明的结果,文明认为自己与自然是脱离的……这是一种浪漫的、排外的、只有人类的概念,是一种纯粹的、不受人类存在约束的自然。这种自然观的寿命即将结束。"(罗森伯格,1992,第2页)

有些语法学家可能注意到,"荒野"是我们编造的现代词汇。通常在土著人民他们的词汇表中没有这个词,甚至一些西方语言(如西班牙语和丹麦语)也没有这个词。然而,语言学家确实发现,这个词和这个概念既可以是古代的,也可以是现代的。"野生"一词早在公元450年以前就已经出现在英语的前身——古日耳曼语中,意思是"未驯化的"或"未耕种的"。"荒野"一词出现在古英语和中世纪英语中,意思是"没有耕种或定居的土地","处于自然状态的土地"(奇鹏纽克,1991)。在十二世纪的一首诗"猫头鹰和南丁格尔"中,诗人说:"他们的土地……是未开化的,是一片荒野"(迪金斯和威尔逊,1951,第54页)。

在希腊,柏拉图把荒野称作为"所有教义中最明智的":"所有的东西都会变成,已经变成,将来也会变成,有些是天生的,有些是艺术的,有些是偶然的"(《法律篇》,10.888)。在《圣经》中,希伯来人经常区分自己的活动和野性的活动,特别是在《约伯》和《诗篇》中。翻译成"荒野"的词在《圣经》中出现了三百多次(希伯来语:Midbar,arabah,horbah)。中国古代的《论语》也明确区分了自然和文化。

在"自然"一词的词源学研究中,C. S. 刘易斯总结道:这是最古老的词之一,是自然或自然的最顽强的感觉之一。任何事物的本质,其原始的、固有的性质,其自发的行为,都可以与它被某些外在因素制造或做的东西形成对比。红豆杉在制图师雕刻之前就是天然的……这种不受干扰和受干扰……之间的区别……[是]非常原始……让这个对比保持鲜明的……是从事实践、而非进行推测的人的日常经验,[例如]未开垦的土地与已清理的土地、排水、围栏、耕作、播种和除草的田地之间的对立面。

(1967,第45—46页)

在某种程度上,每种文化都可以超越自身,注意到自发的自然,这种自然不受人类活动的影响。在荒野深处,夜里仰望着无数的星星,伴随着郊狼的嚎叫,人们立刻就会明白,大自然并没有终结。

文化的概念,无论什么形式,都给人一种教化的感觉,感觉要对已发现的自然过程进行监督、指导和控制,以重新引导它。在任何地方,只要有人使用头脑和双手对世界采取行动来改变世界,修改了本来可能自然发生的事件的进程,这种对比都能发现。现在看来,"自然"的主要"理念"是,自然不是人类的建构;同样,世界也是"野性"的。故意的、意识形态的建构正是野生自然实体所没有的,如果有的话,也是人造品。关于自然的主要观点是,自然不是我们想象出来的。

问题在于,聪明的知识分子(他们可能会称自己为后现代人)太专注于通过语言镜头看问题,以至于他们不再能看到自然。例如,一些早期的民族没有这个词,这不能算作对"荒野"这个词成功找到所指对象的反驳。是的,从某种意义上说,"荒野"是一个20世纪的概念,"克雷布斯循环""DNA"和"二叠纪/白垩纪灭绝"也是如此;这些术语都没有出现在科学之前的词汇表中。然而,这些心智的构造使我们能够发现人类心智之外的东西。即使我们看待的方式确实塑造了我们所能看到的,但我们不能把我们所看到的和我们看待的方式混淆起来。毫无疑问,在荒野中有许多我们还没有看到的东西,因为我们还未拥有能够看到它们的方式。然而,这并不意味着没有荒野存在,也不意味着这些事情不是独立于我们之外而正在发生着,只是我们不知道,同样也没有实践过(罗尔斯顿,1991;基德纳,2000)。

荒野地区和自然保护区是我们全球环境的一部分,但不是我们的人类栖息地。野外是人类需要和应该尊重的环境,他们可能会喜欢去那里参观。但是野外并不是我们可以居住并且让我们生存的环境。伦理学产生于"城邦",以其社会契约来规范行为、引导行为以保护人性和文化的商品。因此,有人说,道德不属于野外。它是为城市或农村环境中的人服务的。但同时,还有一种更激进的环境伦理,决心变得更加包容和全面,认为人类可以也应该为自己划出荒野区域,我们试图尽可能少地管理这些区域,或者尽可能地管理人类对它们的使用,尽我们所能以便让自然顺其自然。品德高尚的人应该尊重正直、生命的自由,尊重它的全部野性。诚然,人类是这片土地上的主导物种,他们必须进行管理。但人类也是一个道德物种,他们可以而且应该尊重进化的生态系统——至少对土地景观的代表性部分是这样。

这么说吧。我们现代人已经将"荒野"这个词构建成了一个过滤器,用它可以更好地看到这些不那么为人熟知的基础力量,并适当地照顾它们,在我们的高科技文化中做出决定:有一些地方人类只参观而不停留。如果你喜欢的话,荒野是我们最近建立的一个新的"想法(1)"("神话"),但我们这么做是因为我们发现荒野是为了"真实"。我们想要保护这个领域本身,让它自然而然地在那里。救援尝试是最近才有的;现实是原始的。真正的荒野虽然不会持续很久,但对我们来说是一种选择;如果认为人类的思维使荒野保护变得不受欢迎或不可能,这只会混淆保护的原因。

5. 自然:发现的? 建构的? 重构的?

如果不是思维,那实践呢? 实际上,几千年来人类一直生活在自然景观上,或多或少地对它们进行了修改和重建,所以现在——荒野保护的批评者将继续——事实上,没有野生自然。自从人类进化并离开非洲以来,旧世界就没有了。自上一次冰河时代以来,当人类穿越了白令海峡,进入了这个西半球,新世界就再也没有了。自然界没有一个地方是人类没有亲手开发、管理、修改和污染过的。在每个大陆上,几千年来,人们一直在努力,主要是寻求更好地管理自然(伯克和波梅兰兹,2009)。

独立于人类之外的野生自然是不存在的。荒野是一个神话——不论是理论还是实践的,都是如此。没有什么需要保存。如果我们愿意,我们可以在我们的土地景观上到处恢复野生自然,但那就是它可能表现出的样子:人为恢复的野生自然。野生自然将只是一件博物馆藏品,我们想象的东西类似于我们现在做其他事情的方式(比如埃及的法老)。从现在开始,我们唯一拥有的自然就是人类亲手接触的自然。有人类经历的自然是我们几千年来唯一拥有的自然。如果我们愿意,我们可以在景观上划出一些所谓的荒野,尝试模拟或在那里模拟出野生自然,但这些将更像是大型的开放式动物园,而不是原始的自然。

但别急。我们已经看到研究人员对这种说法提出异议,他们发现,即使是定居的大陆也仍然有四分之一到三分之一的荒野。这些研究人员确实把欧洲排除在外,但即使在人类长期定居的景观上,也可能有许多天然林地,这些林地是几个世纪以来拥有者珍惜的。可能有本土林地,通常有相当老的树木,有树龄50—100年的次生林,最近恢复的林地、湿地、沼泽、树篱、山脉,如阿尔卑斯山或苏格兰凯恩戈尔姆山脉(彼得肯,1996)。如果我们无法得知,在没有人类活动的情况下,野生自然过去是、现在是什么样的,那么拯救野生土地作为评估人类影响、退化或生态系统恢复程度的基线指标是没有意义的。

在一项调查中使用了三个类型,研究人员发现地球表面的比例发生了如下变化:(1)很少受到人类的干扰,占51.9%。(2)部分受到扰乱,占24.2%。(3)以人为主,占23.9%。剔除几乎不支持人类或其他生命的冰、岩石和贫瘠土地,百分比为:(1)轻微扰动,27.0%。(2)部分干扰占36.7%。(3)人类占36.3%。大多数宜居的陆地自然是由人类主导或部分干扰的(73.0%)。尽管如此,很少或仅部分受到干扰的自然界仍占宜居地球的63.7%(汉娜等,1994)。

卡利科特如是说,在美洲,欧洲人破坏(他们认为是)荒野已有五百年之久,而土著居民也已经消灭了荒野。即使在1492年哥伦布到达时,那儿也没有荒野存留了,因为美洲原住民已经管理这片土地一万五千年了。美洲原住民在多大程度上改变了这一景观?这是一个经验性的问题,哲学家在回答这个问题上也无能为力。

然而,当我们询问专家时,我们得到的答案是事实和解释混杂在一起。这在一定程度上是一个生态问题,生态系统平衡是否打破了。这在一定程度上还是一个人类学问题,是关于哥伦布之前民族的实践。土著文化改变了他们居住的地方,在中美洲更是如此,在北美的部分地区,在南美的不同地方,变化较小。在这方面,美国印第安人的文化与白人的文化没有什么不同。我们需要知道的是变化的程度。印第安人有没有在区域范围内改造(公元前15 000年或者他们到达时)印第安人之前的荒野,改造有没有超出荒野能够自发地自我恢复的范围程度?

被指定为美国荒野的大部分地方,原住民很少居住,因为那里海拔高,寒冷、干旱,而且通常很难徒步穿越。美洲原住民也是没有留下来的游客——原因与他们之后的白人离开这些地区稀少定居的原因相同。我们没有理由认为，在这些地区，原住民的改变是不可逆转的。这些美洲原住民究竟做了什么来管理大峡谷或雷尼尔山，或是黄石公园、大雾山国家公园呢？或者像埃弗格莱兹国家公园这样的区域性湿地？

那些人更容易到达的温带地区又怎么样呢？它们的改变是不是太广泛，而且不可逆转，确定荒野更是一种错觉？与欧洲人不同，美洲原住民没有机械设备。他们没有铁，甚至连斧头或犁都做不出来，也没有轮子。居住在森林里的美洲原住民没有马（在西班牙人之前）或牛。他们的农业倾向于重置他们从自然所继承的；而且，当农业活动停止时，随后的森林更新将不会显得特别不自然。由于需要灌溉，只在北美西南部地区出现了有限的农业生产（唐金，1979）。人们用原始的工具到处建造梯田，但不可能在区域范围内极大地改变半干旱生态系统。美国西部几乎没有其他农业，包括大平原、落基山脉、太平洋西北部、加利福尼亚州、内陆沙漠（德内文，1992）。那里和其他地方最常见的作物是玉米，它不会在野外生存，但一旦人类停止种植，它就会消失。除此之外，美洲原住民是狩猎者和采集者，没有不可逆转的不利影响。如果有人问生态学家，就确定生态系统过程而言，今天指定的荒野中，如果过去没有美洲原住民的话，现在会有哪些显著不同的特征，他们很难找到一个。时不时地，生态学家可以举出一个可能会有不同特征的特定地点——阿巴拉契亚山脉南部的草地（可能），中西部的橡树口地区。但生态系统过程的区域性景观转换是非常不同的尺度问题。

美洲原住民在较大规模上改造景观使用的技术是弓箭、长矛和火。其中唯一能广泛改变景观的是火（派恩，1982，第2章）。生态学家长期以来一直坚持认为，火也是很自然的。从第三纪的中新世以来，美洲的森林至少经历了火在1300万年来带来的改造，化石木炭沉积就是明证。火的燃烧过程包括几十年的燃料积累，点燃,然后燃烧几天或几周;这三个过程中的任何一个或全部都可能是自然的或不自然的。灭火是不自然的,可能会导致非自然的燃料积累,但没有人认为美洲原住民将其作为一种管理工具,也没有人认为他们有太多的灭火能力。

争论在于,这是不是印第安人故意放的火。他们故意点燃的火与自然的火有什么根本的差别? 在火的源头方面确实差别;一个是环境"政策审议"的结果,另一个是闪电的结果。但研究火灾行为的学生意识到,在区域尺度上处理森林生态系统时,火源并不是一个特别关键的因素。一旦大火燃烧了 100 码(编者注:1 码约等于 0.914 4 米),就无法从植被分辨出起火源是什么。问题是森林是否准备好燃烧,是否有足够的地面燃料来维持火灾,树木是否生病,有多少灰尘,等等。

如果条件不好,就很难生起大火,很快就会熄灭。如果条件合适,今天一个人就可以点燃一场地区性大火。如果没有,闪电将从明天开始,或者明年,或者后年。在一个典型的夏日,亚利桑那州和新墨西哥州分别遭到数千道闪电的袭击,大部分发生在地势较高的森林地区。平均而言,美国的地貌每年被 5 000 万颗闪电击中,每平方英里有 10 次闪电袭击(克里德,1986)。毫无疑问,美洲原住民也燃起了一些火,但很难想象,几个世纪前,他们的火灾能如此戏剧性地和不可逆转地改变了自然火灾体系,以至于今天不可能有意义地指定荒野。自然点火源的数量级(几年)大大超过了燃料积累的数量级(几十年)。

草原的不同之处在于每年都有燃料可供燃烧。火可以保留草原,如果不燃烧,草原会首先变成灌木丛,然后变成森林。这在中西部自然发生,那里的森林转化为草原,闪电很频繁。在一些草原地区,鉴于燃料获得更加容易,美洲原住民可能会增加点火次数,并经常发生非自然地燃烧的情况。有充分的理由认为美洲原住民可以维持一些适度规模的草原开垦。这只是将演替转移到更早的阶段,这些土地,不需要经过印第安人的焚烧,就恢复了它们的自然演替。与此同时,没有理由认为美洲原住民通过故意的火灾真的改变了广大美国西部的区域草原生态。当然,也很少有草原被认定为荒野。

简而言之,虽然美洲原住民生活在这片土地上,但他们也只到访了很多地方,并没有留下来。他们曾狩猎过的大部分土地都相对不受他们的约束。当美洲原住民的干预被消除时,即使是他们管理的土地,也没有失去其恢复自然景观弹性的能力。我们记得,荒野的定义使用了"不受约束的"一词,因此,只要这片土地"保持其原始的特征和影响,没有永久的改善或人类居住",人类的影响并不会使荒野变得不可能。

也许美洲原住民既不需要荒野的概念,也不需要在实践中认定任何荒野。达尔文时代之前的人们有一种与自然直接接触的能力,这是今天的科学家可能缺乏的,其中,有一些被遗忘的事实。这些都是值得保存的。但他们只能摸索着进入几千年来地球特有的历史时间和变化的深处。一方面,他们既没有进化论,也没有生态学作为科学(也没有微生物学和天文学),另一方面,他们的文化发展并没有威胁到他们生态系统的稳定性和完整性。就连我们现代西方人也对这些问题进行了再教育。我们越来越多地接触到自然界的非人类阶段;我们越来越多地威胁到这样的自然界。

在地球上,人类是留下来的访客;这是我们的家园,我们属于这里。人类也有生态,我们被允许干预和重新安排自然的自发过程,否则就没有文化。但是,在地球上,有一些地方,也应该是这样的,在那里,非人类的生命共同体不受人类的约束,而我们只会造访这些地方。在土地景观方面,我们现在有这个机会,特别是在美国西部,我们既可以也应该保护荒野。无论是人类的头脑,还是人类的双手,都没有使荒野保护变得不可能。

事实上,人类可以用他们的双手恢复荒野:恢复性生物学。如上所述,美国中西部只剩下少量的本土草原,因此,一些自然资源保护者说,我们将重建更多的草原(乔丹,1991;乔丹、吉尔平和阿贝,1987)。湿地经常消失;英国人一直在"重新湿润"南约克郡沼泽。在森林有入侵物种的地方,我们可以消灭它们。通常情况下,如果我们停止干扰,自然系统将会自我修复;但是,如果系统已经被推动离开其平衡状态很远,或者如果物种已经灭绝,或者土壤流失,遭遇破坏的就可能需要有管理性修复。我们可能需要清理和修复,需要一个恢复计划,这样我们才能重新恢复野生自然(博伊斯、纳朗和斯坦顿,2007;科明,2010)。

这当然是值得称赞的活动,但有一些哲学上的困惑。批评家们总是站在自然资源保护者的肩膀上看问题。假设人类进入并故意修复退化的草原。有生态恢复协会组织的工作人员。他们为将要放置的东西草拟地面计划;他们在几年的时间里努力工作,通常是漫长而艰苦的工作。然后它出现了:看,一片大草原!像新的一样。真的吗?草原是一种自发的自然现象,但这片恢复的草原又如何呢?是人们建造的。也许它是一件人工制品,在这种情况下,它可能不是野生的自然。重建草原在术语上是自相矛盾的。这就是一片伪造的大草原!

哲学家们在争论文字的同时,可以随心所欲地制造泥潭,为了不让你否认这一点,让人对一项完全可以补救的活动产生怀疑,我们要赶紧指出,这件事有相当大的相关性。一旦你不加批判地接受了这个重建的草原是真实的东西,拥有了原始草原的所有价值,这时矿业公司就会派出一个代表团,他们想在剩余不多的真正原始草原下开采煤炭。如果你反对,争辩说草原所剩无几,并拒绝给矿山发放许可证,他们会回答说,开采之后,他们会把草原恢复到原来的样子。几乎每个破坏自然系统的开发项目,为了获得许可,都必须满足某些合法的恢复标准。通常情况下,如果一个区域被破坏,比如一条小溪或一块湿地,就会有缓解计划的要求,当他们在其他地方创造另一小溪或湿地时,这一要求就得到满足了。或者在他们完成后,让自然恢复原状。

修复工作很少能够做到像原来那样好。那里可能没有物种的多样性,也没有生态系统相互关联的复杂性。在阿巴拉契亚地区的森林中,虽然优势树种可能会回来,但即使在需要相当大的努力进行恢复的地方,森林的密度也只有以前的三分之一左右(达菲和迈耶,1992)。因此,要指出的第一点是,修复虽然有价值,但没有原始的自然那么有价值,因为它们没有那么丰富(韦斯特曼,1991)。把棕地改造成绿地是很困难的。但是,如果修复是百分之百成功的,那会怎么样呢?埃里克·卡茨(Eric Katz)称修复工作为"大谎言!"(1992)。罗伯特·埃利奥特抱怨他们是"伪装的自然!"(1982)。这是因为这个系统的历史起源被打断了;虽然卡茨和埃利奥特都赞成修复,但他们坚持认为,即使是完美的修复,它的价值在原则上也总是比不上原始自然的价值,因为它不是大自然的手工,而是人类的作品,他们只是巧妙地修复了它。

站在南加州海岸的一棵托里松树前,正确的反应不是:哇,有一种稀有的物种,在几千年的时间里幸存了下来!而是:为美国林务局欢呼!1986 年,他们的生物学家从 150 棵树上收集了 3 万颗种子进行储存和繁殖,并重新引入了这种松树,繁殖了近 6 000 棵树。除此之外,他们还必须控制雕刻甲虫的爆发。与其说人们钦佩这些树,不如说是把它们放在那里的恢复生物学家的技能。这些松树并不是真的野生。曾几何时,它们是存在的;但现在的事实是,多亏了生物学家,它们才得以存在。归根结底就是:托里松树是件人造品。我们今天徒步穿越的这些树林里的树不是正宗的。要避免这些困惑,请注意,有各种不同程度的恢复。在一个极端情况下,如果森林已经被砍伐或剥离,那里就什么都没有了;景观被闪电式袭击,所以任何新的森林都是替代品,是复制品。这就像复制克里斯托弗·哥伦布(Christopher Columbus)的一艘船"尼娜"

（Nina）号一样。复制品是从头开始制作的，与原件完全没有历史连续性。这不是真正的恢复，这是复制。在事情的另一端，如果森林中有一些被选中的树砍掉了，然后重新种植新的树木来取代这些树，这才是恢复。修复是原创性的，曾经损坏，现在又恢复了。复制品是一种新的创造，与旧的没有连续性。复制品可以与原件同时存在。还原则不能。修复工作延续了历史的大部分连续性。修复一幅名画，如达·芬奇的"最后的晚餐"，并不是复制并冒充原作。一个人不能假装拥有自己没有的东西。恢复著名的自然区域，如梭罗的瓦尔登湖，应该是一种谨慎和尊重的恢复。结果是恢复了自然，而不是伪造了自然。

在自然界中，我们通过复原来恢复。一个人不能复原画作。但是，一旦我们把这些部件放回原位，大自然可能会自我治愈。如果露天采矿后重新种植植被，人们也做不到复原，因为没有什么可以复原的。但是，人们可以复原那些过度放牧不太严重的草原。过度放牧使许多引进的杂草胜过当地的杂草；也许你所要做的就是拔掉杂草，让大自然来做剩下的事情。这是既是好事，也是破坏。过度放牧使得一些本土植物在竞争中胜过其他本土植物，也就是那些曾经在更高的草的树荫下繁殖的植物。所以，也许等更高的草长回来后，你得挖一些坑，把从别处收集的种子种进去，把它们盖起来，回家，让大自然来做剩下的事情。也许你可以把种子放在杂草坑里（冈恩，1991；罗尔斯顿，1994，第88—93页）。

待自然性回归后，修复工作就不再是人为的了。在高科技医学出现之前的日子里，那些被祝贺治愈的医生过去常常谦虚地说："真的，我只是给你采取了一些措施，治好你的是自然本身。"当医生固定断臂时，他只需用夹板将断臂固定在适当的位置，剩下的就交给大自然了。他治愈手臂的技能真的不值得祝贺。他让治愈自然而然发生。此后，人们不会抱怨自己装了一个假肢。修复也是如此。这更像是一名助产士，而不是一名艺术家或工程师。你安排把原材料运回现场,然后把它们放在它们能做事情的地方。

现在的问题是,这种修复与其说是伪装,不如说是促进自然,帮助它前进,主要是通过消除人类造成的破坏,让自然自己去做。当修复完成后,野生的自然过程就会接手。阳光灿烂,雨水倾泻,森林苗壮成长。鸟儿自己来筑巢。鹰和猫头鹰捕捉啮齿动物。也许你可以带回一些当地灭绝的水獭,把它们放回河里。但是,经过几代之后,水獭并不知道它们曾经被重新引入过,它们的行为是本能的,因为它们的基因编程是这样做的。他们尽其所能捕捉麝鼠;种群动态得以恢复。自然选择占据主导地位。适应了环境的生物在它们的生态位中生存下来。

生态延续性恢复了。在适当的时候,闪电会袭来,野火会再次烧毁森林,之后森林会自我再生。可能会有一个新物种进化出来。如果这样的事情发生在一些有思想的人类曾经促成修复之后的几十年、几个世纪、几千年,那么把所有这些事件都贴上人工制品、谎言和赝品的标签,似乎是很奇怪的。也许最好的思考方式是,恢复区域的自然度是有时间限制的。任何修复在刻意安排的那一刻都是一件人造品,但它逐渐不再是这样,自然会自发地回归——但前提是,也只有在人类后退,顺其自然的情况下。

然而,自然系统中不间断的历史连续性是重要的。我们在修复之后退出,让自然顺其自然,这就证明了,我们可以有希望,在我们现在保护的景观上,大自然的进程从未中断过。我们很高兴骨折的胳膊痊愈了,我们宁愿它从未断过。虽然自然系统的自发性可能会全部回归,但历史上的不连续性永远无法修复。在这方面,恢复的地区确实遭受了永久性的自然价值损失。如果一个人正在欣赏野生自然现在的自发性——处于生态中的植物或动物——那么,它是可以回归的,并且在生态完全恢复后,它将完好无缺地存在着。但是,如果一个人在欣赏进化史——历史谱系中的植物或动物——即使基因可能又回到了原位,他却会发现野性被打断了。

森林不是原生的,也不是原始的。"恢复"包含着把东西放回原来的样子的意思。

我们需要弄清楚这是什么,又不是什么。我们不会把森林恢复到一个世纪前的样子。这意味着时间倒退,而这是不可能的。我们不会取代过去。今天,我们只能将自然产品(种子、幼苗、养分、物种、土壤、干净的水)重新放回原处,并以此鼓励我们真正放回原处的东西的再现:自然过程。然而,可以肯定的是,恢复不是一项向后看的活动,人们确实必须查看不间断的系统才能发现曾经在那里的东西。修复是一个前瞻性的事件,它想要的是未来的修复。

有时我们会出于实用原因进行生态恢复,因为我们经常发现生态系统的退化也会伤害人类。有时,这会是一种利他主义的恢复,把它放回原处,好让野生物种重新栖息在那里。这样的恢复是恢复原状,一个道义的字眼。我们在不该破坏价值的地方恢复原状。此外,作为复原,我们将增加人类对自然的认同感;我们将欣赏我们所研究过并帮助恢复的生物群落。在其他一些我们不得不继续扰乱生态的地方,我们必须更加小心地对待我们与自然系统的和谐。这种认同感和和谐感并不是不真实的。这是保护野生生态系统的根本要求。

6. 环境政策:生态系统管理——过去和未来的自然

我们在第二章已经注意到,许多人被适应性生态系统管理所吸引。它侧重于全系统的层面的管理,以期实现无限期的生态系统及其产出的可持续性,从而造福人类。这种管理既与把自然看成"自然资源"的观念相联系,又具有"尊重自然"的维度。一般认为,应将人类的使用与正在进行的生态系统健康或完整性相适应。这通常是一个管理人类利用其生态系统的问题,就像人们管理或修改野生自然一样，需要极其谨慎。没有一只"看不见的手"可以保证一个人和他们的景观之间的最佳和谐，或者在遇到动物、植物、物种、生态系统或关乎子孙后代的时候，保证做正确的事情。要做到这一点，我们必须民主、协调一致，为此，我们需要一项生态系统管理的环境政策。

和以前一样，这似乎还是合理的，但魔鬼在于细节之中。土地政策有很长的法律历史，但这政策需要对生态系统的可持续性变得更加敏感（考德威尔和施雷德-弗雷谢特，1993；弗雷福格尔，2003）。三位生态学家在评估基于生态系统的管理和"机构适应变化和生态弹性的必要性"时得出结论："利益相关者、科学家和管理者为此而必须扩展他们的世界观、理解力和伦理道德，所需扩展的程度是令人望而生畏的。"（占、格雷格和克莱因，2009，第 1 342 页；另见麦克劳德和莱斯利，2009）

因为管理生态系统的目的没有得到具体说明，所以生态系统管理一直被批评为一种保护伞思想，持有这种想法的不同管理者，几乎可以把他们期望的任何东西都纳入其中。他们可能会为了最大的可持续产量，或者为了下一代的平等机会，或者为了最大的生物多样性，或者为了快速地获得利润而进行管理。管理者们说，没错，但我们可以更准确地了解管理的目标是什么。事实上，我们已经听到了美国国会的说法：这样的管理可以帮助国家"创造和维持人与自然能够在生产上和谐共处的条件"。

生态系统管理的五个目标是：

1. 保护本地动植物的存活种群。
2. 保护有代表性的生态系统。
3. 保护生态过程，包括自然干扰制度。
4. 保护物种和生态系统的进化潜力。
5. 在这些目标范围中容纳人的使用。

只有生活在生态系统运转良好的地方,人类才能繁荣昌盛。有能量和材料的循环和再循环;成员有机体也在蓬勃发展,因为它们的生态位相互关联。在气候、水文、光合作用的基本过程中,该系统是自组织的。对扰动有抵抗力,在扰动之后有反弹的韧性。该系统不需要经常被篡改。奥尔多·利奥波德这样说:"健康是土地自我更新的能力。保护是我们理解和保持这一能力的努力。"(1949/1968,第221页)

不健康的系统将"降低初级生产力,失去养分,失去敏感物种,增加组成种群的不稳定性,增加疾病流行,改变生物大小的尺度利于较小的生命形式,并增加污染物的循环"(拉波特,1989,第122页)。单一栽培几乎没有健康可言。如果越来越多地走向人为化,就真的没有任何生态系统可言了。一块2英里见方的玉米地几乎就像一个20英亩的停车场,里面停满了汽车。单个玉米植株可能足够健康,但它们只是被人类停在那里,就像走廊上的盆栽一样。除了阳光,几乎没有任何生态系统的联系。即使是原生水也是从半英里以下抽出的。

经过高度改造的自然系统,现在需要稳定的管理,比如农田,必须每年耕种、播种、施肥、收获,这样的自然系统不能说具有原生生物完整性。如果它们能够得到可持续的管理,如果它们的运作不破坏周围的自然系统(河流、森林、围栏、边缘、休耕田地、牧场和牧场中的本地动植物),它们或许可以具有某种农业完整性。然而,投入农业、工业或城市用途的地区总是会被自然系统所包围。否则系统会崩溃。

一个管理得当的生态系统将保护自然价值和支撑文化价值,而持续这样的生态生产力和生态支持是环境伦理的底线。我们不想弄脏自己的窝。在这里,我们不仅仅把生态系统的完整性和健康作为理论观点,我们还可以用它们来指导具体的研究和政策战略。举例来说,我们订下污染标准,超过这个标准,鱼类和水禽的繁殖力便会明显下降。在冷水渔业中,溶解氧不得低于每升 5 毫克。我们可以研究食物链,测量能量循环和材料循环,测量种群的升降,回收率等等,以科学地找出哪些相互联系构成并维护生物的完整性。("保护生态系统的完整性",在政治上听起来比说"不要弄脏你的巢"更正确。)地球上任何地方都不再存在 100% 的自然系统,因为即使在南极洲的企鹅体内也存在一些滴滴涕(DDT)农药残留。也许 95% 的景观会或多或少地为文化而重建,重建过程中会考虑到耕地、放牧、森林管理、河流筑坝等等。我们在第二章中查看了一些关于人类影响程度的统计数据。我们生活在"人类生态圈"中。没错,我们一直坚称的那些荒原还在那里。但大多数情况下,我们生活在我们必须管理的景观中。在这些景观上,我们想要一些自然性,同时还混合着有管理的农业综合企业,繁茂的国家森林,灌溉和防洪大坝,等等。

一块景观土地的自然程度有多大,或者应该有多大?请考虑以下标准:

1. 目前在景观上运行的生态过程的历史起源是什么?它们是由人类引入的,还是从进化和生态的过去延续下来的?就医次数越多,健康的可能性就越小。这将需要更精心的管理。

2. 现有的物种构成与原来的构成有什么不同?动植物越是退化,其完整性和健康性就越差。我们可能仍有用于农业的土地或用于造纸的木材种植园。但总有一种生活在贫瘠土地上的感觉——那些玉米植株就像是盆栽植物,种了好多英亩土地。

3. 需要多少文化能量来保持修改后的系统?这样的管理需要大量的劳动力、石油、电力、化肥和杀虫剂,我们离一个完整或持续稳定的系统就更远。也许我们可以在几年内成功获得更高的产量,但当石油价格上涨,或者转基因大豆或玉米不再抗虫害时,会发生什么?

4. 自组织的自然还保留有多少?如果没有人类,会发生什么呢?这个系统是否会自我重组,即使不是为了原始的完整性,那么至少是为了一个繁荣的系统?也许,我们无法想象将人类从这个系统中剔除。但话又说回来,有一些地区曾经有人居住;然而,现在,由于不断变化的市场和新技术,这些地区几乎没有居民居住了——幽灵农场。

从二十世纪开始,二十一世纪的趋势是发展升级,这种发展威胁生态系统的完整性和健康。这样的文化发展很可能不那么完整,仅仅是因为它们与其支持的生物完整性不相适应。亲力亲为的星球管理者会回答说,试图保持原始的自然区域是徒劳的。至少在原始意义上,自然界已经到了尽头。我们将越来越多地管理自然,或者根本不管理自然。全球变暖证明了这一点。没有不受管理的系统,只是管理的种类和程度不同而已。也许是这样,但人类通过一系列选择重建和管理自然环境;许多自然可以而且应该保留下来,在我们居住的景观上产生生物完整性和健康。这样的健康最好是支持生态系统管理,也就是所谓的"随波逐流",而不是亲力亲为的高科技管理。我们还没有沦落到只剩下需要不断治理和改造的环境。

生物地域主义强调生活在地域性景观中。最适合的伦理是人们认同他们的地理位置。人们最有可能的动机,是他们最熟悉的景观中有利益攸关的事情发生。诚然,人们应该关心濒危物种、正在消失的野生动物、固有的自然价值或荒野保护,但这并不是日常行为的导向。政治上能够做到的,是关注日常体验的乡村。毕竟,生态就是生活在"家园中"。这才是土地伦理真正发挥作用的地方。这是人们可以采取行动的地方,他们可以投票的地方,也是纳税的地方。他们既要做"公民",也要做"土生土长"的人。米歇尔·塞雷斯认为"应该把自然契约加入旧的社会契约中"(1995,第20页)。

柯克帕特里克·赛尔说,生物区是"一个由其生命形式、地形和生物群定义的地方,而不是由人类决定的;一个由自然而不是立法机构管理的区域"(1985,第43页)。生态系统管理需要关注生物区。环境伦理学既是应用生态学,也是应用地理学。这种有管理的生物区域主义吸引了景观设计师、更开明的开发商、州立法者、县专员——所有这些人都负责决定质量环境。生态女权主义者可能会补充说,与这些被"统治"观点主导、过于倾向于成为咄咄逼人的管理者的管理男性相比,女性更适合做这样的管理人员。人类需要学会"重新居住在"他们的景观中。这是人类尺度上的环境伦理。我们人类既是公民,也是地球人,环境伦理就是我们如何感知我们所在的地方。

奥尔多·利奥波德总结了他普遍推崇的土地伦理。他的《沙县(威斯康星州)年鉴》(1949/1968)的前几页还记载有一月的解冻、德拉巴的春天开花、林鸡的四月交配舞蹈,然而,这并不是偶然的。利奥波德的传记写作地是他伦理的个人依托。环境伦理需要植根于某个地区。从这个意义上说,那些批评荒野的人是对的:生态学消除了人类与自然界之间的任何牢固边界。生态思维是一种跨越国界的视野。人类与自然界有着如此交织在一起的命运,以至于他们最丰富的生活质量涉及对这些社区更大的认同感。这种个人自我的转变将导致对环境的合适的关爱。

管理确实需要将我们居住的土地景观人性化。在大多数情况下,未来将不可避免地成为一个受到管理的世界。但是,我们不要对人类在这个人类世时代的统治地位过于傲慢。大自然没有终结,也永远不会终结。人类可以避开自然力量,但如果带走了人类,自然力量可以而且将会回归。从这个意义上说,大自然永远在周围徘徊。如果有机会,自然力量会冲刷掉人类的影响,这迟早会到来。即使原始的野性不再回来,即使大自然已经不可逆转地进入了另一种状态,野性也会回来,走任何可能走的路。

当前业主/经理搬走时,看看空地上会发生什么。人们可能首先会认为没有留下任何自然,因为这块土地上堆满了人造品的残渣——汽油罐和破碎的混凝土块。但是大自然回来了,很快就会有杂草发芽,如果有雨水,土壤没有太多污染的话,杂草就会长得茂盛。我们几乎可以说,大自然仍然知道如何珍爱这个地方,或者当它冲走人类的干扰时,知道应该在那里建立什么样的价值观,这些价值观仍然可以持续下去。从这个意义上说,一个空置的城市地块,似乎是一个自然已经完全终结的地方,如果再观察一段时间,它就会雄辩地证明,虽然大自然可能遭遇了人类管理和不良管理,但它不会也不可能终结。

西部人可能会说,回到东部,有废弃的建筑,空荡荡的商店,褪色的招牌,杂乱无章的农场,谷仓周围有六辆旧车和拖拉机,看起来——嗯——就是垃圾。但在落基山大草原或山脉上,屋顶倒塌的旧小屋,或废弃的畜栏,传达了更多的东西——一种大自然对我们人类事业的强大抵抗的感觉。破碎的砖块上长着地衣,曾经是厨房的角落里现在长着一棵树。废弃的小屋很阴郁,但风景如画,原始自然和曾经试图修改它的文化之间的冲突给我们带来了一个哲学结论——如果顺着小路往前走四分之一英里,能够找到一个荒野边界标志,这个结论就会得到加强。无论人类文化如何影响,自然过去存在,未来依然会存在。

参考文献

Arrow, Kenneth, Partha Dasgupta, Lawrence Goulder, et al. 2004. "Are We Consuming Too Much?" *Journal of Economic Perspectives* 18 (《我们是否消费得

太多?》,《经济视角杂志》第 18 期):147－172.

Barbee, Bob. 2009. "I Was There" *Yellowstone Science* 17 (《我当时在那儿》,《黄石科学》第 17 期)(no. 2):7－10.

Botkin, Daniel B. 1990. *Discordant Harmonies* (《不和谐的和弦》). New York: Oxford University Press.

Boyce, James K., Sunita Narrain, and Elizabeth A. Stanton, eds. 2007. *Reclaiming Nature: Environmental Justice and Ecological Restoration* (《开垦自然:环境正义与生态恢复》). London: Anthem Press.

Burke, Edmund, III, and Kenneth Pomeranz, eds. 2009. *The Environment and World History* (《环境与世界历史》). Berkeley: University of California Press.

Cahen, Harley. 1988. "Against the Moral Considerability of Ecosystems," *Environmental Ethics* 10 (《违背生态系统的道德考量》,《环境伦理》第 10 期):195－216.

Caldwell, Lynton Keith, and Kristin Shrader-Frechette. 1993. *Policy for Land: Law and Ethics* (《土地政策:法律和伦理》). Lanham, MD: Rowman and Littlefield.

Callicott, J. Baird. 1991. "The Wilderness Idea Revisited: The Sustainable Development Alternative," *The Environmental Professional* 13 (《重新审视荒野理念:可持续发展的选择》,《环境专业》第 13 期):235－247.

Callicott, J. Baird, and Michael P. Nelson, eds. 1998. *The Great New Wilderness Debate* (《伟大的新荒野辩论》). Athens: University of Georgia Press.

Carpenter, Stephen R., Ruth DeFries, Thomas Dietz, et al., 2006. "Millennium Ecosystem Assessment: Research Needs," *Science* 314 (《千年生态系统评估:研究需求》,《科学》第 314 期)(13 October):257－258.

Chan, Kai M. A., Edward J. Gregr, and Sara Klain, 2009. "A Critical Course Change," *Science* 325 (《关键方向改变》,《科学》第 325 期)(11 September):1342－1343.

Cherrett, J. M. 1989. "Key Concepts: The Results of a Survey of Our Members' Opinions." Pages 1－16 in J. M. Cherrett, ed., *Ecological Concepts* (《主要理念:我们会员意见调查的结果》,《生态理念》). Oxford, UK: Blackwell.

Chipeniuk, Raymond. 1991. "The Old and Middle English Origins of 'Wilderness'," *Environments* 21 (《"荒野"的古英语和中古英语起源》,《环境》第 21 期):22－28.

Cole, Glen F. 1969. *Elk and the Yellowstone System* (《麋鹿和黄石系统》). U. S. Department of the Interior, Office of Natural Science Studies, National Park Service (Yellowstone National Park Research Library).

Comin, Francisco A. , ed. 2010. *Ecological Restoration: A Global Challenge* (《生态恢复：全球挑战》). Cambridge：Cambridge University Press.

Common, Michael S. , and Sigrid Stagl. 2005. *Ecological Economics: An Introduction* (《生态经济学导论》). Cambridge, UK：Cambridge University Press.

Costanza, Robert, and Herman E. Daly, 1992. "Natural Capital and Sustainable Development," *Conservation Biology* 6 (《自然资本和可持续发展》，《保护生物学》第 6 期)：37－46.

Costanza, Robert, John Cumberland, Herman Daly, Robert Goodland, and Richard Norgaard. 1997. *An Introduction to Ecological Economics* (《生态经济学导论》). International Society for Ecological Economics. Boca Raton, FL：St. Lucie Press.

Costanza, Robert, et al. , 1998. "The Value of the World's Ecosystem Services and Natural Capital," *Nature* 387 (《世界生态系统服务和自然资本的价值》，《自然》第 387 期)：253－260.

Costanza, Robert, Bryan G. Norton, and Benjamin D. Haskell, 1992. *Ecosystem Health: New Goals for Environmental Management* (《生态系统健康：环境管理的新目标》). Washington, D. C. : Island Press.

Cowan, Tyler, ed. 1988. *The Theory of Market Failure: A Critical Examination* (《市场失灵理论：一个批判性的检验》). Fairfax, VA：George Mason University Press.

Cronon, William. 1995. "The Trouble with Wilderness, or, Getting Back to the Wrong Nature." Pages 69－90 in William Cronon ed. , *Uncommon Ground: Toward Reinventing Nature* (《荒野的麻烦，或者，回归错误的自然》，《不寻常之处：朝着重新创造自然》). New York：W. W. Norton.

Daly, Herman E. , 1977. *Steady State Economics* (《稳态经济学》). San Francisco：W. H. Freeman.

———. 1996. *Beyond Growth: The Economics of Sustainable Development* (《超越增长：可持续发展的经济学》). Boston：Beacon Press.

Daly, Herman E. , and John Cobb, Jr. 1994. *For the Common Good: Redirecting the Economy toward Community, the Environment, and a Sustainable Future*, 2nd ed (《为了共同利益：重新引导经济走向社区、环境和可持续的未来》第 2 版). Boston：Beacon Press.

Daly, Herman E. , and Joshua C. Farley. 2004. *Ecological Economics: Principles and Applications* (《生态经济学：原则与运用》). Washington, D. C. : Island Press.

Denevan, William M. 1992. "The Pristine Myth: The Landscape of the Americas in 1492," *Annals of the Association of American Geographers* 82 (《原始

神话：1492 年的美洲地貌》，《美国地理学家协会年鉴》第 82 期）：369 – 385.

Dickins, Bruce, and R. M. Wilson, eds. 1951. *Early Middle English Texts*（《早期及中世纪英语文本》）. Cambridge, UK：Bowes and Bowes.

Donkin, R. A. 1979. *Agricultural Terracing in the Aboriginal New World*（《土著美洲的农业梯田》）. Tucson：University of Arizona Press.

Duffy, David Cameron, and Albert J. Meier. 1992. "Do Appalachian Herbaceous Understories Ever Recover from Clearcutting?" *Conservation Biology* 6（《阿巴契亚的草本下层能从砍伐中恢复吗?》，《保护生物学》第 6 期）：196 – 201.

Elliot, Robert. 1982. "Faking Nature," *Inquiry* 25（《伪造自然》，《调查》第 25 期）：81 – 93.

Freyfogle, Eric T. 2003. *The Land We Share*：*Private Property and the Common Good*（《我们共享的土地：私有财产和公共利益》）. Washington, D. C. ：Island Press/Shearwater Books.

Gunn, Alastair S. 1991. "The Restoration of Species and Natural Environments," *Environmental Ethics* 13（《物种及自然环境的恢复》，《环境伦理学》第 13 期）：291 – 310.

Hannah, Lee, David Lohse, Charles Hutchinson, John L. Carr, and Ali Lankerani. 1994. "A Preliminary Inventory of Human Disturbance of World Ecosystems," *Ambio* 23（《人类对世界生态系统的干扰的初步清单》，《人类环境》第 23 期）：246 – 250.

Hannigan, John A. 1995. *Environmental Sociology*：*A Social Constructionist Perspective*（《环境社会学：社会建构主义的视角》）. London：Routledge.

Ivanhoe, Philip J. 2010. "Of Geese and Eggs：In What Sense Should We Value Nature as a System?" *Environmental Ethics* 32（《关于鹅和蛋：我们该如何把自然珍视为一个系统?》，《环境伦理学》第 32 期）(2010)：67 – 78.

Jordan, William R. , III. 1991. "Ecological Restoration and the Reintegration of Ecological Systems. " Pages 151 – 162 in D. J. Roy, B. E. Wynne, and R. W. Old, eds. , *Bioscience—Society*（《生态恢复与生态系统的重新整合》，《生物科学——社会》）. San Francisco：Wiley.

Jordan, William R. , III, Michael E. Gilpin, and John D. Aber, eds. 1987. *Restoration Ecology*：*A Synthetic Approach to Ecological Research*（《恢复生态学：生态学研究的一种综合方法》）. New York：Cambridge University Press.

Karr, James R. , and D. R. Dudley. 1981. "Ecological Perspective on Water Quality Goals," *Environmental Management* 5（《水质目标的生态视角》，《环境管理》第 5 期）：55 – 68.

Katz, Eric. 1992. "The Big Lie：Human Restoration of Nature," *Research in Philosophy and Technology* 12（《大谎言：人类恢复自然》，《哲学与技术研究》

第 12 期）:231 - 241.

Kauffman, Stuart A. 1991. "Antichaos and Adaptation," *Scientific American* 265（《反混沌和适应》,《科学美国人》第 265 期）(no. 2):78 - 84.

——. 1993. *The Origins of Order: Self-Organization and Selection in Evolution*（《秩序的起源:进化中的自组织和选择》）. New York: Oxford University Press.

Kidner, David W. 2000. "Fabricating Nature: A Critique of the Social Construction of Nature," *Environmental Ethics* 22（《制造自然:对自然的社会建构的批判》,《环境伦理学》第 22 期）:339 - 357.

Koetsier, P., Paul Dey, Greg Mladenka, and Jim Check. 1990. "Rejecting Equilibrium Theory: A Cautionary Note," *Bulletin of the Ecological Society of America* 71（《拒绝均衡理论:一个警示》,《美国生态学会简报》第 71 期）: 229 - 230.

Kolstad, Charles D. 2000. *Ecological Economics*（《生态经济学》）. New York: Oxford University Press.

Krider, E. Philip, 1986. "Lightning Damage and Lightning Protection." Pages 205 - 229 in Robert H. Maybury, ed., *Violent Forces of Nature*（《雷电伤害和防雷》,《强大的自然力量》）. Mt. Airy, MD: Lomond Publications (in cooperation with UNESCO).

Kripke, Saul A. 1980. *Naming and Necessity*（《命名和必要性》）. Cambridge, MA: Harvard University Press.

Leopold, Aldo. 1949/1968. *A Sand County Almanac*（《沙郡年鉴》）. New York: Oxford University Press.

Lewis, C. S. 1967. *Studies in Words*, 2nd ed.（《词汇研究》第 2 版）Cambridge, UK: Cambridge University Press.

Lowenthal, David. 1964. "Is Wilderness 'Paradise Enow'? Images of Nature in America," *Columbia University Forum* 7（《荒野现在是天堂了吗? 美国的自然景象》,《哥伦比亚大学论坛》第 7 期）(no. 2):34 - 40.

Maturana, Humberto R., and Francisco J. Varela. 1980. *Autopoiesis and Cognition: The Realization of the Living*（《自生与认知:生命的实现》）. Dordrecht, The Netherlands: D. Reidel.

McCauley, Douglas J. 2006. "Selling Out on Nature," *Nature* 443（《出卖自然》,《自然》第 443 期）:27 - 28.

McCloskey, J. Michael, and Heather Spalding. 1989. "A Reconnaissance-Level Inventory of the Amount of Wilderness Remaining in the World," *Ambio* 18（《对世界上现存荒野数量的侦察级调查》,《人类环境》第 18 期）:221 - 227.

McLeod, Karen, and Heather Leslie, eds. 2009. *Ecosystem-Based Management for the Oceans*（《海洋生态系统管理》）. Washington, D. C. : Island

Press.

McShane, Katie, 2004. "Ecosystem Health," *Environmental Ethics* 26 (《生态系统健康》,《环境生态学》第 26 期):227 - 245.

Millennium Ecosystem Assessment. 2005a. *Ecosystems and Human Well-being*: *Synthesis* (《生态系统和人类福祉:综合》). Washington, D. C. : Island Press.

——. 2005b. *Living Beyond our Means*: *Natural Assets and Human Well-Being*: *Statement from the Board* (《入不敷出:自然资产和人类福祉:理事会的声明》). http://www. millenniumassessment. org/en/Products. aspx

Mistretta, Paul A. 2002. "Managing for Forest Health," *Journal of Forestry* 100 (《管理森林健康》,《林学杂志》第 100 期)(no. 7):24 - 27.

Mittermeier, R. A., C. G. Mittermeier, T. M. Brooks, et al. 2003. "Wilderness and Biodiversity Conservation," *Proceedings of the National Academy of Sciences* (*PNAS*)(《荒野和生物多样性保护》,《美国国家科学院院刊》), USA 100:10309 - 10313.

Nash, Roderick. 1979. "Wilderness is All in Your Mind," *Backpacker* 7 (《脑中所想皆为荒野》,《背包客》第 7 期)(no. 1):39 - 41, 70 - 75.

——. 1982. *Wilderness and the American Mind*, 3rd. ed. (《荒野与美国精神》第 3 版) New Haven, CT: Yale University Press.

O'Connor, Martin. 1993. "On the Misadventures of Capitalist Nature," *Capitalism*, *Nature*, *Socialism* 4 (《资本主义自然的不幸遭遇》,《资本主义、自然、社会主义》第 4 期)(no. 3, September):7 - 40.

O'Neill, R. V., D. L. DeAngelis, J. B. Waide, and T. F. H. Allen. 1986. *A Hierarchical Concept of Ecosystems* (《生态系统的等级概念》). Princeton, NJ: Princeton University Press.

Orians, Gordon H. 1975. "Diversity, Stability and Maturity in Natural Ecosystems." Pages 139 - 150 in W. H. van Dobben and R. H. Lowe-McConnell, eds., *Unifying Concepts in Ecology* (《自然生态系统的多样性、稳定性和成熟度》,《统一生态学概念》). The Hague, The Netherlands: Dr. W. Junk B. V. Publishers.

Ostrom, Elinor. 1990. *Governing the Commons*: *The Evolution of Institutions for Collective Action* (《治理公地:集体行动制度的演变》). Cambridge, UK: Cambridge University Press.

Pahl-Wostl, Claudia. 1995. *The Dynamic Nature of Ecosystems*: *Chaos and Order Entwined* (《生态系统的动态本质:混乱与秩序交织》). New York: Wiley.

Pearce, David, Anil Markandya, and Edward B. Barbier. 1989. *Blueprint for a Green Economy* (《绿色经济蓝图》). London: Earthscan, 1989.

Peterken, George F. 1996. *Natural Woodland: Ecology and Conservation in Northern Temperate Regions* (《天然林地：北温带地区的生态与保护》). Cambridge, UK: Cambridge University Press.

Peters, R. H. 1991. *A Critique for Ecology* (《生态学批判》). New York: Cambridge University Press.

Pickett, Steward T. A. , Thomas Parker, and Peggy Fiedler. 1992. "The New Paradigm in Ecology: Implications for Conservation Biology above the Species Level." Pages 65 – 88 in P. L Fiedler and S. K. Jain, eds. , *Conservation Biology* (《生态学的新范式：对超越物种水平的保护生物学的意义》,《保护生物学》). New York: Chapman and Hall.

Pimm, Stuart. 1997. "The Value of Everything," *Nature* 387 (《每件事务的价值》,《自然》第 387 期):231 – 232.

Pyne, Stephen J. 1982. *Fire in America: A Cultural History of Wildland and Rural Fire* (《火在美国：荒地和农村火灾的文化历史》). Princeton, NJ: Princeton University Press.

Rapport, David J. 1989. "What Constitutes Ecosystem Health?" *Perspectives in Biology and Medicine* 33 (《什么构成了生态系统健康?》,《生物学和医学视角》第 33 期):120 – 132.

Rolston, Holmes, III. 1991. "The Wilderness Idea Reaffirmed," *The Environmental Professional* 13 (《重申荒野想法》,《环境专业》第 13 期): 370 – 377.

———. 1994. *Conserving Natural Value* (《保护自然价值》). New York: Columbia University Press.

Rothenberg, David. 1992. "The Greenhouse from Down Deep: What Can Philosophy Do for Ecology?" *Pan Ecology* 7 (《从深处看温室：哲学能为生态学做什么?》,《泛生态学》第 7 期)(no. 2, Spring):1 – 3.

Roughgarden, Jonathan. 1983. "Competition and Theory in Community Ecology," *American Naturalist* 122 (《群落生态学中的竞争与理论》,《美国博物学家》第 122 期):583 – 601.

Sale, Kirkpatrick, 1985. *Dwellers in the Land: The Bioregional Vision* (《土地上的居民：生物区域的愿景》). San Francisco: The Sierra Club.

Sanderson, Eric W. ; Malanding Jaiteh, Marc A. Levy, et al. 2002. "The Human Footprint and the Last of the Wild," *BioScience* 52 (《人类的足迹和最后的荒野》,《生物科学》第 52 期):891 – 904.

Schumacher, E. F. 1975. *Small is Beautiful: Economics as if People Mattered* (《"小即美"：人在乎的经济学》). New York: Harper and Row.

Seastedt, Timothy R. , Richard J. Hobbs, and Katharine N. Suding. 2008. "Management of Novel Ecosystems: Are Novel Approaches Required?" *Frontiers in*

Ecology and the Environment 6(《新生态系统的管理:需要新方法吗?》,《生态和环境的前沿》第 6 期):547 - 553.

Serres, Michel. 1995. *The Natural Contract*(《天然的合同》). Ann Arbor: University of Michigan Press.

Shrader-Frechette, Kristin, and Earl D. McCoy. 1994. *Method in Ecology: Strategies for Conservation*(《生态学方法:保护策略》). New York: Cambridge University Press.

Smith, Mick. 1995. "A Green Thought in a Green Shade: A Critique of the Rationalization of Environmental Values." Pages 51 - 60 in Yvonne Guerrier, Nicholas Alexander, Jonathan Case, and Martin O'Brien, eds., *Values and the Environment: A Social Science Perspective*(《绿色阴影中的绿色思想:对环境价值合理化的批判》,《价值观与环境:社会科学的视角》). Chichester, UK: Wiley.

Soulé, Michael E. 1995. "The Social Siege of Nature." Pages 137 - 170 in M. E. Soulé and G. Lease, eds., *Reinventing Nature? Responses to Postmodern Deconstruction*(《社会对自然的围攻》,引自《改造自然吗? 对后现代解构主义的回应》). Washington, D. C. : Island Press.

Spash, Clive. 1999. "The Development of Environmental Thinking in Economics," *Environmental Values* 8(《环境思想在经济学中的发展》,《环境价值》第 8 期):413 - 435.

Stokstad, Erik, 2009. "On the Origin of Ecological Structure," *Science* 326(《论生态结构的起源》,《科学》第 326 期):33 - 35.

Udall, Stewart. 1968. Statement to *House Committee on Science and Astronautics*, 90th U. S. Congress, 2nd session, *Colloquium to Discuss a National Policy for the Environment*(《向内务科学及航天委员会发表的声明》,《国家环境政策的讨论会》). Committee Print.

U. S. Congress. 1964. The Wilderness Act of 1964(《1964 年的荒野法案》). 78 Stat. 891. Public Law 88 - 577.

——. 1969. National Environmental Policy Act(《国家环境政策法案》), 83 Stat. 852. Public Law 91 - 190.

Vogel, Steven. 1996. *Against Nature: The Concept of Nature in Critical Theory*(《反对自然:批判理论中的自然概念》). Albany: State University of New York Press.

Vogel, Steven. 2002. "Environmental Philosophy after the End of Nature," *Environmental Ethics* 24(《自然终结后的环境哲学》,《环境伦理》第 24 期):23 - 39.

Wackernagel, Mathis, and William E. Rees. 1996. *Our Ecological Footprint: Reducing Human Impact on the Earth*(《我们的生态足迹:减少人类对

地球的影响》). Gabriola Island，BC，Canada：New Society Publishers.

Westman，Walter E. 1991. "Ecological Restoration Projects：Measuring their Performance，" *Environmental Professional* 13（《生态恢复项目：衡量其绩效》，《环境专业》第 13 期）：207 - 215.

Worster，Donald. 1990. "Seeing Beyond Culture，" *The Journal of American History* 76（《阅见文化之外》，《美国历史杂志》第 76 期）：1142 - 1147.

Zimmerman，Michael E. 1994. *Contesting Earth's Future：Radical Ecology and Postmodernity*（《挑战地球的未来：激进的生态学和后现代性》). Berkeley：University of California Press.

第七章

地球：家园星球上的伦理

从太空俯瞰地球的照片是有史以来人类拍摄的最令人印象深刻的照片。它们的传播最为广泛，地球上有超过一半的人看过这些照片。很少有人在看到真相的时刻不为之感动，至少在他们沉思的时刻是有所感动的。整个地球在美学上是令人兴奋的，在哲学上是有挑战性的，在伦理上是令人不安的。宇航员迈克尔·柯林斯（Michael Collins）说："我清楚地记得，当我回头观看脆弱的家园时——它就是一个闪闪发光、吸引人的灯塔，蓝白相间，非常精致，像一个小小的瞭望点，悬挂在一望无垠的黑夜中。地球应该得到珍爱和呵护，它异常珍贵，必须永存。"（1980，第 6 页）。他所看到的，还有一种地球伦理的愿景。利奥波德的土地伦理需要提升到行星层面。梭罗在一个半世纪前问道："如果你没有一个可以住得下去的星球来盖房子，那房子还有什么用呢？"（1860/1906，第 360 页）。

今天的环境伦理面临着全球性问题：臭氧层空洞、酸雨、生物地球化学、全球变暖；非洲或亚马孙地区的可持续发展和生物多样性、人口增长、环境难民、候鸟。环保人士不得不考虑世界银行、北美自由贸易协定（NAFTA）和世界贸易组织（WTO）的环境政策。当穷人过度承担着环境退化的负担时，对环境正义的担忧就会出现。拥有世界五分之一人口的发达国家消耗了五分之四的资源，这公平吗？我们已经不得不问，谁拥有热带雨林中的遗传资源，谁可以为它们的使用申请专利,以及为了保护大象,是否应该禁止世界象牙贸易。自然保护区内土著人民的权利呢?"全球化"这个新的流行语究竟怎么样(贝克,2000)?

1992 年在里约热内卢举行的联合国环境与发展会议(UNCED)上的辩论,是关于如何将两个紧迫问题上的不同意见结合在一个世界观中:同一个星球上的许多国家。"地球是独一无二的,但这个世界不是。"(联合国世界环境与发展委员会,1987,第 27页)编写的主要文件《21 世纪议程》可能是有史以来人们编写过的最复杂和最全面的国际文件。这次会议的结果没有像许多人希望的那么有效,但至少全球伦理和本地伦理一直都在会议讨论议程上,而且环境价值观是每个讨论到的话题的基础。

虽然会议委员会未能成功采取行动,但这一失败也表明协商的问题中到底有多大的价值存在。过去五百年来汇聚在那里的问题,今天和明天都与我们在一起(哥本哈根峰会证明了这一点,见下文),它们还将与我们共存五百年。当时的联合国秘书长布特罗斯·布特罗斯-加利在地球峰会闭幕时说:"里约精神必须创造一种新的公民行为模式。人类仅仅爱他的邻居是不够的,他还必须学会爱他的世界。"(1992,第 1 页)

在现代西方社会,伦理学近乎完全变成了人与人之间的伦理学,人们找到一种方式与其他人建立道义上的联系——爱我们的邻居。伦理学寻求在人类的社区中,为他们找到一个令人满意的契合点,这意味着伦理学常常停留在正义、公平、爱、权利或和平上,解决我们之间出现的是非之争。但伦理学现在也对这个麻烦缠身的星球、它的动植物、物种和生态系统感到焦虑。我们这个星球的两大奇迹是生命和心灵,两者都是宇宙中最稀有的东西。在全球图景中,几十万年前出现的后来居上的道德物种智人,在 21世纪最近的时间里,在重建和改造这个家园星球(同时也包括让它退化)方面获得了惊人的力量。

是的,这些都是人类关心的问题。从政治生态、可持续发展、生物区域主义、生态正义的角度,从管理伦理、人类道德关怀或地方感的角度来处理环境伦理的利益——所有这些都倾向于人文主义,并认识到自然和文化已经交织在一起了。尽管如此,从更全面、更深入的视角,可以看到,人与人之间,人与他们的星球之间,他们的命运是交织在一起的,人要为人类和生物群落负起责任,付出关怀。动物、植物、物种、生态系统、土地——也许这些似乎逐渐变得不那么熟悉了。现在,为地球本身而发起的伦理讨论似乎是最奇怪的。

在这个拥有数百万物种的地球上,人类是唯一能够反思他们的土地伦理和地球未来的物种。地球是"适合生命的"行星,而伦理学则询问这样一个星球上的(道德)"生命权"。当然,生活应该在这里继续似乎是"正确的"。从最深的意义上说,生命是所有现象中最有价值的。环境伦理学是对紧迫的世界愿景的终极追求(罗尔斯顿,1995;拉斯穆森,1996;阿特菲尔德,1999;波伊曼,2000;辛格,2002)。

1. 作为地球公民的人类:一个独特星球上的独特物种

我们将自己命名为智慧物种(智人)。今天,这个智人比人类历史上任何一代人都更适合提出这些问题。我们一直在探索深邃的空间和时间,并将"深层次"地从分子性质推向亚原子性质。人类在天文层面上可能看起来微不足道,在宇宙层面上看,就是一个"小矮子";在进化规模上,人类可能看起来只是昙花一现。如果生命之河的长度成比例地绕着地球延伸,那么人类的旅程将横跨半个县,而人类留下记录的也只有几百英尺。个人能够触及的只是几步远的距离。在自然尺度上,人类世界大约介于无穷小和无穷大中间。人的质量是地球质量和质子质量的几何平均值。"从数字意义上讲,人类的尺度介于原子和恒星之间。"(里斯,2001,第183 页)一个人大约含有 1 028 个原子,比宇宙中的恒星还多。从天文自然和微米两种极端尺度大小来看,自然界缺乏在我们地球上原始范围内的中层水平所表现出的复杂性。我们人类既不生活在无限小的范围内,也不生活在无限大的范围内,但我们很可能生活在无限复杂的范围里面。早些时候,在第二章中,我们考虑了人类是自然的一部分还是脱离自然的问题;我们的结论之一是,人类的大脑极其复杂。如果我们问,关于这种"深刻"本质的"深刻"想法在哪里,它们就在这里——在那些读这本书的人的脑海里。

在这个独特的星球上,人类是一个独特的物种。安德鲁·H.诺尔颂扬"地球巨大的进化史诗":"对生命漫长历史的科学描述充满了叙事的神韵和神秘感。"(诺尔,2003,第 XI 页)史蒂文·斯坦利(Steven Stanley)发现:"戏剧性的进化辐射。"(2007,第 11 页)地球上的新奇之处在于它的爆炸性力量,它能够使用 DNA 产生对生命至关重要的信息。地球上的自然探索着各种自适应的生物多样性,并告诉我们这些生物分子的各种可能性变化。

宇宙中还有其他行星。虽然已经探测到数百个可能的行星的存在,这些行星看起来确实是多种多样的,但适合生命的行星目前还没有发现。相反,像我们太阳系这样配置的行星系统似乎相当罕见。如果证明在其他地方有第二种(或更早的)生命起源,那将是受欢迎的。但地球不会因为这个原因而不再引人注目,它独特的自然历史——三叶虫、恐龙、灵长类——以及社会史——以色列、欧洲、中国和全球资本主义——在宇宙中依然是独一无二的。

虽然发现智慧生命的可能性似乎很小,但我们可能还会在太阳系中发现生命。我们可能会在相对较近的恒星上探测到生命,但对于其他星系的生命,我们可能会在很长时间内一无所知,因为距离太远了。在浩瀚的太空中,我们可能唯一能够探测到的第二种起源是我们将发现的最不可能的一种:智慧生命,聪明到可以在

和工业发展消耗了我们生命中的大部分时间,对自然的探索只是业余娱乐。亲生物性可能是一种积极的遗传倾向。但是其他的遗传性遗产是有问题的。在我们对文化产品更强烈的欲望面前,任何残留的亲生物性都是脆弱的。我们刚才的确说过,人类要成为三维的人,必须有城市和乡村环境(还要亲近大自然)。

现在,环境伦理学家发现他们有了一个新的担忧:人类是明智的物种(智人),是的,但是,唉,他们仍然有"更新世"的嗜好。我们进化的过去,并没有给予我们一种生物能力,让我们很好地控制自己对供不应求的商品的欲望。在更新世时代,人类很少吃饱,所以我们喜欢甜食和脂肪。但是现在我们吃得太多,变胖了。我们爱性,因为在更新世时代,一对夫妇尽可能频繁地生育,在那个婴儿和儿童道德高尚的时代,他们不会用达到生育年龄的后代取代他们自己。

一般来说,这是一个整个过度消费问题的模型。没错,我们是一个聪明的物种。我们的全球强国证明了这一点。没有其他物种像人类一样威胁着地球。也许在道德和技术上都是,我们是或者说应该是明智的物种,但人类没有做好充足的准备来处理我们现在面临的各种全球层面的问题。我们可能有发动机和齿轮,但我们仍然有肌肉和血液的欲望。我们对积累商品和消费的欲望几乎没有生物控制;对大多数人来说,获得足够的东西一直是一种奋斗过程(实际上对许多人来说仍然是)。当我们可以消费的时候,我们就喜欢它,就会过度消费。消费资本主义一度将健康的欲望模式转变为暴饮暴食和贪婪。随着消费机会的增加,在市场追逐利润的推动下,我们需要更多的自律,而不是自然而然的自律。下面我们要担心的是全球资本主义。

人类是否足够明智,能够在全球范围内采取长期的、对环境负责的行动?传统的机构——家庭、村庄、部落、国家、农业、工业、法律、医学,甚至是学校,通常还有教会——目光短浅。遥远的后代和远方的种族对我们没有太多的"生物学意义"，但我们的行为会严重伤害他们。纵观人类进化的整个时代，我们的行为几乎没有影响那些在时间或空间上远离我们的人，而自然选择只塑造了我们对那些更接近的人的行为。全球威胁要求我们采取大规模的一致行动，而这是我们目前无法做到的。如果是这样的话，人类可能会在自己内部埋下毁灭自己的种子。说得更直白、更科学点：我们的基因，一旦使我们能够适应，可能会在下一个千年被证明是不适应的，并摧毁我们。

乍一看，显然自欺欺人是不明智的，不可能有助于生存。如果在对待美洲狮的问题上自欺欺人，鹿就无法生存，人类如果不能明确敌人是什么，那自欺欺人也会让我们无法生存。但是，在高度不确定、复杂的相互作用的环境中，在后果会表现在多个不同层级，并且这些后果的发生会有滞后性的环境中，特别是在你必须改变习惯看法的情况下，特别是在那些你有遗传倾向看法的情况下，事情就会变得尤为复杂。

如果你对自己控制未来结果的能力，有比事实证明更合理的看法——无法保证的乐观，那么面对即将到来的未来，你可能会做得更好。你赢是因为你相信你能，如果你不相信，你就输了。如果你能让别人相信你是对的，你会做得更好；你可能会成为你所在社区的领导者。领导人想要好消息；这推进了他们的议程。他们压低了坏消息的声音。他们倾向于压制或推迟，或者不相信警告信号。有一种制度倾向，当坏消息在商店里或外地被发现或怀疑时，随着它在机构等级的上升，它会被压制。（美国）国家航空和航天局（NASA）发射的挑战者 7 号上的有问题的封条就是一个著名的例子（沃恩，1996）。工程师们对这个问题发出了警告，但 NASA 的高层出于对任务的热情，对此置之不理。这也可能发生在那些宣扬全球资本主义好消息的人身上。

2. 全球资本主义：公平？合理？够了！

资本主义有很多捍卫者。人们会想起温斯顿·丘吉尔（Winston Charchill）的一句话，那就是：相比于其他的政府形式，民主是最糟糕的。民主和资本主义都增加了人类财富。但随着社会主义、共产主义的瓦解，它成了唯一的游戏（诺伯格，2003；弗里德曼，2005）。许多人认为，这也是最好的游戏，因为全球资本主义向世界其他地区承诺了它给美国、欧洲和类似发达国家的承诺——普遍提高平均收入。

资本家积极推动他们的资本主义，并通过这样做来赚钱。如果我们要为每个人提供第一世界的生活方式，他们将不得不做西方发达国家做过的事情——成为有进取心的资本家。世界经济秩序需要与关税、出口费、进口配额、保护主义政策等贸易壁垒的减少日益融合。在竞争和国家专业化的推动下，市场将更加有效，因为每个国家都可以在国内生产并广泛销售其拥有的资源和最好的产品。更大的市场和比较优势是通过增加国际相互依存度而成为可能的——即时通信、快速交通、先进技术。这打开了曾经是地区社会的大门。发展中国家将不再依赖外国援助——"贸易而非援助"。世界贸易组织（WTO）推动全球化。在自由放任的经济下，每个人都是赢家——至少是那些有竞争力的人。

一个持续不断的紧张局势一直存在，强势政府的国家可能会监管他们的工业和农业，迫使这些（通过许可、税收和惩罚）对环境更负责任（避免污染，促进回收）。但是，当其他政府软弱或腐败的国家为了生产更便宜的产品而允许环境退化时，这种开明的监管在世界市场上对他们的行业不利。中国最近的经济进步在很大程度上要归功于这种为了营利而破坏环境的意愿。富人输了，竞争力下降。穷人可能也会输。摆脱贫困需要一个有效的国家来执行工人权利和环境健康(波格,2002)。否则,这些国家的工人自己可能也会受到水或空气污染的影响,他们的公司没有动力减少污染。世界贸易组织反对其成员制定这样的环境法规。《北美自由贸易协定》在阻止环境法规方面通常被认为是更糟糕的。其结果是一场环境竞赛落到了谷底。

资本主义倡导者可能会说,环境问题并不是国际企业家直接关心的问题(可能除了影响公共安全和健康的问题外),但资本将流向较贫穷的国家。工业和竞争会增加工资。发展可以将这些人在市场上销售的东西从低利润的原材料或半成品转变为高利润的制成品和服务。贫穷国家的这种资本主义发展很快就会使它们变得足够富裕,从而能够负担得起环境保护。(世界银行有十几个贫困指标[世界银行,2008])。在自由贸易世界中最大化利润可能会产生很多好处。但是,如果有这种想法的企业可以随意终止并跑到另一个国家的话,那它们对生物多样性、保护风景美景、甚至当地的可持续性就不会有明显的担忧。美国希望限制墨西哥金枪鱼的进口,这些金枪鱼是用渔网捕获的,而这些渔网也杀死了海豚。但《北美自由贸易协定》并不认为这是限制此类进口的合法理由。(这个问题必须在《北美自由贸易协定》之外解决,消费者要抵制。)世界贸易组织不允许考虑对转基因农产品的担忧(只要食品可以安全食用)。约瑟夫·E. 斯蒂格利茨(我们将在下面介绍)建议强制贴标签,让消费者有机会找出他们购买产品出自的环境和人类成本,如果他们愿意的话,可以抵制它们(斯蒂格利茨,2006)。但自愿环保往往是环境保护的薄弱环节。

当代全球以资本主义为基础的发展有一个中心问题,富人变得更富,穷人变得更穷。即使在穷人变得富有的地方,这也可能会让其他人变得更穷。许多人担心这既不道德,也不可持续。自由贸易使资本和商品在国际市场上跨越国界,但生产所需的劳动力也局限在国家内部,这意味着资本可以重新安置生产设施,寻求最便宜的劳动力。资本家也可以输出("外包")工作,特别是那些可以在电脑或网络上完成的工作,在那里也可以寻找廉价劳动力。例如,你可能会发现,你打给当地银行的电话是由印度的某个人接听的。资本家赢了,劳工输了(戴利,2003;戴利和科布,1994)。不成比例的财富分配与不断增加的环境消费不谋而合。

全球收入不平等在 20 世纪增加了几个数量级,与以往经历的任何情况都不成比例。最富有和最贫穷国家的收入差距在 1820 年约为 3∶1,1950 年为 35∶1,1973 年为 44∶1,1992 年为 72∶1(联合国开发计划署,2000,第 6 页;阿特金森和皮凯蒂,2010)。对于世界上大多数最贫穷的国家来说,过去十年延续了一种令人沮丧的趋势:它们不仅没有减少贫困,而且还进一步落后于富裕国家(联合国开发计划署,2005,第 36 页)。现在这一比例接近 100∶1。世界上最贫穷的人(即每天生活费不到 1 美元的人),大约 10 亿人,近几十年来略有减少。不过,相当贫穷的人(即每天生活费不足 2 美元的人),约有 20 亿人,数目大致维持不变。最富有的三分之一国家和最贫穷的三分之一国家之间的收入差距缩小了,但最富有的十分之一国家和最贫穷的十分之一国家之间的收入差距扩大了(斯科特,2001)。自 2009 年以来,人类历史上第一次有超过 10 亿人遭受饥饿,约占全人类的六分之一(粮农组织,2009)。

为了避免让大家认为这只是发展中国家的问题,我们看到,美国国内的收入不平等也增加到了有记录以来的最高水平。收入最高的五分之一的工薪阶层获得 49% 的工资;收入最低的五分之一获得 3.4% 的工资。在西方工业化国家中,美国的收入差距最大。政府确实有防止穷人挨饿的福利计划;劳动者的工资足以养活自己和家人。但是他们并没有像他们的老板一样从提高生产效率中获益(诺厄,2010,克里斯托夫,2010;皮凯蒂和赛斯,2007)。

财富分配引发了功绩、运气、正义、慈善、自然资源、国界、全球公共资源等复杂问题。地球拥有丰富的自然资源,但并不均衡。

但在资源开采、分配和制造等方面，各国拥有不同的，但也是不公平的权力。由于剥削、腐败和缺乏发展，自然资源丰富的国家可能会明显比许多资源匮乏的国家的经济状况更糟糕。反之亦然，自然资源禀赋较差的国家可能会通过贸易、工业、技术和殖民强国发展起来并变得富有（莫里斯，2009）。即使有更公平的资源分配，能够通过立法强制执行，这些国家的公民也可能向他们的政治家施压，要求他们以不可持续的方式发展。我们是说，人们总是想要更多。

尽管如此，以任何标准衡量，这种分配似乎都不成比例。不可避免的结果就是，人们对他们的景观环境施加压力，迫使环境退化，导致不稳定和崩溃（霍莫-迪克森，1999）。穷人被迫耕种边际土地，越来越容易受到干旱的影响，比如在撒哈拉非洲，或者像尼加拉瓜、洪都拉斯和萨尔瓦多那样，在更容易被侵蚀的山坡上种植植物。富人和强者同样准备剥削人和自然——动物、植物、物种、生态系统和地球本身。生态女权主义者发现，在女性和自然同样遭受剥削的情况下，这一点尤其正确。即使人类伦理学家不愿意保护自然本身，他们也需要充分衡量开发自然资源的利益分配。

发达国家的富人过度消费问题与发展中国家穷人的消费不足问题联系在一起，这导致这两类国家的环境退化加剧。即使在发展中国家，新富阶层也在剥削穷人。可持续发展必须缩小贫富之间、国家之间以及国家内部的差距（加斯珀，2004）。即使有公平的财富分配，人口也不可能不断攀升，而不会变得越来越贫穷，因为馅饼要不断分成更小的部分。即使没有未来的人口增长，消费模式也不可能在有限的地球上继续升级（斯佩思，2008；萨克斯，2008）。这里存在三个问题：人口过剩、消费过剩和分配不足。

这些问题属于另一个包容各方的术语"环境正义"，我们已经在第一章中发现这一问题在环境转向中起着关键作用（施洛斯博格，2007；阿特菲尔德和威尔金斯，1992；温兹，1988；刘易斯、麦克劳德和布朗斯沃德,2004—2008)。这是一种持续不断的说法,即社会正义与环境保护如此紧密地联系在一起,以至于任何可持续的保护,即使是在农村景观环境,更不用说野生动物和野地,都需要更公平地分配世界财富。不仅富人受到指责,同样的,环境伦理学家现在也会因为忽视穷人(通常来自不同种族、阶级或性别)而受到指责,因为他们关心的是拯救大象。在这里,争论有了新的转折。穷人之所以贫穷,是因为他们的发展不仅受到富人的限制,而且受到生物多样性保护区、森林保护区、狩猎和捕捞限制的限制。例如,这些穷人的生计可能会受到大象的不利影响,因为大象破坏了他们的庄稼。

或者,它可能会受到不利影响,因为污染垃圾场就位于他们已经退化的景观土地上——而不是在富人的后院(甚至是国家景观土地上)。他们之所以贫穷,可能是因为他们生活在退化的土地上,这种退化是由殖民帝国引发的,由全球资本家继续推进,并由于当地的贫困而加剧。即使开发商到来,这些人也很可能仍然贫穷,因为他们的工资太低,无法摆脱贫困。

诺贝尔奖获得者约瑟夫·斯蒂格利茨在担任世界银行首席经济学家时,越来越关注全球化对穷人的影响。

> 当我在世界银行工作时,我亲眼看见了全球化对发展中国家,特别是这些国家的穷人造成的毁灭性影响……特别是在国际货币基金组织,做出决定的基础似乎是意识形态和糟糕的经济学的奇怪混合,这些教条有时似乎差一点遮蔽了特殊利益集团……国际货币基金组织的政策在一定程度上基于一个陈旧的假设,即市场本身就会带来有效的结果,却没有考虑到政府对市场进行理想的干预,这些措施可以引导经济增长,让每个人的生活都变得更好。
>
> (2002,第 IX、XIII、XII 页)

在这种金融利益的推动下,各国政府也不总是愿意这样引导经济增长。斯蒂格利茨在 2000 年 4 月写道:

> 1996 年至去年 11 月,在半个世纪以来最严重的全球经济危机期间,我担任世界银行的首席经济学家。我看到了国际货币基金组织(IMF)和美国财政部是如何回应的。我吓坏了。 (2000,第 56 页)

由于担心财富分配的这些影响,他被迫辞职,并终止了与世界银行的合同。尼古拉斯·克里斯托夫对国际和国内日益严重的财富不平等感到震惊,他担心:"财富的高度集中侵蚀了任何国家的灵魂。"(2010,第 A37 页)伦理学家现在和将来都需要记住阿克顿勋爵的话:"权力往往腐败,绝对权力绝对腐败。"(1887/1949,第 364 页)资本主义驱使人们,无论贫富,永远想要更多更多。特别是如果把中国这个与众不同的社会主义性质的国家排除在外,全球化改善穷人的记录并不让人印象深刻。如果我们能够将自由贸易转变为公平贸易,世界将更接近于实现全球化的承诺(斯蒂格利茨、森和菲图西,2009)。正如我们已经注意到的,财富分配不公总是伴随着对生态系统的压力,而这系统支撑着人类繁荣。

有趣的是,在最近的研究中,在国际市场和宗教这两个地方,似乎人类确实学到了全球关注和公平意识。宗教的这一维度可能是意料之中的,特别是超越个人和国家的世界宗教,对所有人的同情心、价值和尊严,例如反映在基督教或佛教教义中。在市场中学习公平似乎有违直觉,因为市场是由自身利益驱动的。我们不是很关心富人剥削穷人吗?但市场也需要互惠,遵守彼此的协议,说真话,将心比心,改变主意和公平竞争——否则市场就会崩溃。

在当地市场,公平交易可以通过惩罚和排斥得到加强,但在国际市场,这一点变得更加困难,因为市场更加匿名,而且是间接互惠的。即使个体行为者仍然受到其更新世基因的驱使,按照其自身利益行事,但社会风气和企业制度的出现,确立了公平规范,产生了团结、信任他人的意识,并教育行为者承担更大的责任(亨里奇、恩斯明格和麦克尔里思,2010)。这虽然支撑了市场,但建立这种更远大的责任感可能需要我们从哲学家那里获得所有可以得到的帮助,他们对观点和道德的担忧,出于对保护自然价值的关注,我们可能还需要环境哲学家的帮助。

正如我们从上一章了解到的那样,生态经济学家担心经济学家还没有真正正视无休止的增长问题。资本主义从来不教任何人说:"够了!"也许阐明这一点的最好方式是用图形表示。请看图7.1a 至 7.1f(科恩,1995;斯特芬等,2004;诺德豪斯,1977;世界大坝委员会,2000;国际化肥工业协会,2011;联合国环境规划署,1999)。请注意这些图上的 1950 年,这是全球资本主义进入高速运转的时间。这些图主要是关于发达国家不断升级的消费,但第一张图表,世界人口图,提醒我们,有越来越多的人,如果可以的话,他们会愿意分享这种不断增长的消费。

图 7.1 消费和人口不断攀升(科恩,1995;斯特芬等,2004;诺德豪斯,1977;世界大坝委员会,2000;国际化肥工业协会,2011;联合国环境规划署,1999)。

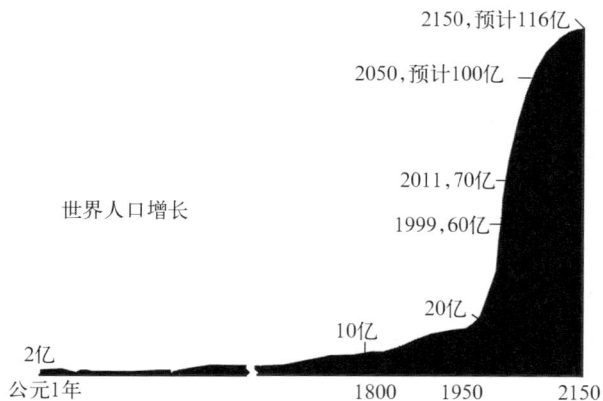

图 7.1a

所有来源的无生命能源使用

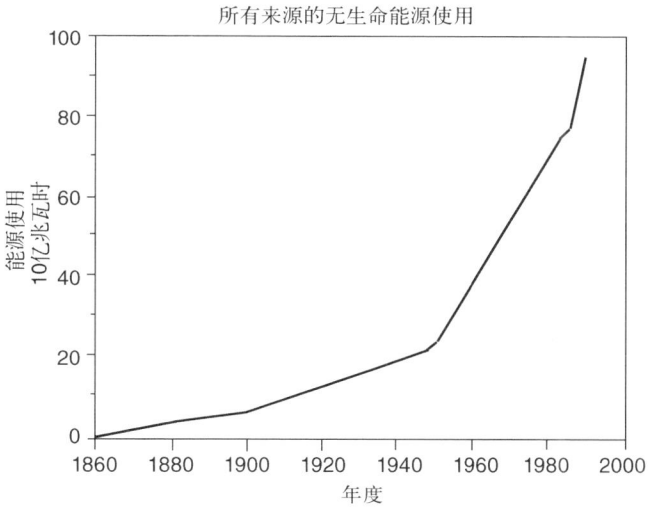

图 7.1b

根据诺贝尔奖获得者经济学家阿马蒂亚·森的说法，最好的发展是增加自由的发展。人们想要也理应丰富自己的能力，有机会选择他们想要的生活方式，这确实需要政治自由、财产权、教育和医疗保健，但不需要增加消费。他们可能会问：哪里可以买到最划算的东西？最多的钱？投资回报呢？但他们可能会进一步问：

所有真实的GDP

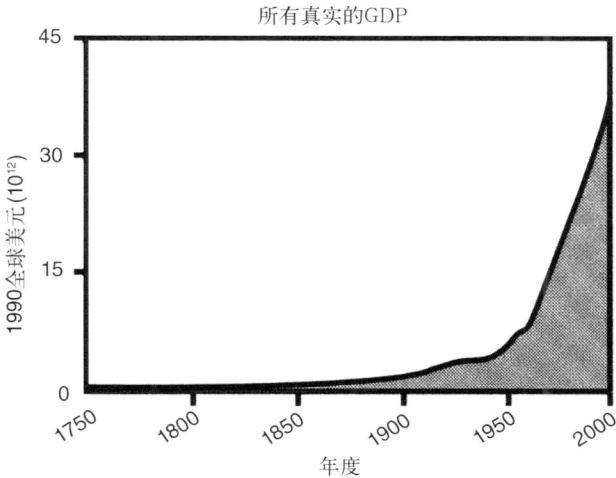

图 7.1c

太空中传输电子信号。彼得·D. 沃德(Peter D. Ward)和唐纳德·布朗利(Donald Brownlee)在他们的标题"珍稀的地球：为什么复杂生命在宇宙中不常见"(2000)中做出了这样的结论。同样,考虑到空间和时间上的距离,我们不太可能与这样的生命交流。我们可能是普遍的宇宙自然历史的结果,特别是宇宙中最复杂的地球自然历史的结果,我们将会在宇宙中长期孤独。

据我们所知,很难找到一颗好的行星,而地球在某种程度上是一种反常现象。大多数行星,即使它们含有合适的元素,也不会处于适宜居住的温度区域。地球与太阳的距离恰到好处,拥有大量的液态水：七个大洋覆盖了地球表面的四分之三。"水"这个名字会比"地球"更好听。地球上有大气,还有各种元素、化合物、矿物比例恰当地混合存在,而且还有充足的能源供应。彼得·沃德和唐纳德·布朗利(2000,第 265 页)总结道："看起来地球做得恰到好处。"威廉·C. 伯杰称地球为"完美的星球"。"我相信,大家都会同意,我们生活在一个光荣的星球上,我们的智力成就令人惊叹。"(伯杰,2003,第 3 页)在一个辉煌的星球上,有一个令人惊叹的物种：这似乎就要求我们有一种环境伦理。

人们可能首先会认为,既然人类大概是由于适应环境而进化出来的,那么人性将与野生自然相辅相成。生物学家可能称之为"亲生物性",这是一种天生的、基于基因的倾向,喜欢动物、植物、树木景观、开阔的空间、流水(威尔逊,1984)。批评家认为这只是半真半假,因为不确定的证据无处不在。诚然,人们喜欢带花园、可以看到风景的房子,但他们确实喜欢大房子。人们是建设者;他们的建筑业正在破坏自然。人们更喜欢经过文化改造的环境。"人自然而然就是非天然的动物"(加尔文,1953,第 378 页)。尼尔·埃文登说智人是"天生的外星人"(1993)。

对于人类来说,真正自然的事情(我们的基因倾向)是建立一种将我们自己与自然区分开来(疏远)的文化。人类的农业、商业

河流上修筑的堤坝

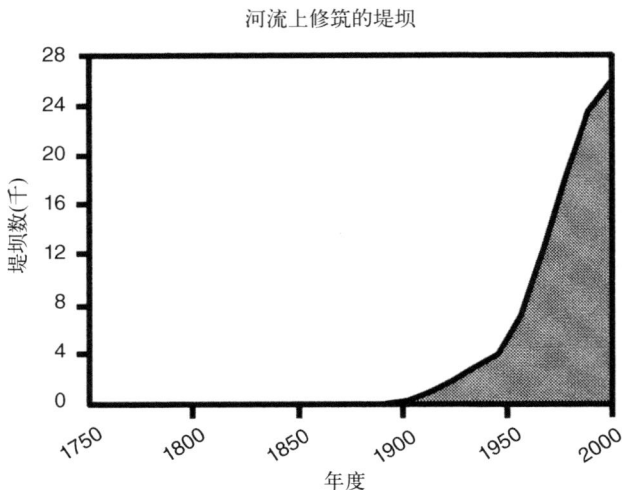

图 7.1d

　　我怎样才能过上最有意义的生活呢？最高尚的生活？最富有的生活？发现最大价值？享受最重要和最持久的社区呢？他们可能更愿意看到,更多的生命形式能够生活在他们所爱的景观土地上,这土地也是他们为子孙后代而保护的(森,1999)。"想想我们对其他物种未来的责任感,不仅仅是因为——不仅仅是为了——它们的存在提高了我们自己的生活水平。"(森,2004,第 10 页)

化肥使用

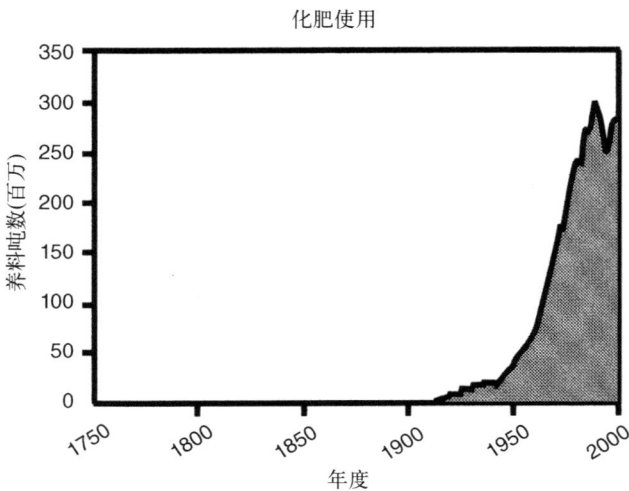

图 7.1e

交通：机动车辆

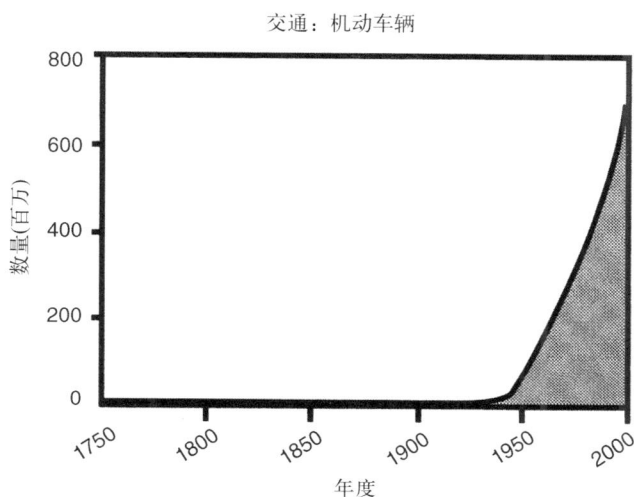

图 7.1f

穷人可能会回答说，听起来不错，但每天花 2 美元很难获得自由或保护濒临灭绝的物种。不过，有一个结论似乎是必然的。我们在过去 50 年中看到的那种发展是不可持续的。全球和区域范围内的环境伦理与发展伦理密不可分。

3. 全球人口：拥挤的地球？

世界人口急剧增加，在 1950 年几乎成直角转弯（见图 7.1a）。虽然美国的人口增长也很显著，但人口增长主要集中在亚洲、非洲和拉丁美洲（详见联合国经济和社会事务部，2008；世界银行发展指标，2010）。人们对未来的预测各不相同，通常分为低、中、高三种情景，到 2050 年，人口预计分别为 80 亿、110 亿和 140 亿不等。正如我们已经注意到的，在目前的 68 亿人口中，约有 20 亿是穷人，人口增长主要集中在穷人中（尽管富人的人口增长对不断增长的消费做出的贡献远超他们的人口比例）。目前，地球人口每年增加约 8 000 万人。一个经常出现的观点是,如果没有发展,就不可能养活这些人。常见的对策是,如果没有环境退化,养活不断增长的人口是不可能的,这使得养活他们变得越来越困难(埃尔利希和埃尔利希,1996)。无论哪种方式,人口过剩都是一个问题(麦吉本,1998)。

人口增长本身并没有引起环境危机中许多令人担忧的事情(酸雨、全球变暖、石油泄漏、地下水中的杀虫剂、蛋壳中的滴滴涕[DDT])。尽管如此,越来越多的人口肯定会增加森林砍伐、土壤流失、生物多样性丧失和污染;当这些额外的人口开始发展时,这些影响将变得更加严重。马达加斯加不断增加的贫困人口严重依赖于刀耕火种的农业,森林覆盖率下降到原来的三分之一(2 760万英亩到 940 万英亩),大部分损失发生在 1950 年以来(威尔逊,1992,第 267 页;乔利,1980)。马达加斯加是地球上土地受侵蚀最严重的国家。人口以每年 3.2% 的速度增长;剩余的森林以每年3% 的速度萎缩,几乎都是为了满足不断增长的人口的需求。这伤害了马达加斯加人民,导致马达加斯加特有物种灭绝,并加剧了全球变暖。限制消费(说得够多)必须辅之以人口限制(说得够多)。

反对限制人口数量(通常被称为亲出生主义)通常有宗教基础。《圣经》中说,"繁衍生息,占满大地"。同样,它也有人文基础(人多是好事,人有繁衍后代的权利)、民族主义基础(人民建国、当兵、种庄稼)、商业基础(工厂里的工人、市场上的顾客)。可能会有关于种族和阶级偏见的争论(例如,白人不希望黑人生很多孩子)。此外,正如我们所认识到的那样,想要孩子的愿望是我们基因中的一部分。这是有科学依据的。自更新世以来,人类每一代都必须繁衍后代。自然选择对那些能给下一代留下最多后代的人更有利。做母亲是一种经典的美德。环保倡导者发现很难"反对人民",所以他们转向了其他他们认为可以取得更大进展的环境问题。

但是人太多，确实是一个严重的问题。托马斯·马尔萨斯在1796 年提出，人口可以成倍增长（10 个孩子，他们每个人下一代也都有 10 个孩子），而粮食产量虽然可能增加，但不能成倍增长，这很快就会使资源紧张。结果将是饥饿，可能由于耕种以前荒芜的土地，或者是因为一个国家占有了另一个国家的农产品，或者是因为高科技农业（"绿色革命"），这个饥饿会来得迟一点。

资本主义企业家可能会争辩说，自由企业将促进粮食生产不断增加（西蒙，1981）。环保人士可能会注意到，这样生产出来的食品通常由这些资本家控制，让小农户无法控制自己当地的粮食生产。我们不仅要担心生产足够的食物，还要担心如何将食物分发给需要的人。穷人可能买不到市场上出售的食物。

假如一个男人和他的妻子有两个尚存的孩子，那就是人口更替率。由于一些人没有孩子，通常统计给出的平均人口更替率为2.1。超过这一点，人口将会增长，即使略高于这个速度，也会令人惊讶地快速增长。按照目前 1.11% 的增长率，地球人口将在 63 年内翻一番。在一些国家，生殖率低于替代率；在许多国家，生殖率高于替代率。考虑这个问题的另一种方式是，死亡人数必须等于出生人数。环保人士经常声称，地球和地球上的国家需要人口零增长（移民必须在这里计算）；许多人认为，地球，或者至少是地球的大部分地区，已经有太多的人口了。《千年生态系统评估》和政府间气候变化专门委员会的研究也支持这些说法。

地球人口过多，可以表达为每个地区都有一定的"承载能力"（可以很好地生活在某个地区的人口数量）的想法（哈丁，1976）。其他人则认为，虽然这个概念在生态系统中可能是有意义的，但它不能转移到生活在景观环境中的人类身上——因为人类可以从数千英里以外的地方获得食物，例如，生活在缅因州的人可能会从中美洲获得香蕉（艾肯，1980）。在美国，人们吃到的食物，平均来看，一般都是从 1 200 英里外运输来的。无论吃、住在本地有多少益处,发达国家的人类并不真正生活在当地的生态环境中。但它们确实依赖其他某个地方的生态系统,这儿的生态系统能够提供他们所需的食物。

为了避免让美国读者认为,人口只是发展中国家的问题,我们需要考虑一下美国的人口增长。据估计,美国的常住人口总数接近 3.12 亿,居世界第三位。美国人口在 20 世纪以每年约 1.3%的速度增长了 2 倍多,从 1900 年的约 7 600 万增加到 2000 年的 2.81亿。1967 年达到 2 亿大关,2006 年达到 3 亿大关。美国 2010 年的总生育率估计为每名妇女生育 2.01 个孩子,低于 2.1 的更替门槛。然而,美国人口增长在工业化国家中名列前茅,这在很大程度上是因为美国较高的移民数量。预计将在未来几十年,移民及其在美国出生的后代将会导致大部分的美国人口增长。人口普查局预计,2050 年美国人口将达到 4.39 亿,比 2007 年增长 46%。这种增长不同于大多数欧洲国家,特别是德国、俄罗斯、意大利和希腊,也不同于日本或韩国等亚洲国家,这些国家的人口正在缓慢下降,生育率低于更替水平(来自美国人口普查局的数据,2010)。

生育率随着经济繁荣而下降(通常被称为人口转变)。根据这一说法,发展将解决这个问题(霍兰德,2003)。富人不想要很多孩子。但是,当然,我们已经注意到,发展中国家的人,虽然他们孩子可能较少,但他们会很快升级他们的消费。环保主义批评者可能会回应说,虽然富人的孩子较少,但达到这个财富水平已经太晚了。或者在许多国家从来没有达到过,因为对于穷人来说,稍微繁荣一些时,他们总是会生更多的孩子,这足以消耗掉繁荣,总的来说,人们的生活并没有比以前更好——而且对他们的环境提出了更多的要求。今天典型的非洲国家的人口大约是半个世纪前的 3倍多,那个时候,这些国家为了逃离殖民主义而刚刚独立。即使在19 世纪初拿破仑去埃及的时候,埃及的人口在 5 000 多年的时间里也不到 300 万,在 150 万到 250 万之间波动。今天,埃及的人口约为 5 500 万。埃及所需食品的一半以上必须依靠进口。对自然的影响，无论是对土地健康的影响，还是对景观上的野生动物的影响，都是成反比的。

解决人口增长问题需要把重点放在控制生育上，而不是让穷人富裕起来。这在某种程度上是一个鸡和蛋的问题。随着人口数量的增加，仅仅让有需要的人吃饱就成了很大的问题，更不用说让他们富裕了。规划者很少真正考虑过高的人口数量问题（140亿），原因在于，在地球上出现那么多人之前，数十亿人将会饿死。

有一种回答是，关注的重点既不是发展，也不是节育，而是教育。在非洲，规划者说，让年轻女孩至少上学到八年级，这将扭转局面。在 20 世纪 80 年代的津巴布韦，人口增长率约为 3.5%，已婚妇女平均希望生 6 个孩子（邦加茨，1994）。今天，这一增长率已降至几乎为零（世界银行发展指标，2010）。当女性接受了足够的教育后，她们就有了足够的知识和力量来做出关于生殖的明智决定，减少对男性支持的依赖，现在她们自己也拥有了工作技能，整体健康状况也更好。在养活孩子方面，母亲比父亲更有责任。有了更聪明的母亲，人口增长就会下降。

不管有多复杂，不管有什么解决方案，很难说人口增长不是一个严重的环境问题。人类目前面临的 4 个最关键的问题是和平、人口、发展和环境。所有这些都是相互关联的。人类对最大限度发展的渴望推动了人口的增长，加剧了对环境的开发，并助长了战争力量。所有这一切使生命变得贫瘠，生物多样性减少，环境退化，野生动物和荒野土地遭到牺牲。这些欲望也会推高温度，威胁气候。

4. 全球变暖：太热了，难以承受！

气候比经济更具全球性。在我们过于庆幸自己生活在人类世时代,并成为地球管理者之前,我们应该担心,全球变暖是否是一个人类可能无法应对的全球性问题。可以说,地球太热了,我们无法应对。炎热首先是气候问题,其次是经济和政治问题,最后是道德问题。全球变暖是对整个地球的威胁,同时也是"一场完美的道德风暴",也就是彻底的道德困境(加德纳,2011、2006,2004;北达科他州岩石伦理研究所;阿诺德,2011;波斯纳和魏斯巴赫,2010;莱琴科和奥布莱恩,2008;诺思科特,2007;贾米森,2001;霍尔登,1996)。这场风暴是绝对的、全面的、包容的、终极的;复杂性、自然和技术的不确定性、全球和地方性互动、科学、伦理、政治和社会方面的艰难选择前所未有地汇聚在一起。

对于共同的遗产,人们有不同的跨文化视角。还涉及代际问题,分配问题,对功德、正义、仁爱的关注,对自愿和非自愿风险的关注。同时还有很长的时间滞后问题,可能有几十年到几百年之久。当然,慢慢地,本地的好东西会累积成全球性的糟糕的事情。会出现否认、拖延、自欺欺人、虚伪、搭便车、欺骗和腐败等现象。个人和国家的自身利益与全球集体利益是不一致的。加勒特·哈丁给了我们一个术语"公地悲剧",它发生在个人共享共同拥有的资源时,每个人的行为都是为了自身利益,集体的结果逐渐降低了集体资源的质量。他通过牧羊人将越来越多的羊放在共有的土地上放养来说明这一点(1968)。这种本土化的比喻已经成为全球性的比喻。全球变暖就是这场"公地悲剧",现在正在全球呈现。

全球变暖是一种人类活动,能使地球上的一切变得不自然。扰乱了气候就会扰乱一切:空气、水、土壤、森林、动植物、洋流、海岸线、农业、财产价值、国际关系,因为它会系统性地扰乱大自然赋予地球的元素。在过去的历史中,气候变化扰乱了社会,甚至摧毁了它们(林登,2006)。"政府间气候变化专门委员会"(2007)提高了警戒级别,毫无疑问,前所未有的变暖是人类造成的。

细致的思考和有效的行动可能会淹没问题的复杂性中。每个

人的生活方式——在家、工作、休闲、购物、投票——都有一个不断
扩大的"生态足迹"，尤其是在全球变暖的情况下，我们行动的影响
是分散到全球的——空气中的二氧化碳在全球范围内流动。如果
我们把海洋和极地计算在内，那么地球表面近75%的面积是国际
空间，超出了国家的管辖范围，而且(如果人类声称对其拥有主权)
是人类的共同遗产。此外，这一空间对可持续性至关重要——在
国家陆地上的降雨是吸收了海洋中的水，海洋是碳汇，极地冰层决
定了海平面。在全球范围内，与这些国际区域的气候相互作用是
极为基本的。

　　所有人都平等地依赖这种共同的气候，但影响它的力量却截
然不同。机构各自为政；近70亿人对一种共同资源(大气)的退化
做出了不同的贡献。权力和脆弱性存在严重的不对称。即使在强
国，也有一种无能为力的感觉。只有一个人，那能做什么呢？我做
出的任何牺牲(为风力发电支付更多费用)更有可能让一些过度使
用者受益(为能显示他身份的住宅供暖)，而不能改善公地。那是
毫无意义的牺牲，我不想当傻瓜。制度、公司和政治结构将破坏环
境的行为框架强加给个人(例如大量使用汽车)，但与此同时，个人
支持并要求这些框架作为他们美好生活的来源(他们喜欢他们的
SUV汽车)。

　　全球性使有效应对变得困难，特别是在一个没有国际政府的
世界里，由于其他原因(如文化多样性、民族遗产、自决自由)，这样
的国际政府可能是不受欢迎的。一些全球环境问题可以通过诉诸
国家自身利益来解决，在这种情况下，国际协议服务于这些国家利
益。但损害必须要让大家看得见；而结果将立即显现(如《过度捕
捞协议》《捕鲸协议》《海洋法》《濒危物种贸易公约》或《关于消耗
臭氧层的碳氢化合物的蒙特利尔议定书》等的签订)。

　　全球变暖太过分散，无法进入这样的焦点讨论。面对这样的
不确定性，成本效益分析是不可靠的。把终极公地(我们都呼吸的

大气,我们生活的气候)分成私人单位(你有权将 3 吨二氧化碳污染到这个大气中)是不寻常的,有问题的。甚至连"全球变暖"这个词都具有误导性;更好的说法是"气候变化",甚至"气候破坏"。大气运行过程相当复杂,可能会有更严重的干旱或更强烈的飓风。极端气候可能会被放大;有些冬天更冷,有些夏天更热。谁赢了,谁输了,谁又能做什么,会有什么结果呢?

一般来说,发达国家对全球变暖负有责任,因为它们排放了大部分二氧化碳。虽然全球变暖对富人和穷人都有影响,但一般来说,较贫穷的国家可能遭受的损失最大。这些国家可能有半干旱的地貌或低海岸线。他们的农民可能会更直接地生活在他们附近的景观环境中。由于贫穷,他们保护自己的能力最差。他们没有能力强迫发达国家做出有效的回应。任何国家都不能幸免于气候变化,但发展中国家将首当其冲地承受影响:大约为预期损害成本的 75%—80%(世界银行,2010)。

在可能采取缓解行动(如限制排放)的情况下,这一代人可能需要承担成本,而收益则由子孙后代获得。推迟行动将把更沉重的成本推给这些子孙后代;预防几乎总是比清理所需的代价更低。预防人员与必须清理的人生活在不同的世代。传统上,父母和祖父母确实关心他们留给子孙的东西。但这种代际遗传并不是地方性的,而是相当分散的。美国人今天受益了。谁在什么时候付出过代价,没人知道。然而,请注意,到 2050 年,当许多这些不利影响发生时,今天生活在地球上的所有人中的 70% 仍然活着,包括大多数读这本书的学生。

在这里,我们也可能担心我们的行星管理者,担心他们发起什么地球工程计划来重建地球。"忧心忡忡的科学家现在在问,地球工程——有意大规模改变气候系统——是否能够限制气候变化的影响。最近的重要评论强调,这类计划充满了不确定性和潜在的负面影响。"(布莱克斯托克和朗,2010,第 527 页)核工程师还将提出用无碳核能为世界供电的计划,但这似乎同样有问题(格兰姆斯和纳托尔,2010)。核电站事故(如三里岛、切尔诺贝利和最近的福岛)和核废物处理(几千年来一直是危险的),以及流氓国家或恐怖分子使用和滥用核材料制造炸弹的危险,都对人类安全产生了不确定因素和潜在的负面影响。

2009 年的哥本哈根会议(布朗,2010)说明了这些复杂性和困难。哥本哈根会议是 1994 年生效的 1992 年《联合国气候变化框架公约》(COP - 15)的第十九次政府全球会议(自 1990 年以来每年都举行)和第十五次政府缔约方会议,包括美国在内的世界上几乎所有国家都签署了哥本哈根会议。所有这些谈判都未能就气候变化造成的危险达成全球解决方案。

《框架公约》将"根据共同但有区别的责任和各自的能力,在公平的基础上"将全球排放量稳定在安全水平作为标准。发达国家"应该在应对气候变化及其不利影响方面发挥带头作用"。它还承认"有权利进行……可持续发展"(1992,《联合国气候变化框架公约》,导言,第 3 条)。《框架公约》是一个"框架",也就是说,它提出了一些宽泛的原则,但很少有具体的原则。这些听起来大体上是对的,但问题出在细节上。

具体内容将在随后几年附加于《公约》的《议定书》中制定。第一个重要的此类议定书是 1997 年的《京都议定书》,它确实为发达国家设定了排放目标的具体数字。他们同意设定略低于 1990 年的排放目标,在 2008—2012 年间实现,尽管这样的目标不具约束力。这份协议已经有大约 190 个缔约方签署,世界上除美国以外的大多数国家都签署了这项协议。2009 年哥本哈根会议将继续这一努力。

围绕哥本哈根协议变得越来越响亮的伦理关切,是呼吁气候正义,并呼吁增加资金,以在最脆弱的发展中国家制定应对措施。这些国家一直坚称发达国家正在伤害他们(引用干旱和海平面上升的理由),而且日益增加的伤害是迫在眉睫和不公正的。发达国家既拒绝设定任何激进的排放目标,也拒绝向这些发展中国家提供任何严肃的资金。发展中国家开始使用"生态债务"一词,但任何发达国家都不愿意接受任何欠发展中国家的生态债务。来自发展中国家的妇女,旺达拉·希瓦直言不讳地说:"我认为,美国是时候不再把自己视为捐赠者了,而应该承认自己是一个污染者,一个必须为其污染和生态债务买单的污染者。这与慈善无关。这事关正义。"(引自布朗,2010,第3页;另见罗伯茨,2009)在与官方谈判平行的活动——人民气候峰会上(人民气候峰会,2009),与会者喜欢使用类似的术语,有一个"内部污染"(存在于人们的思想中),它正在制造"外部污染"(大气中的污染)。

哥本哈根会议是一项研究,研究的是那些实际上做得很少,但同时却希望看起来像是做了很多事情的大国,如何在回避问题的同时找到积极的"姿态"方法。美国设法什么都不做,反而就其他问题上争论不休,以此来掩盖他们不采取任何行动的想法。美国总统巴拉克·奥巴马不承诺任何他在美国国会无法通过的事情,因为美国国会不想做太多事情——众议员和参议员只想着连任。

2008年秋天,中国成为世界上排放总量最大的国家,这在美国得到广泛的报道。但这两个国家的人口非常不同,按人均计算,美国公民排放的温室气体污染是中国人的四倍。奥巴马确实参与了"哥本哈根协议"的谈判,这是一份三页的文件,最终被几十个国家接受,但不是会议的官方文件。

在气候变化辩论中(从其他类型的污染中遗留下来的),一个经常出现的主张是污染者应该付钱。答案可能是,是的,但富裕的污染者应该比贫穷的污染者支付更多的费用。部分原因是他们有能力做到这一点,还有部分原因是他们更多地享受到了污染带来的好处。这也是因为如果穷人要发展,必须给他们一些临时许可证,让他们在发展期间污染,但他们还太穷,买不起高成本、低污染的技术。争论的另一个组成部分是,全球变暖造成的损害可能会对较贫穷的国家造成不成比例的影响,这些国家的人民虽然正在发展中,但可能仍然主要是自给自足的农民,他们非常依赖一年生作物,生活在干旱、半干旱土地上或靠沿海环境生活,很有可能因海平面上升而流离失所。

污染者应该付钱。但是,大部分污染都是在我们知道有气候变化之前就发生的,这对我们处理过去遗留的污染问题意味着什么呢? 他们的祖辈在可以原谅的无知中所做的事情,今天的发达国家是否应该为此负责? 人们普遍认为,在 1990 年之前,人们对二氧化碳排放者的责任知之甚少。那么,污染者自付原则是否应该在 1990 年之后才开始生效呢?

在这里,一些人会发生争论,声称我们应该处理目前的情况,面向未来——不要被我们无能为力的过去分心,而是将目前允许的排放量建立在人均份额相等的基础上。为了实现"京都议定书"的目标,即比 1990 年的排放水平低 5%,这可能是每人每年 1 吨的碳排放。目前美国的排放量为每人每年 5.4 吨。各国差异很大。中国是 1.25 吨,印度是 0.32 吨。但现在会有人争辩说,这意味着,由于中国和印度的人口众多,且大多是低收入人口,中国和印度排放量相对较少,他们能从巨大发展中受益。中国和印度庞大的人口规模淹没了伦理。

气候疲劳开始显现。可怕的警告声使人们疲惫不堪,他们不再倾听(克尔,2009)。即使坏消息是真的,它也会过去。与此同时,我们对未来不屑一顾,耸耸肩:我们必须为自己着想,未来也将如此。一直以来都是这样的。与此同时,损害也在我们意识到之前就已经发生了,而且或多或少是不可逆转的。

全球变暖同时影响着地球上的所有生命。过去的气候已经变了。花粉化石分析显示,在史前时代,随着冰的融化,物种每年从200 米到 1 500 米不同程度地向北迁移。云杉以每年大约 100 米的速度入侵以前的冻土带。但是植物无法跟踪这种数量级的气候变化。一些自然过程将继续存在（无论那里有什么植物，都会下雨）；但这个系统越来越令人不安。

能够存活的植物往往是杂草（葛根和日本金银花）。500 个荒野地区将有点像城市的杂草地，那里有破烂不堪的自然残骸，它们设法在灾难性的颠覆中幸存下来。情况又变得复杂了。如果环境土地上有有毒物质或污染物，如果物种灭绝破坏了生态，或者有森林砍伐和水土流失，全球变暖的影响就会加剧。这些多重因素加在一起，推动生态系统越过崩溃的门槛。

有人可能会说：嗯，显然我们应该根据现有的最好的科学来采取行动。但事实证明，即便如此，这也是有问题的。一项对大约 1 300 名在气候变化问题上采取公开立场的气候科学家进行的分析发现，与那些认为气候变化严重的科学家相比，那些批评气候变化的科学家在该领域的知名度要低得多。在该领域最活跃的出版商中，约有 97%—98% 的人认为气候变化是严重的（安德罗格等，2010；吉登斯，2009）。当然，怀疑论者说，科学的建立对他们和他们的观点是有偏见的。

在这里，我们发现理性的力量和修辞的力量，掩盖自身利益的观点的力量，或否认的力量都混合到一起了。这与使用技术专家制定民主政策的问题混为一谈。他们说，媒体的报道努力做到"公平和平衡"，在对抗性的交流中听取双方的意见。这听起来很民主，很不偏不倚，很吸引观众的眼球。但结果往往不能反映该领域有能力的科学家的共识。这样的媒体报道似乎也是假设观众在看了几场这样的 5 分钟对抗性对话后，就可以聪明地做出自己的决定。在其他领域杰出但缺乏气候变化科学背景的科学家，他们可能在经济活动中拥有既得利益，他们能够推动这种"公平和平衡"的情绪，并利用它来散布怀疑和推迟任何气候行动（奥雷斯基和康威，2010；迈克莱特和邓拉普，2010）。

　　所有这些无法在政治舞台上采取有效行动的行为,给我们人类在政治上或技术上,更不用说在伦理上是否足够聪明地管理地球投下了一层长长的疑云。尽管如此,人类是一个有弹性的物种。我们人类应该有足够的智慧来应对我们的石油瘾。这可能需要为二氧化碳排放设定一些价格(无论是可交易的上限还是碳税),用电力驱动汽车,用天然气驱动卡车,把货物运到铁路上,建造人们可以步行或骑自行车去商店的社区,升级我们的住宅和办公室,提高能效,采用屋顶太阳能、风力发电——所有这些似乎都超出了我们的能力范围,所有这些都融合了可持续发展和可持续的生物圈,融合了经济、政策和伦理。

　　人类或荒野,还有任何希望吗？我们是否有希望,将在很大程度上取决于我们如何看待人性和我们应对前所未有的危机的能力。如果我们要欣赏和理解在全球化世界中人们可能在多大程度上代表他人行事,就必须从伦理的角度重新定义全球主义、多元文化主义和群体冲突的概念。我们必须建立伦理理想,为全球关注提供新的表达方式(斯库扎莱罗、欣瓦尔和门罗 2009)。这就是环境伦理学面临的挑战。

　　声称由于我们的基因遗传和我们与生俱来的食欲,所以我们在生物学上无法在全球范围内行动,但这并不是借口。这就犯了基因谬误,认为我们"不过是"我们在更新世时的样子。事实证明,人类拥有我们在古老的过去从未梦想过的先进技能——驾驶喷气式飞机,在月球上行走,建立互联网,解码我们自己的基因组,开辟荒野地区,恢复濒危物种,并指定世界生物圈保护区。我们不会允许这样的说法,即人类不能一夫一妻制,因为他们在更新世是一夫多妻制的,或者妇女不应该拥有与男子平等的权利,或者没有普遍的人权,因为她们在更新世既不相信也不实践这些事情。如果我们让我们剩余的更新世食欲成为我们继续过度消费的不在场证明,那将是未来的悲剧。智人可以而且应该比这更聪明。我们能获得全球视野吗？

5. 可持续的生物圈：终极生存

我们从这一章开始回顾了从太空俯瞰地球的强大影响。"一旦有了从外面拍摄的地球照片，……一种新思想将会得到释放，它与历史上任何一种思想一样强大"（弗雷德·霍伊尔，引自凯利，1988，封面内页）。那种思想就是：要么拥有一个世界，要么就没有世界，地球家园的统一是我们的全球责任。我们必须离开这个星球才能看到整个星球。离开家，我们发现家是多么珍贵。一旦从远处看地球，距离就会给我们带来魅力，距离又会把我们带回家。距离帮助我们变得真实起来。我们明确了自己应该所处的位置。

在太空探险家们制作的一大卷令人惊叹的照片和现存的回忆录中，一个关键和重复的主题是第一次看到整个地球时所感受到的敬畏（凯利，1988）。虽然记录这一经历的上百名宇航员来自许多国家和文化，但他们的经历几乎都是一致的：第一次看到地球真实的样子，让他们震惊，这遭遇吸引了他们，震撼了他们，也改变了他们——用埃德加·米切尔（Edgar Mitchell）的话说，"一颗闪闪发光的蓝白相间的宝石……裹着慢慢旋转的白色……面纱。就像黑色神秘海洋中的一颗小珍珠"（凯利，1988，照片42—45）。他们看到了地球的美丽、地球的丰饶还有它在太空深渊中的渺小，以及它身处黑暗的宇宙之中却得到了太阳的光和热——还有最重要的，是它的脆弱。从这个意义上说，太空计划最重要的副产品就是地球给我们带来的惊诧。在同一个世界的愿景背后，是虚无的阴影。

的确，批评者可能会承认，地球是令人敬畏的，但这并不能让地球成为一个职责对象。这是"我们的家园"，揭示了伦理关注的真正焦点：人类及其可持续的未来。人类可以也应该为他们对地球的所作所为负责，这就是他们的生命维持系统。但是——这个论点是这样说的——这些都是人们对其他人应尽的责任；爱护地球是实现这一目标的一种手段。布莱恩·G. 诺顿声称，完全开明的人类中心主义者和更具自然主义色彩的环保主义者近乎完全同意环境政策，他称之为"趋同假说"（诺顿，1991；明特尔，2009；斯滕马克，2001）。

这个论点声称：伦理学不应该把人和他们的地球混淆起来。地球像月球一样，是一个大的岩石堆，也是唯一的一个，上面的岩石得到浇灌和照亮以维持生命的存在。作为维持生命的存在，地球无疑是珍贵的，但它本身并不珍贵。行星上没有人。甚至没有生物体的客观生命力，也没有物种系的遗传传递。严格地说，地球甚至不是一个生态系统；它是无数生态系统的松散集合。因此，任何伦理学家肯定都在漫不经心地谈论重视地球，也许是诗意的，也可能是浪漫的。地球仅仅是一个东西，一个大东西，对于那些碰巧生活在它上面的人来说是一个特殊的东西，但仍然是一个东西，不适合作为有内在或系统价值的对象。我们对岩石、空气、海洋、泥土或地球没有责任；我们对人或有知觉的事物有责任。我们不能把对家庭的责任和对居民的责任混为一谈。自然，不是最终重要的，（从字面上讲）是暂时重要的。任何提供和维持这种机会的自然条件都是可以接受的。

然而，激进的环境伦理学发现，这种人文主义的描述未能认识到全球相关的生存单位——地球及其生物圈。底线是一个可持续的生物圈，这是跨文化和不可谈判的。这就是最终扩张的圆圈：人满为患的地球。"我们和我们可持续的资源"观并不是对正在发生的事情进行系统分析。地球是一个自组织的生物圈，它已经产生并继续支持所有与地球有关的价值观。也许我们可以说服自己，我们在社会层面上建造了"荒野"，对"自然"有不同的世界观。尽管如此，从太空看这些照片，似乎令人难以置信的是，我们从社会层面构建了地球。地球是价值的源泉，因此它是有价值的，并且能够自己创造价值。这种生成性是"自然"一词最基本的含义,"孕育"。人类有时看重地球的生命维持系统,难道不是因为它们很有价值,而非相反呢?

当时的伦敦欧洲复兴开发银行行长雅克·阿塔利面对新的千年到来的时候,得出这样的结论:"每个国家都将以自己的方式,根据自己的传统,在有序与无序、富裕与贫困、尊严与耻辱之间寻求新的平衡。最重要的是,必须在人与自然之间达成一个新的神圣契约,这样地球才能持久存在……我们必须要首先保护的是地球本身,它是宇宙中生命奇迹般地栖息的一个珍贵角落。"(阿塔利,1991,第129—130页)道德关注的终极单位是终极生存单位,那就是作为神圣生物圈的地球。

如果这听起来太有宗教意味了,或者如果宇航员听起来太浪漫了,那么回到政治正确的词上来:可持续发展。大家都同意这一点。但是什么在持续呢? 最初是在1992年的里约会议上,提出"可持续发展"。对于一些人来说,这意味着持续的机会,持续的增长,持续的利润,持续的资本,无论是人工的还是自然的,持续的生活质量,持续选择丰富生活的自由。在这一点上,生态学家似乎警告我们,目前还没有人准确地指出这一点。最终目标是"可持续的生物圈"。

美国生态学会倡导研究和政策,它们能够促进"可持续生物圈"的形成。"实现一个可持续的生物圈是当今人类面临的最重要的唯一任务。"(里泽、卢布琴科、莱文,1991,第627页)任何可持续的经济发展伦理都需要置于可持续的生物圈伦理之下。我们面临的根本担忧是,任何这类商品的生产都必须要是生态可持续的。发展问题既需要关注人们的需求,也需要关注自然支持系统。因此,长期以来备受关注并在现代西方取得巨大成功的"发展",现在却与"环境"交织在一起,受到"环境"的制约。

热心的开发人员会说:要拯救人类,我们必须破坏自然。人们不得不牺牲自然来获得食物、住所、燃料，来建设他们的文化。但生态学家可能会问，我们是否可以更好地扭转这一局面，使其成为一个发人深思的问题，即：如果我们破坏自然，我们能拯救人类吗？这些人需要土壤、森林、水、空气、鱼、蚯蚓、昆虫传粉者、微生物分解者、稳定的气候、生态系统服务、可持续的生物圈资源，没有这些资源，他们的人类社会将退化和灭亡。

最近有一种方式，在可持续发展和可持续生物圈之间架起桥梁，那就是想出一个"满足人类安全的运行空间"。约翰·罗克斯特伦认为（使用科学数据）人类有九个可以依赖的行星的系统。这些可以通过以下分析看出：化学污染，气候变化，海洋酸化，平流层臭氧消耗，生物地球化学氮磷循环，全球淡水利用，土地利用变化，生物多样性丧失，大气气溶胶负荷。至少一万年来（地质学家称之为全新世），这些系统一直保持稳定。但自工业革命以来，其中三个系统已经超越了边界：生物多样性丧失、气候变化和氮循环（罗克斯特伦，2009）。人类，混杂了无知和力量，造成了我们只能部分知道、有时无法预测的变化的结果。我们预计会有一些可预见的变化，但我们不能知道所有不可预见的变化，而且往往我们发现自己甚至无法应对那些不利的可预见的变化——全球变暖就是明证。

当然，采取明智的预防措施既是理性的，也是道德的。这通常被表达为预防原则。如果一些拟议的活动对人类健康和安全构成环境威胁，即使因果关系尚未完全确定，也应采取预防措施。这可以包括暂停进一步的研究，或者禁止特别高风险的项目，或者禁止那些可能造成难以扭转的环境退化的项目，或者禁止那些全球规模的项目。它可能需要将举证责任和法律责任转移到提出变革的人身上（曼森，2002）。与此同时，我们确实需要认识到，一些风险是合理的；一个人可能会过于谨慎。一般来说，与美国相比，欧洲人更倾向于将预防原则纳入监管立法（伯内特，2009）。

当然,不仅要维持发展,而且还要维持生物圈,这符合人类的利益。这可能是我们在全球范围内,甚至在国家范围内,为了人类集体利益最应该做的事情。我们相信需要安全操作空间,我们也许能够制定出一些预防措施和激励结构。欧盟已经超越了国家利益,在环境问题上达成了令人惊讶的共识。联合国前秘书长科菲·安南赞扬了保护臭氧层的《蒙特利尔议定书》,该议定书有五个修正案,得到了广泛采纳(191 个国家签订了协议),并作为迄今最成功的国际协议得到实施。联合国主持通过了 150 多个国际协定(公约、条约、议定书等),直接处理环境问题(联合国环境规划署,1997;鲁梅尔-布尔斯卡和奥萨福,1991)。所有发达国家,除了美国和澳大利亚,都签署了《京都议定书》——即使哥本哈根会议未能继续执行或取代该议定书。

地球的故事讲述的是更加宏大的历史,我们人类也是其中的一部分,无数大大小小的生物也是如此。进化的自然历史也产生了人类,全球生态仍然支撑着我们。这是对资源的担忧,但不仅如此。这是对我们过去来源的担忧,我们的故事还在继续,我们的未来与地球的未来交织在一起。是的,我们的身份是文化上的,文化上特定的,但我们的身份也是有血有肉的,我们处在一系列新陈代谢的过程之中:生态系统网络,营养金字塔,光合作用,植物地理,土壤,天气和气候,水,氧气,二氧化碳的常年循环和再循环,地日生态和经济。地球不是简单的舞台,而是故事。从这个意义上说,我们不仅想要可持续发展,最大限度地开发地球资源,而且要一个可持续的生物圈,因为我们就是那个生物圈的化身。我们是地球人。我们的完好离不开地球的完好。

6. 子孙后代住在充满希望的星球上

在我们上一代人中,受过教育的人的标志可以概括为

"*Civitas*",即社区忠诚和责任的美德。学院和大学造就了优秀的公民,他们在社区中扮演着富有成效的角色,造就了商业、职业、政府、教会和教育领域的领袖。当然,教育使人成为消费者,特别是应用科学、工商业方面的培训;但受过教育的人,加上文学、哲学、政治和历史,与其说是想要更多的消费,不如说是想成为更好的公民。国家和民族公民权越来越多地被提升到国际层面;人们可能希望将自己视为扮演着具有国际意义的角色的"世界公民"(道尔,2007)。

但是,成为一个"世界性的人"("世界城市"的公民),无论多么令人向往,听起来还是太城市化了。做一个好的"公民"是不够的,"国际化"也不够,因为这两个词都没有足够的"自然"和"地球"的意味。"世界性"也不够。"公民"只是事实的一半;另一半是我们是住在环境土地上的"居民"——正如我们在第二章中所说的,把人放在他们的环境土地中。我们需要成为"生态公民"(多布森,2003)。虽然世界性的看起来是"国际的",但它的视野太狭隘了;它以国家之间的相遇为特色,而这只是地球事实的一半。"全球"是一个更全面的主题;它把文化系统与自然系统交织在一起。我们需要的不仅仅是政治家、将军、技术官僚的智慧;也需要哲学意义上的生态学家的智慧,他们知道自己家园的逻辑,"家园(Oikos,源自希腊语)";或者,如果我们可以借用一个宗教词汇,普世论者,那些以"文明中心(Oikumene)"、以有人居住的整个地球为愿景的人。我们需要无国界的环境伦理。

19 世纪以前,对社区的呼唤通常被称为人类的兄弟情谊和上帝的父爱。在 20 世纪,这种呼声越来越多地被称为正义和人权,一直延续到 21 世纪。在 21 世纪,这样的呼吁必须越来越多地更加生态化,而不是家长式的,少一些人文主义的,更全球化的。深入地说,这样的地球伦理质疑欧洲启蒙运动是否在理论上和实践上与新兴的生态运动相容。科学、技术、工业、民主、人权、自由、偏好满足、利益最大化、消费主义——所有这些"管理伦理"都出自启蒙运动的世界观。它们都与环境危机的原因有重度牵连。启蒙运动所代表的热情洋溢的人文主义在现代、在很大程度上是一件好事；但在环境转向的今天，它需要在生态上得到修正。

西方的发展一直基于启蒙范式/理想/无尽增长的神话。但在美国和欧洲，无论是考虑农业发展、森林砍伐、河流筑坝改道、土地围栏、矿产开采，还是公路和分区的修建，下一个百年都不可能像过去的一百年那样了。所有的发达国家都在他们的景观环境中融入了一种可持续的文化。我们似乎已经到达了人类自我理解的临界点，在这个临界点上，我们在没有意识到自己在哪里的情况下，无法知道自己是谁，我们面对着一个文化必须与自然重新融合的未来。在 20 世纪的大部分时间里，也就是第一次经历两次世界大战的世纪里，我们一直担心人类会在人与人之间的冲突中毁灭自己。大量这样的担忧依然存在，不幸的是，新的担忧正在出现。22世纪的担忧是，人类可能会用它来毁灭他们的星球和他们自己。行星的开发商正在承担巨大的风险，不仅是用他们自己的，而且是用别人的未来在冒险。上个千年的挑战是从中世纪过渡到现代世界，建设现代文化和国家，文化发展的爆炸式增长。下一个千年的挑战是将这些文化控制在我们地球家园上更大的生命共同体的承载能力之内。我们是各个国家的居民，我们更是地球的居民。

"earth"这个单词在小写的时候，表明的是我们脚下的土地；我们可以拥有它，并按照自己的喜好管理它，或者住在顶层公寓里，几乎从来没有碰过它。如果是首字母大写的话，"Earth"（地球）不是我们可以超越生长、重建或者根据我们的喜好而管理的东西，它是我们存在的基础。我们人类也属于这个星球；它是我们的家，就像所有其他生命一样。人类当然是占主导地位的物种——还有什么物种可以从太空拍摄地球的照片呢？但太空中这颗闪闪发光的明珠可能不是我们想要拥有的东西，而是我们应该带着爱来居住的生物圈。环境伦理是将紧迫的世界愿景提升到终极境界。我们正在寻找一种足够尊重地球上生命的伦理,一种地球伦理。

据我们所知,地球是唯一一个能够呈现生命的星球;它的自然历史值得尊重、敬畏和关心。管理一处造就了如此壮观生活景象的环境成为一种道德责任。古希伯来人有他们的应许之地,一片流淌着牛奶和蜂蜜的土地,他们设想在理想中(如果不是在现实中),在他们的角落里,作为一块花园土地、一份神圣的礼物,为生命提供食物。我们一直在争辩说,世界各地的人们都应该扎根于他们居住的任何环境土地中。世界各地的风景,东西南北,六大洲(虽然不是七大洲),已经证明了可以成为人们珍视的家园,他们可以在那里繁荣昌盛。关爱已经走向全球。今天和以后的一个世纪,我们的呼唤是把地球视为一个充满希望的星球,地球注定会有多姿多彩的生命。

当地球上最复杂的产物,"智人"变得足够聪明,能够反思这个尘世仙境时,没有人会怀疑这是一个珍贵的地方,无论是希伯来的圣人先知还是地球上的宇航员、生态学家或资本家、政治家还是哲学家。没有人怀疑地球是终极生存单位。没有比我们地球上的团结更伟大的了。唉,面向 22 世纪,这个充满希望的星球是一个处于危险之中的星球。"一代人去了,一代人来了,但地球永远长存。"(传道书 1.4)这种古老的确定性现在需要成为一种紧迫的未来希望。在这个历史断裂的时刻,环境伦理对今天和明天都至关重要。

参考文献

Acton, Lord (John Emerich Edward Dalberg-Acton). 1887/1949. *Essays on Freedom and Power*, ed (《自由与权力论文集》). Gertrude Himmelfarb. Glencoe, IL: Free Press.

Aiken, William. 1980. "The 'Carrying Capacity' Equivocation," *Social Theory and Practice* 6 (《"承载能力"含糊其辞》,《社会理论与实践》第 6 期):

1 – 11.

Anderegg, William R. L. , James W. Prall, Jacob Harold, and Stephen H. Schneider. 2010. "Expert Credibility in Climate Change," *Proceedings of the National Academy of Sciences* (《专家在气候变化方面的可信度》,《美国国家科学院院刊》), *USA* 107:12107 – 12109.

Arnold, Denis G. 2011. *The Ethics of Global Climate Change* (《全球气候变化的伦理》). Cambridge: Cambridge University Press.

Atkinson, A. B. , and T. Piketty, 2010. *Top Incomes: A Global Perspective* (《顶级收入:全球视野》). Oxford, UK: Oxford University Press.

Attali, Jacques, 1991. *Millennium: Winners and Losers In the Coming World Order* (《千年:未来世界秩序中的赢家和输家》). New York: Times Books, Random House.

Attfield, Robin, 1999. *The Ethics of the Global Environment* (《全球环境的伦理》). West Lafayette, IN: Purdue University Press.

Attfield, Robin, and Barry Wilkins, eds. , 1992. *International Justice and the Third World: Essays in the Philosophy of Development* (《国际正义和第三世界:发展哲学论文》). London: Routledge.

Beck, Ulrich, 2000. *What Is Globalization?* (《什么是全球化?》) Malden, MA: Blackwell.

Berger, William C. 2003. *Perfect Planet, Clever Species: How Unique Are We?* (《完美的星球,聪明的物种:我们有多独特?》) Amherst, NY: Prometheus Books.

Blackstock, Jason J. , and Jane C. S. Long. 2010. "The Politics of Geoengineering," *Science* 327 (《地球工程的政治》,《科学》第 327 期)(29 January):527.

Bongaarts, John. 1994. "Population Policy Options in the Developing World," *Science* 263 (《发展中世界的人口政策选择》,《科学》第 263 期): 771 – 776.

Boutros-Ghali, Boutros. 1992. Extracts from closing UNCED statement, in an UNCED summary, *Final Meeting and Round-up of Conference* (《联合国环境发展会议摘要,环发会议结束发言摘录》,《最后一次会议及会议汇总》). UN Document ENV/DEV/RIO/29, 14 June.

Brown, Donald A. 2010. "A Comprehensive Ethical Analysis of the Copenhagen Accord." (《〈哥本哈根协议〉的全面伦理分析》) University Park, PA: Rock Ethics Institute, Pennsylvania State University. Online at: http://rockblogs. psu. edu/climate/2010/01/a-comprehensive-ethical-analysis-of-the-copenhagen-accord. html#more

Burnett, H. Sterling. 2009. "Understanding the Precautionary Principle and

Its Threat to Human Welfare," *Social Philosophy and Policy* 26 (《理解预防原则及其对人类福祉的威胁》,《社会哲学与政策》第 26 期) (no. 2) :378 – 410.

Cohen, Joel E. 1995. "Population Growth and Earth's Carrying Capacity," *Science* 269 (《人口增长与地球的承载能力》,《科学》第 269 期) :341 – 346.

Collins, Michael. 1980. "Foreword," in Roy A. Gallant, *Our Universe* (《序言》,《我们的宇宙》). Washington, D. C. : National Geographic Society.

Daly, Herman E. 2003. "Globalization's Major Inconsistencies," *Philosophy and Public Policy Quarterly* 23 (《全球化的主要矛盾》,《哲学和公共政策季刊》第 23 期) (no. 4) :22 – 27.

Daly, Herman E. , and John Cobb, Jr. 1994. *For the Common Good : Redirecting the Economy toward Community , the Environment , and a Sustainable Future*, 2nd ed. (《为了共同利益：重新引导经济走向社区、环境和可持续的未来》第 2 版) Boston : Beacon Press.

Dobson, Andrew. 2003. *Citizenship and the Environment* (《公民与环境》). New York : Oxford University Press.

Dower, Nigel. 2007. *World Ethics — The New Agenda* (《世界伦理——新议程》), 2nd ed. Edinburgh, Scotland : Edinburgh University Press.

Ehrlich, Paul R. , and Anne H. Ehrlich. 1996. *Betrayal of Science and Reason : How Anti-Environmental Rhetoric Threatens Our Future* (《科学与理性的背叛：反环境言论如何威胁我们的未来》). Washington, D. C. : Island Press.

Evernden, Neil. 1993. *The Natural Alien : Humankind and Environment* (《自然中的外星人：人类与环境》). Toronto, Canada : University of Toronto Press.

Food and Agriculture Organization (FAO). 2009. *More People than Ever Are Victims of Hunger* (《饥饿的受害者比以往任何时候都多》). Press relese. Online at : http://www. fao. org/fileadmin/user_upload/newsroom/docs/Press% 20release% 20june-en. pdf

Friedman, Thomas I. 2005. *The World is Flat : A Brief History of the Twenty-First Century* (《世界是平的：21 世纪简史》). New York : Farrar, Straus, and Giroux.

Gardiner, Stephen M. 2004. "Ethics and Global Climate Change," *Ethics* 114 (《伦理与全球气候变化》,《伦理学》第 114 期) :555 – 600.

——. 2006. "A Perfect Moral Storm : Climate Change, Intergenerational Ethics and the Problem of Moral Corruption," *Environmental Values* 15 (《一场完美的道德风暴：气候变化、代际伦理和道德腐败问题》,《环境价值》第 15 期) : 397 – 413.

——. 2011. *A Perfect Moral Storm : The Ethical Tragedy of Climate Change* (《一场完美的道德风暴：气候变化的道德悲剧》). New York : Oxford

University Press.

Garvin, Lucius. 1953. *A Modern Introduction to Ethics*（《现代伦理学导论》）. Cambridge, MA：Houghton Mifflin.

Gasper, Des. 2004. *The Ethics of Development*（《发展伦理学》）. Edinburgh, Scotland：Edinburgh University Press.

Giddens, Anthony. 2009. *The Politics of Global Climate Change*（《全球气候变化的政治》）. Cambridge, UK：Polity Press.

Grimes, Ralph W., and William J. Nuttall. 2010. "Generating the Option of a Two-Stage Nuclear Renaissance," *Science* 329（《产生两阶段核复兴的选项》，《科学》第 329 期）：799 - 803.

Hardin, Garrett. 1968. "The Tragedy of the Commons," *Science* 162（《公地悲剧》，《科学》第 162 期）（December 13）：1243 - 1248.

———. "Carrying Capacity as an Ethical Concept." Pages 120 - 137 in George R. Lucas, Jr. and Thomas W. Ogletree eds., *Lifeboat Ethics：The Moral Dilemmas of World Hunger*（《作为一种伦理概念的承载能力》，引自《救生艇伦理：世界饥饿的道德困境》）. New York：Harper and Row.

Henrich, Joseph, Jean Ensminger, and Robert McElreath. 2010. "Markets, Religion, Community Size, and the Evolution of Fairness and Punishment," *Science* 327（《市场、宗教、社区规模以及公平和惩罚的演变》，《科学》第 327 期）：1480 - 1484.

Holden, Barry, ed. 1996. *The Ethical Dimensions of Climate Change*（《气候变化的伦理尺度》）. Basingstoke, UK：Macmillan.

Hollander, Jack. 2003. *The Real Environmental Crisis：Why Poverty, not Affluence Is the Environment's Number One Enemy*（《真正的环境危机：为什么贫穷而非富裕是环境的头号敌人》）. Berkeley：University of California Press.

Homer-Dixon, Thomas F. 1999. *Environment, Scarcity, and Violence*（《环境、稀缺和暴力》）. Princeton, NJ：Princeton University Press.

Intergovernmental Panel on Climate Change. 2007. *Climate Change 2007：The Physical Science Basis*（《气候变化 2007：物理科学基础》）. Online at：http://www.ipcc.ch

International Fertilizer Industry Association. 2011. *Statistics*（《统计学》）. Online at：http://www.fertilizer.org/ifa/HomePage/STATISTICS/

Jamieson, Dale. 2001. "Climate Change and Global Environmental Justice." Pages 287 - 307 in Clark A Miller and Paul N. Edwards, eds., *Changing the Atmosphere：Expert Knowledge and Environmental Governance*（《气候变化与全球环境正义》，引自《改变大气：专家知识和环境治理》）. Cambridge, MA：MIT Press.

Jolly, Alison. 1980. *A World Like Our Own：Man and Nature in Madagascar*

（《跟我们自己的一样的世界：马达加斯加的人与自然》）. New Haven, CT：Yale University Press.

Kelley, Kevin W. , ed. 1988. *The Home Planet*（《家园星球》）. Reading, MA：Addison-Wesley.

Kerr, Richard A. 2009. "Amid Worrisome Signs of Warming, 'Climate Fatigue' Sets in," *Science* 326（《在令人担忧的变暖迹象中，"气候疲劳"开始出现》，《科学》第 326 期）：926 – 928.

Knoll, Andrew H. 2003. *Life on a Young Planet*（《年轻星球上的生命》）. Princeton, NJ：Princeton University Press.

Kristof, Nicholas D. 2010, "A Hedge Fund Republic?" *New York Times*（《对冲基金共和国?》，《纽约时报》）, November 18, 2010, p. A37.

Leichenko, Robin M. , and Karen L. O'Brien. 2008. *Environmental Change and Globalization：Double Exposure*（《环境变化与全球化：双重曝光》）. New York：Oxford University Press.

Lewis, N. Douglas, Sorcha MacLeod, and Roger Brownsword, eds. 2004 – 2008. *Global Governance and the Quest for Justice*（《全球治理和对正义的追求》）, 4. vols. Oxford, UK：Hart Publishing Ltd.

Linden, Eugene, 2006. *The Winds of Change：Climate, Weather, and the Destruction of Civilizations*（《变化之风：气候、天气和文明的毁灭》）. New York：Simon and Schuster.

Manson, Neil A. 2002. "Formulating the Precautionary Principle," *Environmental Ethics* 24（《制定预防原则》，《环境伦理学》第 24 期）：263 – 274.

McCright, Aaron M. , and Riley E. Dunlap, 2010. "Anti-reflexivity：The American Conservative Movement's Success in Undermining Climate Science and Policy," *Theory, Culture and Society* 27（《反自反性：美国保守运动在破坏气候科学和政策方面的成功》，《理论，文化与社会》第 27 期）：100 – 133.

McKibben, Bill. 1998. *Maybe One：A Personal and Environmental Argument for Single-Child Families*（《也许一个：为独生子女家庭的个人和环境论证》）. New York：Simon and Schuster.

Minteer, Ben A. ed. 2009. *Nature in Common：Environmental Ethics and the Contested Foundations of Environmental Policy*（《共同的自然：环境伦理和环境政策的争议基础》）. Philadelphia：Temple University Press.

Morriss, Andrew P. 2009. "Politics and Prosperity in Natural Resources," *Social Philosophy and Policy* 26（《政治和自然资源的繁荣》，《社会哲学与政策》第 26 期）(no. 2)：53 – 94.

Noah, Timothy. 2010. "The United States of Inequality：The Great Divergence," *Slate*, September（《不平等的美国：大分流》，《板岩》9 月刊）[series of ten articles]. Online at http://www.slate.com/id/2266025/

entry/2266026/

Norberg, Johan 2003. *In Defense of Global Capitalism* (《为全球资本主义辩护》). Washington, D. C. : Cato Institute.

Nordhaus, William D. , 1977. "Do Real Wage and Output Series Capture Reality? The History of Lighting Suggests Not. " Pages 29 – 66 in Timothy F. Bresnahan and Robert J. Gordon, eds. , *The Economics of New Goods* (《实际工资和产出序列是否反映了现实？照明的历史表明并非如此》,《新商品的经济学》). Chicago: University of Chicago Press.

Northcott, Michael S. 2007. *A Moral Climate: The Ethics of Global Warming* (《道德气候:全球变暖的伦理》). London: Darton, Longmans and Todd.

Norton, Bryan G. 1991. *Toward Unity Among Environmentalists* (《让环保主义者团结起来》). New York: Oxford University Press.

Oreskes, Naomi, and Erik M. Conway. 2010. *Merchants of Doubt: How a Handful of Scientists Obscured the Truth on Issues from Tobacco Smoke to Global Warming* (《有疑惑的商人:一小撮科学家如何在从烟草烟雾到全球变暖等问题上掩盖真相》). New York: Bloomsbury.

Piketty, Thomas, and Emmanuel Saez. 2007. "Income Inequality in the United States, 1913 – 2002. " Pages 141 – 225 in A. B. Atkinson and T. Piketty, eds. , *Top Incomes over the Twentieth Century: A Contrast betweem European and English Speaking Countries* (《美国收入不平等(1913—2002)》,《20 世纪收入最高的国家:欧洲和英语国家的对比》). Oxford, UK: Oxford University Press.

Pogge, Thomas W. 2002. *World Poverty and Human Rights: Cosmopolitan Responsibilities and Reforms* (《世界贫困与人权:世界主义责任与改革》). Cambridge, UK: Polity Press.

Pojman, Louis P. 2000. *Global Environmental Ethics* (《全球环境伦理》). Mountain View, CA: Mayfield Publishing.

Posner, Eric A. , and David Weisbach. 2010. *Climate Change Justice* (《气候变化正义》). Princeton, NJ: Princeton University Press.

Rasmussen, Larry L. 1996. *Earth Community Earth Ethics* (《地球共同体地球伦理》). Maryknoll, NY: Orbis Books.

Rees, Martin. 2001. *Our Cosmic Habitat* (《我们的宇宙栖息地》). Princeton, NJ: Princeton University Press.

Risser, Paul G. , Jane Lubchenco, and Samuel A. Levin. 1991. "Biological Research Priorities—A Sustainable Biosphere," *BioScience* 41 (《生物研究的优先事项———一个可持续的生物圈》,《生物科学》第 41 期):625 – 627.

Roberts, David. 2009. "Is the 'Climate Debt' Discussion Helpful?," *Grist* (《关于"气候债务"的讨论有帮助吗?》,《格雷斯特》), December 17. Online at: http://www.grist.org/article/2009 – 12 – 17-is-the-climate-debt-discussionhelpful/

Rock Ethics Institute. n. d. *White Paper on the Ethical Dimensions of Global Climate Change* (《全球气候变化的伦理问题白皮书》). Online at：http：// rockethics. psu. edu/climate/whitepaper/edcc-whitepaper. pdf

Rockström, Johan. 2009. "A Safe Operating Space for Humanity," *Nature* 461 (《为人类创造一个安全的生存空间》,《自然》第 461 期) (24，Sept)： 472 – 475.

Rolston, Holmes, III. 1995. "Global Environmental Ethics：A Valuable Earth." Pages 349 – 366 in Richard L. Knight, and Sarah F. Bates, eds. , *A New Century for Natural Resource Management* (《全球环境伦理：一个宝贵的地球》, 《自然资源管理的新世纪》). Washington, D. C. ：Island Press.

Rummel-Bulska, Iwona, and Seth Osafo, eds. 1991. *Selected Multilateral Treaties in the Field of the Environment*, II (《环境领域的选定多边条约：II》). Cambridge, UK：Grotius Publications.

Sachs, Jeffrey 2008. *Common Wealth*：*Economics for a Crowded Planet* (《共同财富：拥挤地球的经济学》). New York：Penguin.

Schlosberg, David. 2007. *Defining Environmental Justice*：*Theories*, *Movements*, *and Nature* (《定义环境正义：理论、运动和自然》). New York： Oxford University Press.

Scuzzarello, Sarah, Catarina Kinnvall, and Kristen R. Monroe. 2009. *On Behalf of Others*：*The Psychology of Care in a Global World* (《代表他人：全球关怀心理学》). Oxford, UK：Oxford University Press.

Scott, Bruce R. 2001, "The Great Divide in the Global Village," *Foreign Affairs* 80 (《地球村的大鸿沟》,《外交事务》第 80 期)：160 – 177.

Sen, Amartya. 1999. *Development as Freedom* (《发展即自由》). New York：Oxford University Press.

———. 2004. "Why We Should Preserve the Spotted Owl," *London Review of Books* 28 (《为什么我们应该保护斑点猫头鹰》,《伦敦书评》第 28 期) (no. 3)：10 – 11.

Simon, Julian L. 1981. *The Ultimate Resource* (《终极资源》). Princeton, NJ：Princeton University Press.

Singer, Peter. 2002. *One World*：*The Ethics of Globalization* (《同一个世界： 全球化的伦理》). New Haven, CT：Yale University Press.

Speth, James Gustave. 2008. *The Bridge at the Edge of the Word*： *Capitalism*, *the Environment*, *and Crossing from Crisis to Sustainability* (《世界边缘的桥梁：资本主义、环境,以及从危机到可持续发展的跨越》). New Haven, CT：Yale University Press.

Stanley, Steven M. 2007. "An Analysis of the History of Marine Animal

Diversity," *Paleobiology* 33 (《海洋动物多样性的历史分析》,《古生物学》第 33 期)(no. 4, supplement):1 - 55.

Steffen, Will, et al., 2004. *Global Change and the Earth System: A Planet under Pressure* (《全球变化与地球系统:压力下的星球》). Berlin: Springer.

Stenmark, Mikael. 2001. *Environmental Ethics and Policy Making* (《环境伦理与政策制定》). Aldershot, UK: Ashgate.

Stiglitz, Joseph E. 2000. "The Insider: What I Learned at the World Economic Crisis," *The New Republic* 222 (《内幕:我从世界经济危机中学到了什么》,《新共和》第 222 期)(no. 16/17, April 17 and 24):56 - 60.

——. 2002. *Globalization and Its Discontents* (《全球化及其不足》). New York: Norton.

——. 2006. *Making Globalization Work* (《让全球化发挥作用》). New York: Norton.

Stiglitz, Joseph E., Amartya Sen, and Jean-Paul Fitoussi, 2009. *Report by the Commission on the Measurement of Economic Performance and Social Progress* [report commissioned by the French government](《衡量经济表现和社会进步委员会的报告》[法国政府委托提交的报告]) Online at: http://www. stiglitz-sen-fitoussi. fr

Thoreau, Henry David. 1860/1906. *The Writings of Henry David Thoreau, VI, Familiar Letters* (《亨利·大卫·梭罗六世的作品,熟悉的信件》), ed. F. B. Sanborn. Boston: Houghton Mifflin.

United Nations Department of Economic and Social Affairs/Population Division. 2008. *World Urbanization Prospects: The 2007 Revision* (《世界城市化前景:2007 年修订版》). New York: United Nations.

United Nations Development Programme (UNDP). 2000. *Human Development Report 2000* (《人类发展报告 2000》). Oxford, UK: Oxford University Press.

United Nations Development Programme (UNDP). 2005. *Human Development Report 2005* (《人类发展报告 2005》). New York: United Nations Development Programme.

United Nations Environment Programme (UNEP). 1997. *Register of International Treaties and Other Agreements in the Field of the Environment* (《环境领域的国际条约和其他协定登记名册》). Nairobi, Kenya: United Nations Environment Programme.

United Nations Environment Programme (UNEP). 1999. *Global Environmental Outlook 2000* (《全球环境展望 2000》). London: Earthscan.

United Nations Framework Convention on Climate Change, 1992, Introduction (《联合国气候变化框架公约,1992》,《导言》). Online at: http://unfccc. int/resource/docs/convkp/conveng. pdf

United Nations World Commission on Environment and Development, 1987. *Our Common Future*（《我们共同的未来》）. New York：Oxford University Press.

U. S. Census Burea, 2010. *Resident Population Data*（《常住人口数据》）. Online at：http://2010. census. gov/2010census/ data/apportionment-pop-text. php

Vaughan, Diane. 1996. *The Challenger Launch Decision：Risky Technology, Culture, and Deviance at NASA*（《"挑战者号"发射决定：NASA 的冒险技术、文化和越轨行为》）. Chicago：University of Chicago Press.

Ward, Peter D. , and Donald Brownlee. 2000. *Rare Earth：Why Complex Life Is Uncommon in the Universe*（《珍贵的地球：为什么复杂生命在宇宙中是罕见的》）. New York：Copernicus；Springer-Verlag.

Wenz, Peter S. 1988. *Environmental Justice*（《环境正义》）. Albany：State University of New York Press.

Wilson, Edward O. 1984. *Biophilia*（《亲生命性》）. Cambridge：MA：Harvard University Press.

——. 1992. *The Diversity of Life*（《生命的多样性》）. Cambridge, MA：Harvard University Press.

World Bank, 2008. 2008 *Development Indicators：Poverty Data*（《2008 年发展指标：贫困数据》）. Online at：http://siteresources. worldbank. org/DATASTATISTICS/Resources/ WDI08supplement1216. pdf

World Bank. 2010. *World Development Report：Development and Climate Change*, 2010（《世界发展报告：发展与气候变化，2010 年》）. Online at：www. worldbank. org/wdr2010.

World Commission on Dams. 2000. *Dams and Development：A New Framework for Decision-Making. The Report of the World Commission on Dams*（《大坝与发展：一个新的决策框架》，《世界水坝委员会报告》）. London：Earthscan.

"同一颗星球"丛书书目